11	12	13	14	15	16	17	18	族 / 周期
	原子量の値は国際純正および応用化学連合の原子量委員会が教育用に作成した資料に基づいて表示した。（　）をつけた値は，既知の同位体のうち代表的な同位体の質量数である。						₂He ヘリウム 4.0	1
		₅B ホウ素 11	₆C 炭素 12	₇N 窒素 14	₈O 酸素 16	₉F フッ素 19	₁₀Ne ネオン 20	2
		₁₃Al アルミニウム 27	₁₄Si ケイ素 28	₁₅P リン 31	₁₆S 硫黄 32	₁₇Cl 塩素 35.5	₁₈Ar アルゴン 40	3
₂₉Cu 銅 63.5	₃₀Zn 亜鉛 65.4	₃₁Ga ガリウム 70	₃₂Ge ゲルマニウム 73	₃₃As ヒ素 75	₃₄Se セレン 79	₃₅Br 臭素 80	₃₆Kr クリプトン 84	4
₄₇Ag 銀 108	₄₈Cd カドミウム 112	₄₉In インジウム 115	₅₀Sn スズ 119	₅₁Sb アンチモン 122	₅₂Te テルル 128	₅₃I ヨウ素 127	₅₄Xe キセノン 131	5
₇₉Au 金 197	₈₀Hg 水銀 201	₈₁Tl タリウム 204	₈₂Pb 鉛 207	₈₃Bi ビスマス 209	₈₄Po ポロニウム (210)	₈₅At アスタチン (210)	₈₆Rn ラドン (222)	6
₁₁₁Rg レントゲニウム (280)	₁₁₂Cn コペルニシウム (285)		₁₁₄Fl フレロビウム (289)		₁₁₆Lv リバモリウム (293)			7

₆₄Gd ガドリニウム 157	₆₅Tb テルビウム 159	₆₆Dy ジスプロシウム 163	₆₇Ho ホルミウム 165	₆₈Er エルビウム 167	₆₉Tm ツリウム 169	₇₀Yb イッテルビウム 173	₇₁Lu ルテチウム 175	ランタノイド
₉₆Cm キュリウム (247)	₉₇Bk バークリウム (247)	₉₈Cf カリホルニウム (252)	₉₉Es アインスタイニウム (252)	₁₀₀Fm フェルミウム (257)	₁₀₁Md メンデレビウム (258)	₁₀₂No ノーベリウム (259)	₁₀₃Lr ローレンシウム (262)	アクチノイド

チョイス新標準問題集
化学基礎・化学

河合塾SERIES

生田泰朗・下田文雄・西 章嘉・前田由紀子[共著]

河合出版

は じ め に

　授業を進めながらいつも思っていた。予習や復習のチェックに使える適当な問題集があればと。わかった!! と思ったとき，一気かせいに問題と取り組めば理解は深まり，力がつく。授業や講義の内容を整理したり，習った法則や原理をさっそく使ってみる。それが理解をより深める。そのための問題集が必要だ。あるとき，執筆メンバーが集まる機会があり，話の中で『それではそれを作ろう』ということになった。このような経緯から，学校での予習や復習に使える教科書傍用の教材として，また，入試対策にも使える問題集として本書を編集した。本書は化学を最も体系的に理解できるとされている従来の「理論・無機・有機」という流れを汲んで構成されている。各分野についての効果的な学習法を次に記す。

　理論分野と有機や無機の各論分野の学習の進め方には自ずと違いがある。
　理論分野では，原理や法則を適用して問題を解くことが中心になる。それゆえ，その学習法はステップ－バイ－ステップで進めていくことが適している。まず，原理や法則の中身をしっかり把握する。つぎに，ドリル的な問題でその適用法を身につける。さらに，総合的な問題や複雑な問題に進む。演習問題と取り組む中で，問題を解く上での着眼点や解法のテクニックを修得していく。
　一方，各論分野では二つのポイントがある。すなわち，知識の整理とその運用である。入試では，断片的な知識を試す問題は少ない。知識を活用し，推論を進めていくことが要求される。したがって，最も重要なことは，知識を活用して思考を進めていくプロセスを身につけることである。知識の整理で大切なことは，断片的な知識を身につけることではなく，相互の関連と変化を体系的に把握することである。

　以上の観点から，この問題集は，段階的に学習を進めるべく，

基本まとめ ──▶ 基本演習＋基本演習解説 ──▶ 基礎・標準問題 ──▶ 応用問題

という構成にした。この構成こそが本書の斬新な特徴であり，最も学習効果を高めるものである。問題演習は，いずれも，そのセクションの重要課題を学習するのに最適かつ頻出の事項を扱った問題を，近年の入試から厳選して掲載した。したがって，本書の問題が確実に解けるようになれば，入試に十分に対応できる実力が身についたと判断してよい。

本書の構成と使用法

　本書は，化学基礎・化学の全分野を21のセクションに分けて構成した。各セクションは，『基本まとめ』『基本演習』『基本演習解説』『問題演習』『解答・解説』の5つの部分からなり，各セクションでの学習を段階的に進めることができるように工夫した。それぞれのパートの目的と用途は次のように特徴づけられる。

　基本まとめ　………そのセクションでポイントになる項目をザッとまとめた。重要項目が理解できているかどうかを確認するとよい。

　基本演習　…ドリル的な問題。ポイントが理解できているかどうかをチェックする。解答がすぐ下にあるのですばやくチェックできる。

　基本演習　解説　…基本演習の解説という形をとりながら，そのセクションでの重要項目をまとめている。参考書的に利用するとよい。

　実戦演習　…入試問題から厳選し，そのセクションでのポイントを網羅する頻出問題を用意した。最初は確認的な問題から始め，次第に難度をあげ，問題の配列に傾斜をつけた。思考力や応用力を要する問題には 応用 と明示した。

　解答・解説　………実戦演習の解答と解説は別冊とし，解法の着眼点やテクニックを示し，答を導きだす過程や思考のプロセスを詳しく解説した。

　各セクションにおいて実戦演習問題を中心に，化学基礎および化学の学習課題を明確にするために，化学基礎の学習分野には 基礎 と明示した。

　本書を予習や復習など教科書の傍用問題集として用いる場合は，

の順に学習を進めていき，応用問題は入試対策用と考えればよい。
　一方，入試問題集として使用する場合は，実力に応じて，基本演習で重要項目をチェックしたのち，実戦演習を使って勉強を進めるとよい。実戦演習で選んだ問題はすべて頻出問題であるので必ず解けるようにしておきたい。
　基本演習は100％オリジナルの問題を用い，問題演習はほとんどが入試問題

から厳選して採用した。問題の出典は(○○大)と明示し，編集の都合などから問題文の一部を削除した場合も含めた。なお，問題の内容を部分的に改訂した場合は(○○大 改)，かなりの修正を加えた場合は(○○大 類題)とした。

なお，出典が示されていない問題はオリジナル問題である。

問題内容の重複を避けるため，問題中には原子量と物理定数を与えていない。問題を解く上で必要な原子量は，表紙見開きにある周期表記載の原子量を用い，また，計算上必要な物理定数は次の値を用いるものとする。

気体定数　　　　$R=8.3\times10^3\,\mathrm{Pa\cdot L/(mol\cdot K)}=0.082\,\mathrm{atm\cdot L/(mol\cdot K)}$

アボガドロ定数　$N=6.0\times10^{23}/\mathrm{mol}$

ファラデー定数　$F=9.65\times10^4\,\mathrm{C/mol}$

水のイオン積　　$K_\mathrm{W}=[\mathsf{H^+}][\mathsf{OH^-}]=1.0\times10^{-14}\,(\mathrm{mol/L})^2$　　(25℃)

目　次

[解答解説編]

第1章　物質の構成と変化
- §1　原子の構造，元素の性質 　　　　　　　*8*　[*1*]
- §2　化学結合，結晶（化学基礎＋化学）　　*14*　[*5*]
- §3　物質量 　　　　　　　　　　　　　　*22*　[*13*]
- §4　酸と塩基 　　　　　　　　　　　　　*28*　[*19*]
- §5　酸化と還元 　　　　　　　　　　　　*36*　[*26*]

第2章　物質の状態
- §6　物質の三態 　　　　　　　　　　　　*44*　[*32*]
- §7　気　体 　　　　　　　　　　　　　　*50*　[*34*]
- §8　溶　液 　　　　　　　　　　　　　　*58*　[*41*]

第3章　物質の変化
- §9　熱化学 　　　　　　　　　　　　　　*66*　[*47*]
- §10　電池と電気分解 　　　　　　　　　　*72*　[*51*]
- §11　反応の速度 　　　　　　　　　　　　*78*　[*55*]
- §12　化学平衡 　　　　　　　　　　　　　*84*　[*58*]
- §13　電離平衡 　　　　　　　　　　　　　*92*　[*64*]

第4章　無機化合物
- §14　周期表と元素の性質 　　　　　　　　*100*　[*70*]
- §15　非金属元素とその化合物 　　　　　　*106*　[*72*]
- §16　金属元素とその化合物 　　　　　　　*118*　[*76*]

第5章　有機化合物
- §17　脂肪族有機化合物 　　　　　　　　　*130*　[*79*]
- §18　芳香族有機化合物 　　　　　　　　　*144*　[*87*]
- §19　有機化合物総合問題 　　　　　　　　*152*　[*95*]

第6章　高分子化合物
- §20　天然高分子化合物 　　　　　　　　　*160*　[*102*]
- §21　合成高分子化合物 　　　　　　　　　*174*　[*110*]

§1 原子の構造，元素の性質 基本まとめ

1 原子の電子配置
原子は，陽子と中性子からなる原子核と電子で構成されている。

> **おぼえよう**
> 原子番号＝陽子の数＝電子の数
> 質量数＝陽子の数＋中性子の数

質量数→12
原子番号→6 C

- **電子配置** 電子はK殻，L殻，M殻などの電子殻に存在し，それらの電子殻に収容されている電子の配列を表したものをいう。
- **価電子** 最外殻電子を価電子とよび，内側の電子殻の電子と区別する。希ガスでは価電子の数を0とする。
- **同位体** 原子番号が同じで，質量数が異なる原子。

2 元素の性質
- **イオン化エネルギー** 原子から電子1個を取り去るのに必要なエネルギー。
  イオン化エネルギーが小さいほど，陽イオンになりやすい。
  同一周期では，アルカリ金属が最小，希ガスが最大となる。
- **電子親和力** 原子が電子1個を取り入れて1価の陰イオンになるときに放出するエネルギー。
  電子親和力が大きいほど，陰イオンになりやすい。
  同一周期では，ハロゲンが最大となる。
- **電気陰性度** 原子が結合に関与する電子を引きつける強さ。
  希ガスを除き，周期表の右上にある原子ほど大きい。

3 混合物の分離
- **ろ過** 水に溶ける物質と水に溶けない物質を分離。
- **蒸留** 液体を含む混合物を加熱して生じた蒸気を冷却し，再び液体として分離。
- **分留** 沸点の差を利用し，2種類以上の液体の混合物を，蒸留によって分離。
- **再結晶** 不純物を含む固体物質を水に溶かし，温度による溶解度の差を利用して，純粋な結晶として分離。
- **昇華** 昇華する物質と昇華しない物質を分離。
- **抽出** ある溶媒に溶ける物質と溶けない物質を分離。
- **クロマトグラフィー** ろ紙などに対する吸着力の違いを利用して分離。

§1 原子の構造，元素の性質

基本演習

1. 同位体
次の(ア)〜(エ)のうちから中性子の数が同じものを選び，その記号を記せ。
(ア) $^{35}_{17}Cl$　(イ) $^{37}_{17}Cl$　(ウ) $^{40}_{18}Ar$　(エ) $^{39}_{19}K$

2. 電子配置
次の原子あるいはイオンの電子配置を例にならって記せ。(例) $Ar：K^2L^8M^8$
(1) 酸素原子　(2) フッ素原子　(3) ナトリウムイオン
(4) 塩化物イオン

3. 周期表と元素の性質
次の表は周期表の一部である。これらの元素について下記の各問に答えよ。

	1	2	3	4	5	6	7	8	9	10	11	12	13	14	15	16	17	18
1	H																	He
2	Li	Be											B	C	N	O	F	Ne
3	Na	Mg											Al	Si	P	S	Cl	Ar
4	K	Ca	Sc	Ti	V	Cr	Mn	Fe	Co	Ni	Cu	Zn	Ga	Ge	As	Se	Br	Kr

(1) 水素を除く1族，17族，18族の元素について，それぞれの総称を記せ。
(2) 遷移元素はどれか。配列の最初と最後の元素の元素記号を記せ。
(3) その原子のイオン化エネルギーが，最小と最大の元素の元素記号を記せ。
(4) 電気陰性度が最大の元素は何か。元素記号を記せ。

4. 混合物の分離
次の(1)〜(4)の分離に最も適している操作の名称を，下の(ア)〜(エ)のうちから一つずつ選び，その記号を記せ。
(1) ヨウ素と砂から，ヨウ素を分離する。
(2) 砂の混じった塩化ナトリウム水溶液から，砂を分離する。
(3) 塩化ナトリウム水溶液から，水を分離する。
(4) お茶の葉にお湯を注ぎ，お湯に溶ける成分だけを分離する。
　(ア) ろ過　(イ) 蒸留　(ウ) 昇華　(エ) 抽出

解答
1. (イ), (エ)
2. (1) $O：K^2L^6$　(2) $F：K^2L^7$　(3) $Na^+：K^2L^8$　(4) $Cl^-：K^2L^8M^8$
3. (1) 水素を除く1族　アルカリ金属　17族　ハロゲン　18族　希ガス
   (2) 最初 Sc，最後 Cu　(3) 最小 K，最大 He　(4) F
4. (1) (ウ)　(2) (ア)　(3) (イ)　(4) (エ)

基本演習 解説

1. 同位体

原子について，次の関係が成り立つ。

原子番号＝陽子の数＝電子の数　　質量数＝陽子の数＋中性子の数

(ア) $^{35}_{17}Cl$ の原子番号（＝陽子の数）は17，質量数は35なので，中性子の数は，質量数－陽子の数＝35－17＝18 となる。

同様に考えると，中性子の数は，(イ) $^{37}_{17}Cl$；37－17＝20，(ウ) $^{40}_{18}Ar$；40－18＝22，(エ) $^{39}_{19}K$；39－19＝20 となる。

2. 電子配置

原子を構成する電子は電子殻に収容される。各電子殻に収容できる電子の数は決まっており，次の原則に従って電子殻に収容されていく。

電子殻	1	2	3	4	n
	K殻	L殻	M殻	N殻	——
最大数	2	8	18	32	$2n^2$

電子収容の原則

① 原子核に近い電子殻から順に収容される。
② 最外殻電子の数は8を超えない。

希ガス以外の原子では，最外殻電子をとくに**価電子**とよぶ。価電子は，その原子が化学結合を形成するとき，特別な役割を果たす。

典型元素の価電子の数は規則的に変化する。これが元素の周期律の要因となる。

典型元素の原子がイオンになると，希ガスと同じ電子配置になる。たとえば，ナトリウムイオンは1つ前の周期の希ガス Ne と，また，塩化物イオンは同一周期の希ガス Ar と同じ電子配置になる。

Na：K²L⁸M¹ → Na⁺：K²L⁸
Cl：K²L⁸M⁷ → Cl⁻：K²L⁸M⁸

原子	K	L	原子	K	L	M
Li	2	1	Na	2	8	1
Be	2	2	Mg	2	8	2
B	2	3	Al	2	8	3
C	2	4	Si	2	8	4
N	2	5	P	2	8	5
O	2	6	S	2	8	6
F	2	7	Cl	2	8	7
Ne	2	8	Ar	2	8	8

電子配置と価電子

3. 周期表と元素の性質

(1) 元素の周期表

原子番号の順に元素を並べ，類似の性質を示す元素が縦に並ぶように配列した表を**周期表**といい，縦の列を**族**，横の列を**周期**とよぶ。

§1 原子の構造，元素の性質

> **おぼえよう**
> アルカリ金属　　……水素を除く1族の元素　　→1価の陽イオンになりやすい
> アルカリ土類金属　……Be, Mgを除く2族の元素　→2価の陽イオンになりやすい
> ハロゲン　　　　　……17族の元素　　　　　　　→1価の陰イオンになりやすい
> 希ガス　　　　　　……18族の元素　　　　　　　→非常に安定で，反応しない

周期表の元素は，典型元素と遷移元素とに分けられる。
典型元素……1族，2族，12族～18族の元素群。金属元素と非金属元素がある。（第3周期では，Na, Mg, Alが金属元素）
遷移元素……3族～11族の元素で，すべて金属元素。（第4周期ではSc～Cu）

(2) **元素の性質**
　イオン化エネルギー　小さいほど陽イオンになりやすく，下図のように周期的に変化する。
　　① 同一周期では右ほど大きく，アルカリ金属が最小で，希ガスが最大。
　　② 同一族では，下にあるほど小さくなる。
　電気陰性度　大きいほど，結合に関与する電子を強く引きつける。イオン化エネルギーと同様に周期的に変化する。希ガスは結合をつくらないので，電気陰性度は定義されていない。全原子中，**フッ素が最大**。
　電子親和力　大きいほど陰イオンになりやすい。

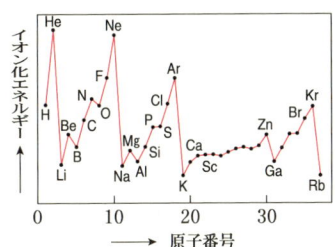 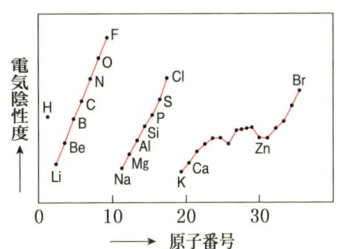

4. 混合物の分離

混合物は，ろ過，蒸留などの操作により，純物質に分離することができる。
(1) ヨウ素と砂からヨウ素を分離するとき，ヨウ素は加熱により昇華するが，砂は昇華しない。よって，**昇華**により分離することができる。
(2) 砂の混じった塩化ナトリウム水溶液から砂を分離するとき，砂は水に溶けない。よって，**ろ過**により分離することができる。
(3) 塩化ナトリウム水溶液から水を分離するとき，水は加熱により蒸発するが，塩化ナトリウムは蒸発しない。よって，**蒸留**により分離することができる。
(4) お茶の葉にお湯を注いだとき，お茶の葉に含まれる成分のうち，お湯に溶ける成分だけが溶け出す。これを**抽出**という。

11

実戦演習

1 原子の構造，イオン [基礎]

次の文章を読んで，問1～問4に答えよ。

原子は，　ア　の電荷を帯びた原子核とその周りにある　イ　の電荷をもつ電子から構成されている。原子核中の　ウ　の数は，各元素に固有であり，その数を原子番号という。また，ほとんどの原子の原子核には，　ウ　とほぼ同じ質量をもつ　エ　が存在する。　ウ　の数と　エ　の数の和を質量数という。同じ元素でも　エ　の数が異なるものがあり，これらを互いに同位体という。

電子は，いくつかの殻に分かれて存在しており，内側の殻から順に，K殻，L殻，M殻，N殻…などとよばれる。一般に，内側からn番目の電子殻には，最大　オ　個の電子を収容でき，最大数の電子が収容された電子殻を閉殻という。電子配置が閉殻のときや $_{18}Ar$，$_{36}Kr$ などのように最外殻電子が8個の場合は，その原子が安定であることがわかっている。

最外殻に入る電子で，原子がイオンを形成したり，原子どうしが結合するときに重要なはたらきをする電子を価電子という。たとえば，　カ　原子はL殻に4個の価電子を，　キ　原子はM殻に4個の価電子をもっている。

元素の陽性の強弱は原子から1個の電子を取り去るのに必要なエネルギーの大きさで比較でき，その値を第一イオン化エネルギーという。このエネルギーが大きい元素では，取り去られる電子が原子核から受ける電気的引力が　ク　。よって，同一周期の元素を比較すると，陽性の強い元素の原子半径は　ケ　。

原子の最外電子殻に1個の電子が入って，1価の陰イオンを生成するとき放出されるエネルギーを　コ　という。ハロゲン原子は電子1個を受け入れて陰イオンになりやすい性質をもっていることから陰性が強い。

問1　　ア　～　コ　にあてはまる適当な語句，式を記せ。

問2　天然に安定に存在する水素原子には，^1H と ^2H の2種類の同位体が，塩素原子には，^{35}Cl と ^{37}Cl の2種類の同位体が存在する。天然には質量の異なる塩化水素分子HClが何種類存在することになるか。

問3　右の表は各原子の電子配置を示している。(ア)～(シ)に該当する電子数を記せ。ただし，電子がない場合は0を記せ。

原子名	電子殻の電子数			
	K	L	M	N
He	2			
Ne	2	8		
K	2	(ア)	(イ)	(ウ)
Kr	2	(エ)	(オ)	(カ)
N	2	(キ)	(ク)	(ケ)
Ca	2	(コ)	(サ)	(シ)

§1 原子の構造，元素の性質

問4 次にあげる4種類のイオンの大きさを比べると，どのような順序になると予想されるか，大きさの順に不等号で記せ。また，そのような順になる理由を説明せよ。

S^{2-}，　Cl^-，　K^+，　Ca^{2+}

（水産大　改）

2 元素の性質 基礎

図(1)～(3)は，原子番号と元素の性質との関係を示している。それぞれの図に該当する元素の性質を下の(ア)～(カ)の中から選び，記号で答えよ。

(1)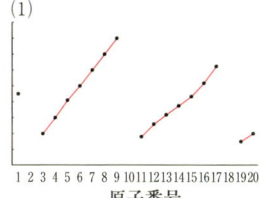
(2)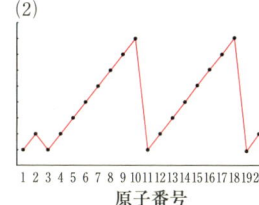
(3)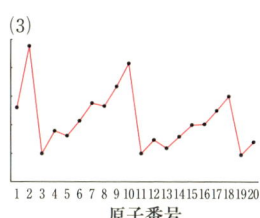

(ア) 第一イオン化エネルギー　　(イ) 単体の融点　　(ウ) 価電子数
(エ) 最外殻電子数　　　　　　　(オ) 原子半径　　　(カ) 電気陰性度

（昭和大）

3 放射性同位体 基礎 応用

天然に存在する炭素原子には ^{12}C と ^{13}C の他に，放射性同位体である ^{14}C がごく微量存在する。^{14}C は地球の大気中では宇宙線の作用によりほぼ一定の割合で生成されている一方，放射線を出しながら一定の割合で減少していく。その結果，大気中では ^{14}C が生成する量と壊れる量とがつり合い，^{14}C の存在比は年代によらずほぼ一定に保たれている。放射性同位体が壊れて存在比が半分になる時間を半減期といい，^{14}C の半減期は5730年である。生きている植物の ^{14}C の存在比は大気中と同じであるが，植物が枯れて取り込みが停止すると，その補給が途絶えるので時間と共に ^{14}C の存在比が低下する。この性質から，調べたい物質の中に含まれる ^{14}C の存在比を測定すれば，その物質がつくられたおよその年代を推定することができる。

掘り出した木片に含まれる ^{14}C が大気中の存在比の $\frac{1}{8}$ であったとすると，この木片がつくられたのは何年前と推定されるか。整数で答えよ。

（東京農工大）

§2 化学結合，結晶　基本まとめ

① 化学結合
化学結合には，共有結合，配位結合，イオン結合，金属結合がある。

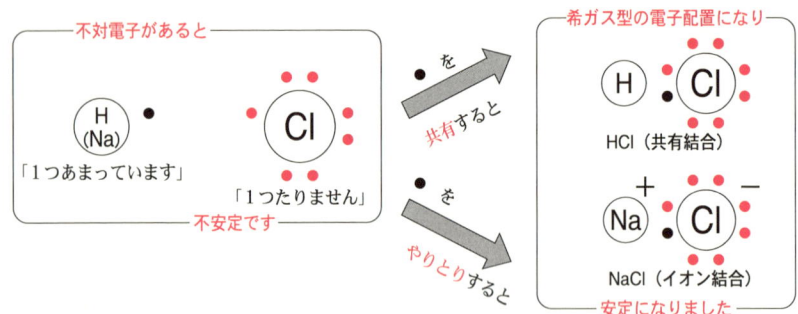

② 分子の極性
分子の極性　電荷の偏りがある分子を**極性分子**，電荷の偏りをもたない分子を**無極性分子**という。極性分子であるか無極性分子であるかは，結合の極性と分子の形で決まる。代表的な分子の形はおぼえよう。

	水素 H_2	塩化水素 HCl	水 H_2O	二酸化炭素 CO_2	メタン CH_4	アンモニア NH_3
分子の形	直線形	直線形	折れ線形	直線形	正四面体形	三角錐形
極性の有無	無極性分子	極性分子	極性分子	無極性分子	無極性分子	極性分子

③ 分子間力（分子間にはたらく力）
ファンデルワールス力　すべての分子間にはたらく弱い力。
水素結合　分子どうしが水素原子を介して静電気的に引き合う結合。

④ 結晶の種類と性質

結晶の種類	結晶を構成する粒子	結晶をつくる結合	特徴
共有結合の結晶	原子	共有結合	融点がきわめて高い
イオン結晶	陽イオンと陰イオン	イオン結合	融解液は電気を導く
金属結晶	原子	金属結合	電気を導く
分子結晶	分子	分子間力	昇華性を示すものもある

⑤ 結晶の単位格子
結晶をつくっている粒子の配列の最小繰り返し単位を単位格子という。

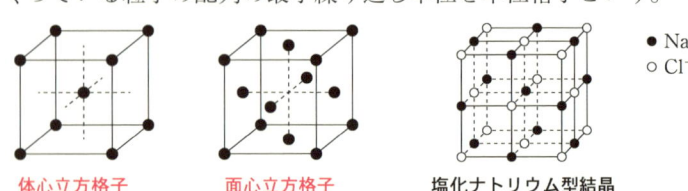

§2 化学結合，結晶

基本演習

1. 化学結合
次の(1)〜(4)の物質中に存在する結合の種類を，下の(ア)〜(エ)のうちからすべて選べ。
(1) K (2) HCl (3) NaOH (4) NH₄Cl
(ア) 共有結合 (イ) イオン結合 (ウ) 金属結合 (エ) 配位結合

2. 電子式と分子の形
次の物質の電子式を記し，分子の形を(ア)〜(オ)から一つずつ選べ。また，極性分子をすべて選び，その番号を記せ。
(1) H₂O (2) HCl (3) NH₃ (4) CO₂
(ア) 正四面体形 (イ) 直線形 (ウ) 三角形 (エ) 三角錐形 (オ) 折れ線形

3. 水素結合
液体の状態で，分子間に水素結合を形成するものをすべて選び，その化学式を記せ。
(1) 水 (2) 二酸化炭素 (3) アンモニア (4) メタン (5) フッ化水素

4. 物質の沸点
次の物質の組合せについて，沸点の高い方の物質を選び，その化学式を記せ。
(1) N₂とO₂ (2) HClとHBr (3) HFとHCl

5. 結晶の種類
結晶は次の(ア)〜(エ)に分類される。□に最も適する結晶の名称を記せ。
□(ア) 陽イオンと陰イオンが静電気力で引き合って結晶をつくる。
□(イ) 原子が自由電子により結びつけられた結晶で，展性や延性が大きい。
□(ウ) すべての原子が共有結合により結びついているために融点が高い。
□(エ) 分子どうしが水素結合やファンデルワールス力で結びつけられてできた結晶。

6. 化学式
物質を組成式や分子式などの化学式を用いて表すことが多い。次の化学式のうち，分子式であるものをすべて選び，その記号を記せ。
(ア) H₂O (イ) NaCl (ウ) Ag (エ) CO₂ (オ) SiO₂

解答
1. (1) (ウ) (2) (ア) (3) (ア), (イ) (4) (ア), (イ), (エ)
2. (1) H:Ö:H (オ) (2) H:Cl̈: (イ) (3) H:N̈:H (エ) (4) Ö::C::Ö (イ)
    　　　　　　　　　　　　　　　　　　　H
   極性分子：(1), (2), (3)
3. H₂O, NH₃, HF   4. (1) O₂ (2) HBr (3) HF
5. (ア) イオン結晶 (イ) 金属結晶 (ウ) 共有結合の結晶 (エ) 分子結晶
6. (ア), (エ)

15

基本演習 解説

1. 化学結合

共有結合 原子が互いに不対電子を1つずつ出し合って電子対を形成し、これを共有することによって結合する。

H· ·Cl: ⟶ H:Cl:

● 共有電子対
□ 非共有電子対

配位結合 一方の原子が電子対を提供し、これを共有することで結合する。

H⁺ :N:H ⟶ [H:N:H]⁺

イオン結合 電子の授受によって生じた陽イオンと陰イオンが静電気的に引き合って結合する。この引力を**静電気力(クーロン力)**とよぶ。

Na· ·Cl: ⟶ Na⁺┅┅:Cl:⁻

┅┅ 静電気力

金属結合 金属原子が放出した価電子(**自由電子**)をすべての原子で共有することで結合する。

> 一般に、結合の種類は次のように決まる！
> 非金属元素の原子どうし ……共有結合
> 非金属元素の原子と金属元素の原子 ……イオン結合
> 金属元素の原子どうし ……金属結合

POINT

2. 電子式と分子の形

各原子の価電子を"·"で表した化学式を**電子式**という。原子が共有結合するとき、各原子がもつ不対電子を用いて共有電子対をつくる。

HClのように電気陰性度が異なる原子どうしが結合すると、原子間に電荷の偏りが生じる。これを結合の極性という。しかし、CO_2のように、結合に極性があっても分子全体として結合の極性が打ち消し合うような分子は極性をもたない。

結合の極性は、正から負に向かうベクトル(矢印)で表され、このベクトルを分子全体で合成したものが分子の極性になる。

H· ·N· ·H ⟶ H:N:H
　　H　　　　　H

:Ö· ·C· ·Ö: ⟶ :Ö::C::Ö:

極性分子	無極性分子
⊕H⟶Cl⊖ (直線形)	⊖O←C→O⊖ (直線形)
⊖N ⊕H H⊕ H⊕ (三角錐形)	H ⊕H→C←H⊕ H (正四面体形)
⊖O ⊕H H⊕ (折れ線形)	→は結合の極性

16

3. 水素結合

水では，H₂O分子の水素原子を介して分子どうしが静電気的に引き合っている。このように，電気陰性度が大きい原子に結合した水素原子が，他の分子の電気陰性度の大きい原子と静電気的に引き合う力を**水素結合**とよんでいる。

> H－F，H－O，H－Nをもつ分子が水素結合をつくる！

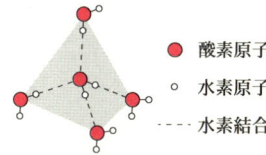

H₂Oの水素結合

● 酸素原子
○ 水素原子
--- 水素結合

4. 物質の沸点

分子間力が大きいほど沸点は高い。結合の強さは「**水素結合＞ファンデルワールス力**」なので，分子間に水素結合を形成する物質の方が沸点は高い。また，類似の構造をもつ物質の**ファンデルワールス力は分子量が大きいほど大きい**。

(1) ファンデルワールス力は$N_2 < O_2$であり，沸点は$N_2 < O_2$となる。
(2) ファンデルワールス力はHCl＜HBrであり，沸点はHCl＜HBrとなる。
(3) HFは分子間に水素結合を形成するので，沸点はHF＞HClとなる。

5. 結晶の種類

結晶は，粒子どうしを結びつけている結合の種類によって分類される。

> 結晶の分類は，次のように判断するとよいよ。
> ① 非金属のみからできている結晶
>   　多くのもの　　　　　　　　　　　…分子結晶
>   　C(ダイヤモンド，黒鉛)，Si，SiO₂など　…共有結合の結晶
>   　NH₄Clなど　　　　　　　　　　　…イオン結晶
> ② 金属と非金属からできている結晶　　…イオン結晶
> ③ 金属のみからできている結晶　　　　…金属結晶

6. 化学式

化学式には，分子式，組成式，イオン式，構造式などがある。
分子式 分子を構成する原子の種類と数を表す化学式。
組成式 化合物を構成する原子の数を最も簡単な整数比で表した化学式。

水H₂Oや二酸化炭素CO₂のように，その結晶が**分子結晶に分類される物質の化学式は分子式で表される**。一方，結晶が**分子結晶以外に分類される物質の化学式は組成式で表される**。塩化ナトリウムNaClは多数のNa⁺とCl⁻が1：1の比でイオン結合により結びついたイオン結晶，銀Agは多数のAg原子が金属結合により結びついた金属結晶，二酸化ケイ素SiO₂は多数のSi原子とO原子が1：2の比で共有結合により結びついた共有結合の結晶であり，これらの化学式は組成式である。

実戦演習

1 化学結合 基礎

化学結合に関する次の文章を読み，**問1**・**問2**に答えよ。

窒素原子は ア 個の不対電子をもつ。二つの窒素原子が近づくと，不対電子を共有して，両者の間に共有結合ができる。このとき，両方の窒素原子は イ 原子と同じ電子配置をもつようになり，安定化される。また，水素原子と窒素原子が共有結合をつくってアンモニア分子になると，水素原子は ウ 原子と，窒素原子は エ 原子と同じ電子配置になる。

塩化ナトリウムのイオン結晶中では， オ が小さいナトリウムは電子を放出して陽イオンに， カ が大きく電子を受け取りやすい塩素は陰イオンになって，陽イオンと陰イオンが キ により結合している。このような結合を ク 結合という。

単体のナトリウムは，各原子から供給された ケ 個ずつの電子をすべての原子で共有して原子どうしの結びつきを形成している。この結合を コ 結合といい，共有している電子は金属全体を移動することができ， サ とよばれる。この サ により，金属は電気や熱の伝導性が高い。

問1 空欄 ア ～ サ に最も適当な語句を入れよ。

問2 下線部について，次の(1), (2)に答えよ。

(1) アンモニア分子の電子式を記せ。

(2) アンモニアが水素イオンと結合するとアンモニウムイオンが生じる。このとき形成される結合を何というか。また，アンモニウムイオンの電子式を記せ。

2 極性 基礎

次の文章を読み，**問1**～**問4**に答えよ。

二つの原子間で共有結合ができるとき，それぞれの原子が共有電子対を引きつける強さの程度を数値で表したものを ア という。 ア の値は，陰性の強い元素ほど大きい。周期表上で比べてみると，同一周期の元素では右へいくほど増加し， イ で最大となる。また， ウ 元素では上にいくほど大きくなる。

同種の原子間の共有結合では，共有電子対はどちらの原子にもかたよらずに存在する。一方，異種の原子間の共有結合では，共有電子対は， ア の大きい原子の方にかたよって存在する。このように，結合に電荷のかたよりがあることを，結合に極性があるという。分子は，結合の極性，分子の形などから，極性分子と無極性分子に分けられる。

問1 文章中の ア ～ ウ に適切な語句を記せ。

問2 極性が最大の結合と最小の結合を，次の①～⑤からそれぞれ選べ。
① O-H ② N-H ③ C-H ④ F-H ⑤ F-F

問3 窒素，塩化水素，水，二酸化炭素，アンモニア，メタンの中から極性分子を三つ選び，それぞれの電子式および分子の形を記せ。また，残りの無極性分子三つについても，それぞれの電子式および分子の形を記せ。

問4 一般に，極性分子は水に溶けやすく，無極性分子は水に溶けにくい。次のうちから水に溶けやすい物質を選び，記号で答えよ。
(ア) エタノール (イ) ヘキサン (ウ) ヨウ素

(三重大 改)

3 分子間力と沸点

次の文章中の下線部の現象がみられる理由を，それぞれ簡潔に述べよ。

図に14族元素と16族元素の水素化合物の分子量と沸点との関係を示す。(1)14族元素の水素化合物の沸点は，分子量の増大にともなって高くなる。一方，(2)水は16族元素の水素化合物の中で異常に高い沸点を示す。また，極性分子である16族元素の水素化合物の分子間には，無極性分子である14族元素の水素化合物の分子間より，強い分子間力がはたらくため，16族元素の水素化合物の方が沸点が高い。

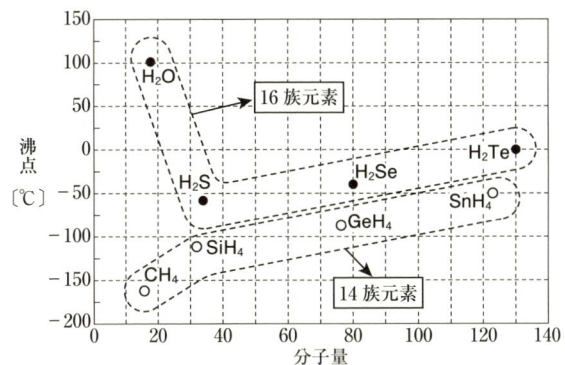

(東京農工大)

4 結晶の分類 基礎

次の(ア)～(ク)の化学式で表される結晶のうち, (1)～(5)のそれぞれにあてはまるものをすべて選び, 記号で答えよ。

(ア) SiO_2　(イ) I_2　(ウ) Cu　(エ) $NaCl$　(オ) CaO
(カ) H_2O　(キ) C　(ク) Na

(1) 分子結晶である。
(2) 常圧で昇華しやすい。
(3) 展性・延性に富む。
(4) 固体では電気を通さないが, 高温で融解させると, 電気を導く。
(5) 共有結合の結晶である。

(昭和大)

5 金属結晶

銅, 鉄, 亜鉛の3種の金属の単体の構造について以下の**問1～問4**に答えよ。

図は, それぞれ, (a)銅, (b)鉄, (c)亜鉛の常温常圧での結晶構造(結晶格子)を示したものである。

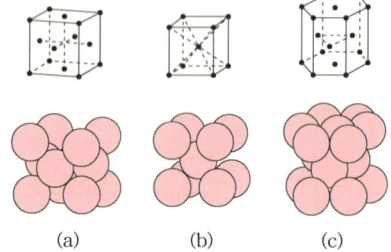

問1 (a)～(c)の結晶構造は, それぞれ何とよばれるか。

問2 (a)および(b)の結晶では1個の原子に接している原子の数は何個か。

問3 (a)および(b)の結晶のそれぞれについて, 単位格子の一辺の長さをa, 原子の半径をrとするとき, rをaで表せ。

問4 銅の単位格子中の原子の数と密度を求めよ。ただし, 単位格子の一辺の長さは3.62×10^{-8} cm, 銅の原子量は63.5, アボガドロ定数は6.02×10^{23}/molとする。

(奈良女子大 改)

6 イオン結晶

次の文章を読み, **問1～問4**に答えよ。ただし, 1 nm = 10^{-9} m とする。

右図に**NaCl型**とよばれる結晶構造の単位格子を示す。この単位格子は一辺の長さがaの立方体である。●をA原子, ○をX原子とし, A原子またはX原子の配列だけを取り出してみると, 各原子はそれぞれある立方格子を構成している。

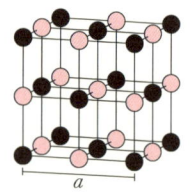

NaCl型結晶構造の単位格子

§2 化学結合，結晶

問1 文中の下線部の立方格子の名称を記せ。
問2 元素Aの原子量M_A，元素Xの原子量M_X，アボガドロ定数N_A〔/mol〕，および単位格子の一辺の長さa〔nm〕を用いて，NaCl型構造をもつ結晶の密度D〔g/cm³〕を計算する式を記せ。
問3 A原子，X原子の半径をそれぞれr_A，r_Xとしたとき，aをr_A，r_Xで表せ。
問4 原子Aのまわりで，Aと接している原子Xの数を記せ。

（東北大 改）

7 共有結合の結晶

ある元素の原子だけからなる共有結合の結晶がある。結晶の単位格子（立方体）と，その一部を拡大したものを図に示す。単位格子の一辺の長さをa〔cm〕，結晶の密度をd〔g/cm³〕，アボガドロ定数をN_A〔/mol〕とするとき，次の**問1**・**問2**に答えよ。

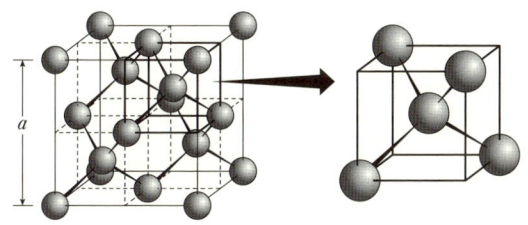

問1 この元素の原子量はどのように表されるか。文字式で記せ。
問2 原子間結合の長さ〔cm〕はどのように表されるか。文字式で記せ。

（センター試験）

8 結合力と結晶の融点 応用

下の表はそれぞれの結晶の融点を示している。これらについて**問1**～**問4**に答えよ。

結晶	NaCl	KCl	RbCl	MgO	CaO	黄リン(P_4)	斜方硫黄(S_8)	ケイ素(Si)
融点(℃)	800	776	717	2852	2572	44	113	1414

問1 NaCl，KCl，RbClの順に融点が低くなっている。この理由を述べよ。
問2 MgO，CaOはNaCl，KClに比べて高い融点を示す。この理由を述べよ。
問3 黄リンや斜方硫黄の融点が他の物質に比べて低い理由を述べよ。
問4 ケイ素の単体の融点がP_4やS_8より高い理由を述べよ。

（昭和薬科大）

§3 物質量

基本まとめ

1 化学量

原子量 ^{12}C原子1個の質量を基準の12としたときの原子の相対質量をいう。同位体が存在するときは，相対質量の平均値となる。

分子量・式量 化学式に示されている原子の原子量の和が分子量や式量になる。

アボガドロ定数 ^{12}C原子12g（1mol）中に含まれる原子の数をアボガドロ定数と定義した。値は 6.02×10^{23}/mol である。

モル〔mol〕 原子や分子，イオンなどの個数を表す物質量の単位。

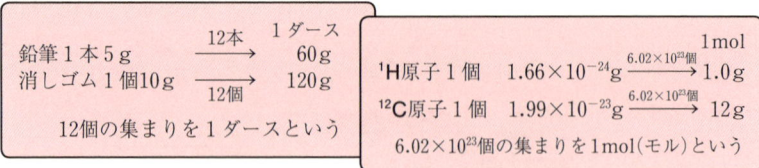

 モルとダースとは同じ考え方なんだ

モル質量〔g/mol〕 物質1molあたりの質量〔g〕。原子量，分子量，式量にg/molの単位をつけたものになる。

モル体積〔L/mol〕 物質1molあたりの体積〔L〕。標準状態における気体のモル体積は22.4L/molである。

※ 0℃，1.01×10^5Paの状態を標準状態という。

― 物質量 ⇔ 粒子数・質量・気体の体積 の求め方 ―

n〔mol〕⇨
- 粒子数；$6.02 \times 10^{23} \times n$〔個〕
- 質量；モル質量 $\times n$〔g〕
- 気体の体積；$22.4 \times n$〔L〕（標準状態）

N〔個〕 ⇨ $\dfrac{N}{6.02 \times 10^{23}}$〔mol〕

W〔g〕 ⇨ $\dfrac{W}{モル質量}$〔mol〕

V〔L〕 ⇨ $\dfrac{V}{22.4}$〔mol〕（標準状態）

2 溶液の濃度

質量パーセント濃度〔％〕 溶液100gに溶解している溶質の質量〔g〕で表す。

モル濃度〔mol/L〕 溶液1Lに溶解している溶質の物質量〔mol〕で表す。

§3 物質量

基本演習

1. 原子量
天然の臭素には ^{79}Br と ^{81}Br の同位体が 1：1 の割合で存在する。各同位体の相対質量が質量数と一致するとして，臭素の原子量を有効数字2桁で求めよ。

2. 化学式量
次の物質のうち，1 mol の質量が最も大きいものを一つ選び，その物質名を記せ。（原子量は表紙の周期表記載のものを用いること）

(ア) Na　　(イ) Cu　　(ウ) NaCl　　(エ) NH$_3$　　(オ) O$_2$

3. 物質量
次の(ア)〜(オ)の物質量を有効数字2桁で求めよ。ただし，アボガドロ定数は 6.0×10^{23}/mol とする。

(ア) 66 g の二酸化炭素
(イ) 4.8×10^{22} 個の水分子
(ウ) 標準状態で 1.12 L を占める塩化水素
(エ) それぞれ 1.8×10^{24} 個の Na$^+$ と Cl$^-$ を含む塩化ナトリウム結晶
(オ) 17 g のアンモニアに含まれる水素原子

4. 溶液の濃度
グルコース C$_6$H$_{12}$O$_6$（分子量180）9.0 g を水に溶かし，200 mL の水溶液をつくった。この水溶液の密度は 1.0 g/cm^3 であった。次の濃度を有効数字2桁で求めよ。

(1) 質量パーセント濃度〔%〕　　(2) モル濃度〔mol/L〕

5. 化学反応と量的関係
空気中で一酸化炭素 56 g を完全に燃焼させると，次のように反応して二酸化炭素が生成した。この変化について(1)〜(3)に有効数字2桁で答えよ。ただし，アボガドロ定数は 6.0×10^{23}/mol とする。

$$2CO + O_2 \longrightarrow 2CO_2$$

(1) 燃焼した一酸化炭素の分子は何個か。
(2) 反応によって消費された酸素は，標準状態で何Lか。
(3) 生成した二酸化炭素の物質量は何molか。また，その質量は何gか。

解答
1. 80　　2. 銅
3. (ア) 1.5 mol　(イ) 8.0×10^{-2} mol　(ウ) 5.0×10^{-2} mol
　(エ) 3.0 mol　(オ) 3.0 mol
4. (1) 4.5%　(2) 0.25 mol/L
5. (1) 1.2×10^{24} 個　(2) 22 L　(3) 2.0 mol，88 g

基本演習 解説

1. 原子量

質量数12の炭素原子 ^{12}C 1個の質量を基準の12としたとき，その原子の相対質量を原子量という。その原子1molの質量〔g〕は原子量にgをつけた質量となる。

（原子量についてはこのセクション（§3）の**実戦演習1**の解説（別冊，解答・解説p.13）でより詳しく考察しているので参考にされたい。）

実際の原子量は，同位体が存在するために，同位体の相対質量の平均値になる。すなわち，原子量は次のようにして求めることができる。

> **原子量＝（同位体の相対質量×存在比）の総和**
> な〜んだ！　普通の平均値の求め方と同じだね!! **POINT**

この設問では相対質量が質量数と一致するとしているので，臭素の原子量は，

$$79 \times \frac{1}{1+1} + 81 \times \frac{1}{1+1} = 80$$

2. 化学式量

原子量と同様に用いられる化学量に分子量や式量（組成式量）がある。分子量は分子からなる物質に，式量は組成式で表される物質に対して用いられ，これらを総称して化学式量という。化学式量は，化学式が表す原子の原子量の和に等しい。

物質を構成する単位粒子 6.02×10^{23} 個の集団を1mol とよぶ。物質1molあたりの質量は，原子量・分子量・式量などの数値にgの単位をつけた質量に等しい。この質量を**モル質量**（単位はg/mol）とよぶ。

(ア) 原子量23，1 molは23 g　　(イ) 原子量63.5，1 molは63.5 g
(ウ) 式量58.5，1 molは58.5 g　　(エ) 分子量17，1 molは17 g
(オ) 分子量32，1 molは32 g

3. 物質量

1 molの粒子数は 6.0×10^{23} 個，質量は原子・分子量・式量に単位gをつけたもの，標準状態における気体の体積は22.4 L となる。この関係を用いて比例計算すればよい。

(ア) CO_2のモル質量は44 g/molなので，$\dfrac{66}{44} = 1.5$〔mol〕

(イ) H_2O 1 molは 6.0×10^{23} 個なので，$\dfrac{4.8 \times 10^{22}}{6.0 \times 10^{23}} = 8.0 \times 10^{-2}$〔mol〕

(ウ) HClの標準状態でのモル体積は22.4 L/molなので，

$\dfrac{1.12}{22.4}=5.0\times10^{-2}$〔mol〕

(エ) NaCl 1 mol 中には，1 mol＝6.0×10^{23}個ずつの Na$^+$と Cl$^-$が含まれるので，$\dfrac{1.8\times10^{24}}{6.0\times10^{23}}=3.0$〔mol〕

(オ) NH$_3$のモル質量は 17 g/mol なので，17 g の NH$_3$は $\dfrac{17}{17}=1.0$〔mol〕

1分子の NH$_3$は，1個の N 原子と3個の H 原子からなる。したがって，1.0 mol の NH$_3$に含まれる H 原子は，$1.0\times3=3.0$〔mol〕

4. 溶液の濃度

溶質と溶液の量がわかれば，濃度を求めることができる。

$$\text{質量パーセント濃度}〔\%〕=\dfrac{\text{溶質の質量}〔g〕}{\text{溶液の質量}〔g〕}\times100$$

$$\text{モル濃度}〔\text{mol/L}〕=\dfrac{\text{溶質の物質量}〔\text{mol}〕}{\text{溶液の体積}〔L〕}=\text{溶質の物質量}〔\text{mol}〕\times\dfrac{1000}{\text{溶液の体積}〔\text{mL}〕}$$

溶液中の溶質，溶液の量は次のとおりである。

溶質…9.0 g，$\dfrac{9.0}{180}=0.050$〔mol〕

溶液…200 mL，$1.0\times200=200$〔g〕

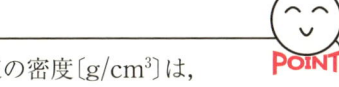
溶液の密度〔g/cm³〕は，溶液の体積〔mL＝cm³〕と質量〔g〕の関係を表しているよ！ POINT

(1) $\dfrac{9.0}{200}\times100=4.5$〔％〕

(2) $0.050\times\dfrac{1000}{200}=0.25$〔mol/L〕

5. 化学反応と量的関係

化学反応式は，反応物質と生成物質を化学式で表しているだけでなく，次の①～④のような量的関係をも表している。

① 物質の**物質量の比**
② 物質の**質量の関係**
③ 粒子の**数の比**
④ 同温・同圧の下での気体の**体積の比**

	2CO	＋	O$_2$	⟶	2CO$_2$
①	2 mol		1 mol		2 mol
②	2×28 g		32 g		2×44 g
③	2×N個		N個		2×N個 （Nはアボガドロ定数）
④	2×22.4 L		22.4 L		2×22.4 L （標準状態での体積）

②～④はすべて物質量〔mol〕から求められる値だね。
だったら，mol で考えればいいんだ！
 POINT

実戦演習

1 元素の原子量 [基礎]

次の文章を読み，問1・問2に答えよ。

原子に含まれる陽子の数は元素ごとに決まっているが，［ア］の数は，同じ元素でも異なる場合がある。陽子の数が同じで［ア］の数が異なる原子を互いに［イ］とよぶ。多くの元素は相対質量の異なる数種の［イ］が存在し，それらは地球上ではほぼ一定の割合で存在している。元素を構成する［イ］の相対質量に存在比をかけて求めた平均値を，元素の［ウ］という。

問1　文章中の［ア］〜［ウ］に適切な語句を記せ。

問2　銀には2つの同位体が存在し，その存在比は，相対質量が106.9のものが51.84％，108.9のものが48.16％である。銀の原子量はいくらか。小数第1位まで記せ。

2 物質量 [基礎]

次の(1)〜(4)のうち水素原子の数が最大のものの番号を記せ。ただし，アボガドロ定数を$6.0×10^{23}$/molとする。

(1) $3.0×10^{23}$個の水素原子
(2) $3.0×10^{23}$個の水分子に含まれる水素原子
(3) 8.5gのアンモニアに含まれる水素原子
(4) 標準状態の下で，4.48Lのメタンに含まれる水素原子

3 溶液の濃度 [基礎]

硫酸およびその水溶液について，次の問1・問2に有効数字2桁で答えよ。

問1　密度が1.8g/cm³で，98％のH_2SO_4を含む濃硫酸がある。
(1) この濃硫酸のモル濃度は何mol/Lか。
(2) 0.50mol/Lの希硫酸200mLをつくるにはこの濃硫酸何mLを薄めればよいか。

問2　8.0％の希硫酸30gと14％の希硫酸80gを混合すると，密度が1.1g/cm³の溶液が得られた。この溶液のモル濃度を求めよ。

(福井工業大)

4 化学反応式と量的関係 [基礎]

メタンを空気と混合して点火すると，完全燃焼して二酸化炭素と水が生成する。

$$CH_4 + 2O_2 \longrightarrow CO_2 + 2H_2O$$

標準状態の下で，5.60Lのメタンを空気と反応させた。これについて，問1〜問3に答えよ。ただし，空気は窒素と酸素の体積比4：1の混合気体である。数値は有効数字3桁で記せ。

26

問1 反応したメタンの物質量は何molか。
問2 生成した二酸化炭素は標準状態で何Lか。また，生成した水は何gか。
問3 メタンを完全に燃焼させるのに必要な空気は，標準状態の下で何Lか。

5 化学反応と量的関係（物質の過不足あり）基礎

アルミニウムの粉末2.70gを容器に入れ，3.00mol/Lの塩酸200mLを少しずつ加えた。このとき加えた塩酸の液量と発生した気体の体積（標準状態）を測定した。これについて，次の問1～問3に答えよ。ただし，発生した気体は溶液に溶解しないものとする。

問1 このとき起こる変化を化学反応式で記せ。
問2 すべての塩酸を加えたときに発生した気体の体積は何Lか。有効数字3桁で答えよ。
問3 横軸に加えた塩酸の体積〔mL〕，縦軸に発生した気体の体積〔L〕をとり，両者の関係をグラフに示せ。

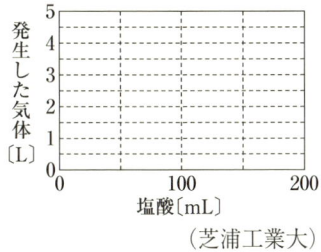

（芝浦工業大）

6 2つの化学反応と量的関係 基礎

プロパンC_3H_8とブタンC_4H_{10}の混合気体を完全燃焼させたところ，二酸化炭素1.00molと水1.32molが生じた。燃焼前の混合気体に含まれていたプロパンおよびブタンはそれぞれ何molか。小数第2位まで記せ。

（上智大）

7 アボガドロ定数の測定 基礎 応用

次のような実験を行いアボガドロ定数を測定した。下記の問1～問3に答えよ。ただし，数値は有効数字3桁まで求めよ。

ステアリン酸（$C_{17}H_{35}COOH$）0.0351gをベンゼンに溶解し，全体を100mLとした溶液をメスピペットにとり，一滴ずつ水を満たした水槽の水面に滴下した。滴下したステアリン酸のベンゼン溶液は0.331mLであった。この操作でステアリン酸は厚さ1分子の層となって水面上に広がり単分子膜を形成した。この単分子膜の上に1cm目盛の方眼紙を置き，膜の境界を方眼紙上に写し取った。方眼紙よりその面積を求めた結果527cm^{2}であった。ここで，ステアリン酸1分子の横断面の面積を2.05×10^{-15}cm^{2}としてアボガドロ定数を求めた。

問1 ステアリン酸のベンゼン溶液0.331mL中に含まれるステアリン酸は何molか。
問2 ここでできたステアリン酸の単分子膜に含まれる分子数はいくつか。
問3 この実験方法によって得られた結果からアボガドロ定数を単位を含めて答えよ。

（三重大 改）

27

§4 酸と塩基

1 酸・塩基の定義と分類
定義 アレニウスの定義とブレンステッドの定義がある。
分類 酸や塩基はその強弱や価数によって分類されている。

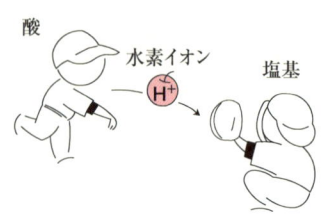

2 水のイオン積とpH
純水でも水溶液でも，水はわずかに電離しており，水素イオン濃度と水酸化物イオン濃度の積(水のイオン積)は一定になる。

$$H_2O \rightleftarrows H^+ + OH^-$$

水のイオン積
$K_W = [H^+][OH^-] = 1.0 \times 10^{-14} (mol/L)^2$ （25℃）

水溶液の性質(酸性，中性，塩基性)は水素イオン濃度やpHで表される。

おぼえよう
$[H^+] = 10^{-pH}$　あるいは　$pH = -\log_{10}[H^+]$

水溶液の性質　酸　性：$[H^+] > [OH^-]$　pH<7
　　　　　　　中　性：$[H^+] = [OH^-]$　pH=7
　　　　　　　塩基性：$[H^+] < [OH^-]$　pH>7

3 中和反応の量的関係
酸と塩基が反応すると塩と水ができる。

ここがポイント
酸と塩基がちょうど中和するとき，次の関係が成り立つ。
『酸が出したH^+の物質量＝塩基が受け取ったH^+の物質量』の関係から
酸の価数×酸の物質量＝塩基の価数×塩基の物質量

4 塩の水溶液
塩の水溶液の性質は，その塩がどのような酸と塩基の中和により得られるかを考えるとわかる。

- 強酸と強塩基の中和で得られる正塩……中性
  （ただし，$NaHSO_4$など，強酸と強塩基の中和で得られる酸性塩は酸性）
- 強酸と弱塩基の中和で得られる塩……酸性
- 弱酸と強塩基の中和で得られる塩……塩基性

基本演習

1. 酸・塩基の分類
次の物質を化学式で表し，酸，塩基の強弱と価数で分類せよ。
　塩酸，硫酸，酢酸，シュウ酸，水酸化ナトリウム，水酸化バリウム，アンモニア，水酸化マグネシウム

2. 水素イオン濃度とpH
次の水溶液のpHの値を答えよ。
(1) 0.010 mol/Lの塩酸
(2) 0.010 mol/Lの水酸化ナトリウム水溶液
(3) 0.050 mol/Lの酢酸水溶液（電離度0.02）

3. 中和反応
次の反応を化学反応式で表せ。
(1) 酢酸水溶液を水酸化ナトリウム水溶液で中和する。
(2) 希硫酸を水酸化バリウム水溶液で中和する。

4. 中和反応の量的関係
0.15 mol/Lのシュウ酸水溶液10 mLを完全に中和するためには，0.10 mol/Lの水酸化ナトリウム水溶液が何mL必要か。

5. 塩の水溶液
次の塩が溶けている水溶液は，それぞれ酸性，中性，塩基性のいずれを示すか。
(1) CH_3COONa　(2) $NaCl$　(3) NH_4Cl
(4) $NaHCO_3$　(5) $NaHSO_4$

解答

1.

	強酸	弱酸	強塩基	弱塩基
1価	HCl	CH_3COOH	NaOH	NH_3
2価	H_2SO_4	$(COOH)_2$ $(H_2C_2O_4)$	$Ba(OH)_2$	$Mg(OH)_2$

2. (1) 2　(2) 12　(3) 3
3. (1) $CH_3COOH + NaOH \longrightarrow CH_3COONa + H_2O$
　(2) $H_2SO_4 + Ba(OH)_2 \longrightarrow BaSO_4 + 2H_2O$　　**4.** 30 mL
5. (1) 塩基性　(2) 中性　(3) 酸性　(4) 塩基性　(5) 酸性

基本演習 解説

1. 酸・塩基の分類

酸と塩基の定義

アレニウスの定義　水溶液中で電離して，H$^+$ を生じる物質を酸，OH$^-$ を生じる物質を塩基という。

ブレンステッドの定義　H$^+$ を与える物質を酸，H$^+$ を受け取る物質を塩基という。

　水溶液中でほとんど(または完全に)電離する酸，塩基をそれぞれ**強酸**，**強塩基**とよび，一部しか電離しない酸，塩基を**弱酸**，**弱塩基**とよぶ。また，酸1分子が出しうる水素イオン H$^+$ の数を**酸の価数**，塩基1分子(または1組成式)が受け取りうる水素イオン H$^+$ の数を**塩基の価数**という。

> **おぼえよう**
> 強　酸　H$_2$SO$_4$, HNO$_3$, HCl,
> 　　　　HBr, HI, HClO$_4$
> 強塩基　アルカリ金属元素の水酸化物，
> 　　　　アルカリ土類金属元素の水酸化物

これら以外の酸は弱酸だよ。

これら以外の塩基は弱塩基だよ。

酸や塩基の強弱は電離度で決まる。

計算法
$$電離度 = \frac{電離した酸(塩基)のモル濃度}{溶けている酸(塩基)のモル濃度}$$

2. 水素イオン濃度とpH

(1) 塩酸(HClの水溶液)は強酸なので，次のように完全に電離している。

$$HCl \longrightarrow H^+ + Cl^-$$

したがって，[H$^+$] = 0.010 = 1.0×10^{-2} mol/L

$$pH = -\log_{10}[H^+] = -\log_{10}(1.0 \times 10^{-2}) = 2$$

(2) NaOHは強塩基なので，次のように完全に電離している。

$$NaOH \longrightarrow Na^+ + OH^-$$

したがって，水酸化物イオンの濃度は，[OH$^-$] = 0.010 [mol/L]
水素イオンの濃度は水のイオン積を用いて，

$$[H^+] = \frac{K_W}{[OH^-]} = \frac{1.0 \times 10^{-14}}{0.010} = 1.0 \times 10^{-12} [mol/L]$$

$$pH = -\log_{10}[H^+] = -\log_{10}(1.0 \times 10^{-12}) = 12$$

テクニック
塩基性水溶液の場合は，まず[OH$^-$]を求めてから
$$[H^+] = \frac{K_W}{[OH^-]}$$

(3) 酢酸は一部だけが電離する。
$$CH_3COOH \rightleftharpoons CH_3COO^- + H^+$$
電離度が0.02なので，CH_3COOH は $0.050 \times 0.02 = 1.0 \times 10^{-3}$ [mol/L] だけ電離する。よって，$[H^+] = 1.0 \times 10^{-3}$ [mol/L]
$$pH = -\log_{10}[H^+] = -\log_{10}(1.0 \times 10^{-3}) = 3$$

3. 中和反応
中和反応では塩が生じる。塩基が水酸化物の場合は水も生じる。

4. 中和反応の量的関係
中和では，$H^+ + OH^- \longrightarrow H_2O$ の反応が起こる。したがって，酸の放出しうる H^+ の物質量と塩基の放出しうる OH^- の物質量が等しいときに，酸と塩基が過不足なく反応し，中和反応が完了する。

計算法

> 酸の価数×酸の物質量＝塩基の価数×塩基の物質量

求める体積を v [mL] とすると，シュウ酸 $(COOH)_2$ は2価の酸，水酸化ナトリウム $NaOH$ は1価の塩基なので，

$$\underbrace{2}_{\text{価数}} \times \underbrace{0.15 \times \frac{10}{1000}}_{\text{物質量}} = \underbrace{1}_{\text{価数}} \times \underbrace{0.10 \times \frac{v}{1000}}_{\text{物質量}} \quad \therefore \quad v = 30 \text{[mL]}$$

《別解》 次のように，酸と塩基の物質量比で考えることもできる。
シュウ酸と水酸化ナトリウムは，1:2の物質量比で反応する。
$$(COOH)_2 + 2NaOH \longrightarrow (COONa)_2 + 2H_2O$$
$$0.15 \times \frac{10}{1000} \text{[mol]} : 0.10 \times \frac{v}{1000} \text{[mol]} = 1 : 2 \quad \therefore \quad v = 30 \text{[mL]}$$

5. 塩の水溶液
塩の水溶液の性質は，その塩がどのような酸と塩基の中和により得られるかを考えるとわかる。（p.28の**基本まとめ4**を押さえておこう。）

(1) CH_3COONa は，CH_3COOH（**弱酸**）と $NaOH$（**強塩基**）の中和により得られる塩なので，その水溶液は**塩基性**を示す。

(2) $NaCl$ は，HCl（**強酸**）と $NaOH$（**強塩基**）の中和により得られる正塩なので，その水溶液は**中性**を示す。

(3) NH_4Cl は，HCl（**強酸**）と NH_3（**弱塩基**）の中和により得られる塩なので，その水溶液は**酸性**を示す。

(4) $NaHCO_3$ は，H_2CO_3（**弱酸**）と $NaOH$（**強塩基**）の中和により得られる塩なので，その水溶液は**塩基性**を示す。

(5) $NaHSO_4$ 水溶液は，**酸性**を示す。

実戦演習

1 酸・塩基の定義，水溶液のpH 基礎

次の文章を読んで，**問1〜問4**に答えよ。

(a)1923年にブレンステッドは，H⁺の授受に着目して，酸と塩基についての新たな考え方を提唱した。この考え方では，H⁺を与える分子やイオンを酸，H⁺を受け取る分子やイオンを塩基とする。

純粋な水では，その分子のごく一部が電離して，平衡状態になっている。

$$H_2O \rightleftarrows H^+ + OH^-$$

水素イオンの濃度を[H⁺]，水酸化物イオンの濃度を[OH⁻]とおくと，[H⁺]と[OH⁻]の積は，一定の値となる。これをK_Wとおく。(b)K_Wは ア とよばれ一定の温度では，一定の値となる。たとえば25℃では，$1.0×10^{-14} (mol/L)^2$である。

$$K_W = [H^+][OH^-]$$

(c)水溶液の酸性や塩基性の強弱の程度は，いずれも水素イオン濃度の大小によって表すことができる。水素イオン濃度は非常に広い範囲にわたって変化するので，水素イオン濃度の逆数の常用対数で示した水素イオン指数(pH)が用いられる。

問1 ア にあてはまる語句を記せ。

問2 下線部(a)に関して，次の(1)および(2)の式において，ブレンステッドの定義による酸に相当するものをすべて，化学式で記せ。

(1) $HCl + H_2O \rightleftarrows H_3O^+ + Cl^-$

(2) $NH_3 + H_2O \rightleftarrows NH_4^+ + OH^-$

問3 下線部(b)に関して，25℃における純粋な水の[H⁺]は何mol/Lか。

問4 下線部(c)に関して，次の①〜⑤の水溶液(いずれも0.10 mol/L)をpHの小さいものから順に並べ，番号で答えよ。

① Ba(OH)₂ ② HNO₃ ③ CH₃COOH ④ NaOH ⑤ NH₃

(静岡理工科大 改)

2 水溶液のpH 基礎

次の水溶液を，pHの小さいものから順に並べよ。なお，解答は記号で記せ。

(ア) 0.1 mol/L塩酸水溶液

(イ) 水酸化物イオンの濃度が$1.0×10^{-10}$ mol/Lである溶液(このときの水のイオン積は$K_W = 1.0×10^{-14} (mol/L)^2$とする)

(ウ) 純粋な酢酸2.4gを水に溶かして，400 mLとした溶液(このときの酢酸の電離度は0.01とする)

(エ) 0.05 mol/Lの塩酸水溶液50 mLに，0.03 mol/Lの水酸化ナトリウム水溶液50 mLを加えた混合溶液

(長崎大)

3 水溶液の混合と塩の水溶液の性質 基礎

次の表のa欄とb欄に示す水溶液を同体積ずつ混合したとき，酸性を示すものを①～⑤のうちから一つ選べ。

	a	b
①	0.1mol/Lの塩酸	0.1mol/Lの水酸化バリウム溶液
②	0.1mol/Lの塩化カリウム溶液	0.1mol/Lの炭酸ナトリウム溶液
③	0.1mol/Lの硫酸	0.2mol/Lの水酸化ナトリウム溶液
④	0.1mol/Lの塩酸	0.1mol/Lの水酸化ナトリウム溶液
⑤	0.1mol/Lの塩酸	0.1mol/Lの酢酸ナトリウム溶液

(センター試験)

4 滴定曲線 基礎

次の表の(1)～(3)について，a欄の水溶液10mLを，b欄の水溶液で滴定した。このとき，滴下したb欄の水溶液の体積とpHの関係を表した図として正しいものを，下の①～⑥のうちからそれぞれ一つずつ選べ。

	a	b
(1)	0.10mol/L硫酸	0.10mol/L水酸化ナトリウム水溶液
(2)	0.10mol/L酢酸水溶液	0.10mol/L水酸化ナトリウム水溶液
(3)	0.10mol/L水酸化バリウム水溶液	0.10mol/L塩酸

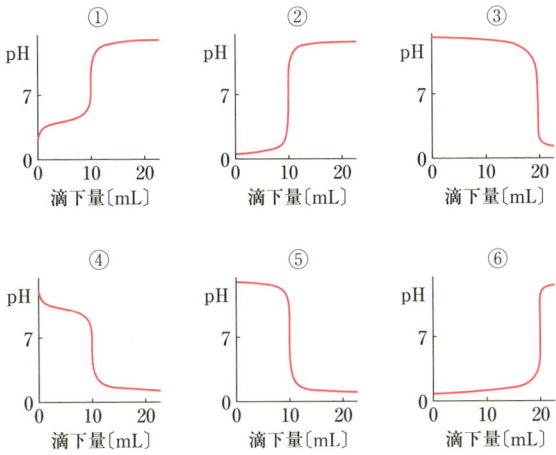

5 中和反応と量的関係 基礎

0.10mol/Lの酢酸水溶液100mLに，濃度不明の水酸化ナトリウム水溶液を少しずつよくかき混ぜながら滴下したところ，20.0mL加えたところで中和点に達した。さらに水酸化ナトリウム水溶液20.0mLを少しずつ加えた。

滴下した水酸化ナトリウム水溶液の体積〔横軸；mL〕と溶液中の OH^-，CH_3COO^-，H^+，Na^+ の各イオンの物質量〔縦軸；mol〕との関係を，最も適切に示しているグラフを①〜⑧からそれぞれ選べ。

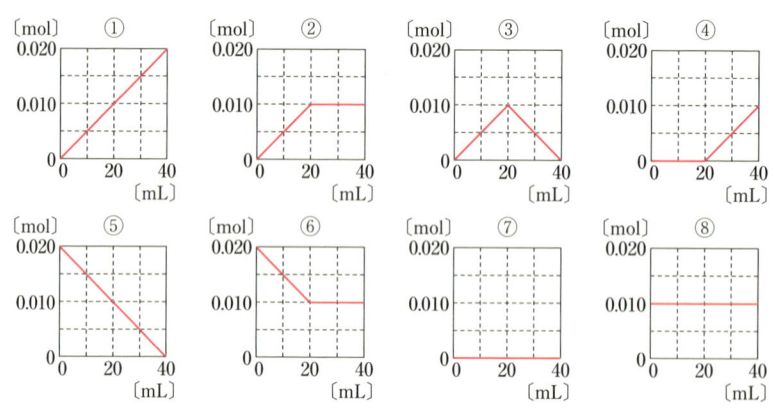

(明治薬科大)

6 中和滴定 基礎

次の記述は，中和滴定により，濃度のわかった水酸化ナトリウム水溶液を用いて食酢の濃度を求める方法について述べたものである。下記の**問1〜問5**に答えよ。

食酢を ア を用いて10.0mLはかりとり， イ に入れ水を加えて正確に50mLとした。この溶液10.0mLを ア を用いてはかりとって三角フラスコに入れ，指示薬Aを1〜2滴加えた。この三角フラスコ中に ウ から0.100mol/Lの水酸化ナトリウム水溶液を滴下したところ，14.4mL加えたところで溶液の色が変化した。

問1 ア 〜 ウ に該当する器具を，次の(a)〜(f)からそれぞれ選べ。

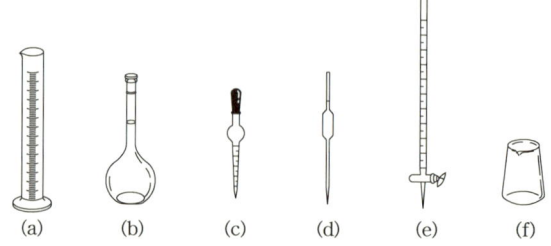

§4　酸と塩基

問2　ア～ウを実際に使用する場合に適当なものを，次の(a)～(e)からそれぞれ選べ。
(a)　蒸溜水で洗って，自然乾燥しなければならない。
(b)　蒸溜水で洗って，加熱乾燥しなければならない。
(c)　蒸溜水で洗って，ぬれたまま使用してよい。
(d)　水道水で洗って，ぬれたまま使用してよい。
(e)　蒸溜水で洗った後，使用する水溶液で数回洗ってから用いる。

問3　指示薬Aとして最も適当であるものを，次の(a)～(c)から選べ。
(a)　ブロモチモールブルー　　(b)　メチルオレンジ　　(c)　フェノールフタレイン

問4　下線部での中和反応式を書け。

問5　食酢の酸は酢酸であるとして，もとの食酢中に含まれる酢酸の濃度をモル濃度および質量パーセントで求めよ。ただし，密度を$1.00\,g/cm^3$とし，有効数字2桁で答えよ。

（山口大　類）

7 アンモニアの定量（逆滴定）基礎

アンモニアの体積を求めるために，次のような実験をした。0.100mol/L硫酸水溶液20.0mLに，ある量のアンモニアを完全に吸収させた。この溶液を0.100mol/L水酸化ナトリウム水溶液で中和滴定したところ，5.00mLを要した。吸収されたアンモニアの標準状態における体積〔L〕を求めよ。答は有効数字2桁で記せ。

（山形大）

8 二段滴定 基礎 応用

次の文章を読んで，問1～問4に答えよ。

濃度未知の水酸化ナトリウムと炭酸ナトリウムの混合溶液20.0mLをとり，1.0mol/L塩酸標準溶液を滴下した。このときの滴定曲線は図のように表される。指示薬Aは第一中和点(pH9～8)付近でその赤色が消失し，また，指示薬Bは第二中和点(pH4～3)付近で橙黄色から赤色に変化した。

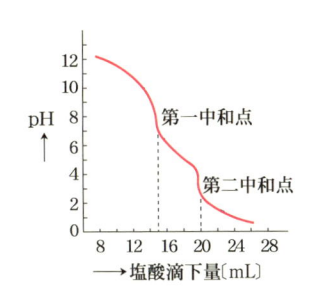

問1　使用した指示薬Aおよび指示薬Bの名称を書け。
問2　第一中和点(塩酸15mL滴下点)までの化学変化を化学反応式で示せ。
問3　第一中和点から第二中和点(塩酸20mL滴下点)までの化学変化を化学反応式で示せ。
問4　混合溶液20.0mL中の水酸化ナトリウムおよび炭酸ナトリウムの質量〔g〕を求め，有効数字2桁で答えよ。

（昭和薬科大）

§5 酸化と還元　　基本まとめ

1 酸化と還元

電子をやり取りして進む反応を酸化還元反応という。

	酸化される	還元される
酸素原子を	受け取る	失う
水素原子を	失う	受け取る
電子を	失う	受け取る
酸化数が	増加する	減少する

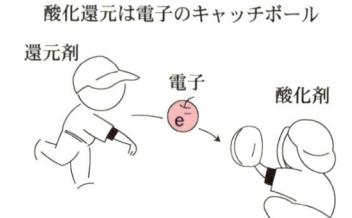

酸化還元は電子のキャッチボール
還元剤　電子　酸化剤

2 酸化数

NaClは，Na$^+$とCl$^-$とがイオン結合を形成している。このイオンがもつ電荷を酸化数という。分子の場合には，その結合をイオン結合と想定して電気陰性度が大きい原子にその共有電子対を割り振った場合，原子は電荷をもつことになる。この形式電荷を酸化数という。

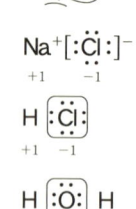

Na$^+$[:Cl̈:]$^-$
　+1　　−1

H [:C̈l:]
+1　−1

H [:Ö:] H
+1　−2　+1

3 酸化剤と還元剤

酸化剤　相手を酸化する物質。自身は還元され，反応により酸化数は減少する。

還元剤　相手を還元する物質。自身は酸化され，反応により酸化数は増加する。

―― まずは，次の変化を覚えよう ――

酸化剤
- （過マンガン酸イオン）MnO$_4^-$ ⟶ Mn^{2+}
- （二クロム酸イオン）Cr$_2$O$_7^{2-}$ ⟶ Cr^{3+}
- （過酸化水素）H$_2$O$_2$ ⟶ H$_2$O

還元剤
- （シュウ酸）H$_2$C$_2$O$_4$ ⟶ CO$_2$
- （過酸化水素）H$_2$O$_2$ ⟶ O$_2$

―― そのうち覚えてね ――

- （熱濃硫酸）H$_2$SO$_4$ ⟶ SO$_2$
- （濃硝酸）HNO$_3$ ⟶ NO$_2$
- （希硝酸）HNO$_3$ ⟶ NO
- （ハロゲン単体）Cl$_2$ ⟶ Cl$^-$
- （二酸化硫黄）SO$_2$ ⟶ SO$_4^{2-}$
- （金属単体）Zn ⟶ Zn^{2+}

4 金属のイオン化傾向

金属が水溶液中で陽イオンになろうとする性質。

―おぼえよう―
イオン化列　Li>K>Ca>Na>Mg>Al>Zn>Fe>Ni>Sn>Pb>(H$_2$)>Cu>Hg>Ag>Pt>Au

§5 酸化と還元

基本演習

1. 酸化数
次の化学式中の下線部の原子の酸化数を求めよ。
(1) Na₂<u>O</u> (2) K₂<u>Cr</u>₂O₇ (3) K<u>Mn</u>O₄ (4) H₂<u>S</u>O₄
(5) H₂<u>O</u>₂ (6) H<u>N</u>O₃ (7) K₄[<u>Fe</u>(CN)₆] (8) <u>Fe</u>Cl₃

2. 酸化剤と還元剤
次の(1)~(4)の反応で，下線部の物質が酸化剤としてはたらいている場合にはO，還元剤としてはたらいている場合にはR，そのいずれでもない場合にはNを記せ。
(1) <u>Zn</u> + 2HCl ⟶ ZnCl₂ + H₂
(2) 2H₂S + <u>SO₂</u> ⟶ 3S + 2H₂O
(3) Cu + 4<u>HNO₃</u> ⟶ Cu(NO₃)₂ + 2H₂O + 2NO₂
(4) <u>H₂C₂O₄</u> + 2KOH ⟶ K₂C₂O₄ + 2H₂O

3. 酸化還元反応
次の文章中の空欄に適切な語句，係数，イオン反応式を記せ。
硫酸で酸性にしたシュウ酸水溶液に過マンガン酸カリウム水溶液を加えると，酸化還元反応が起こる。このとき，次の式で表されるように，シュウ酸が ア 剤，過マンガン酸イオンが イ 剤としてはたらく。

H₂C₂O₄ ⟶ 2CO₂ + ウ H⁺ + エ e⁻
MnO₄⁻ + オ H⁺ + カ e⁻ ⟶ Mn²⁺ + キ H₂O

この2つの式からe⁻を消去すると，次のイオン反応式が得られる。
　　　　　　　　　　ク

4. 金属のイオン化傾向
金属単体A，B，Cとその硫酸塩の水溶液がある。次の(1)と(2)から判断し，これらの金属をイオン化傾向が大きい順に並べよ。
(1) A，BおよびCを希塩酸に加えたところ，AとCでは変化はなかったが，Bは気体を発生しながら溶解した。
(2) Aの硫酸塩水溶液にCを浸すと，Cの一部が溶解し，表面にはAの単体が析出した。

解答
1. (1) +1 (2) +6 (3) +7 (4) +6
   (5) −1 (6) +5 (7) +2 (8) +3
2. (1) R (2) O (3) O (4) N
3. ア：還元 イ：酸化 ウ：2 エ：2 オ：8 カ：5 キ：4
   ク：2MnO₄⁻ + 5H₂C₂O₄ + 6H⁺ ⟶ 2Mn²⁺ + 8H₂O + 10CO₂
4. B>C>A

基本演習 解説

1. 酸化数

酸化数は次の原則にもとづき，通則に従って算出するとよい。

原則
① 単体中の原子の酸化数は 0
② 化合物中の原子の酸化数の和は 0
③ イオン中の原子の酸化数の和は価数に等しい

通則
① 化合物中の H の酸化数は $+1$
② 化合物中の O の酸化数は -2
　ただし，H_2O_2 のような過酸化物では -1
③ 化合物中の 1 族, 2 族, 13 族の原子の酸化数は，それぞれ，$+1$, $+2$, $+3$

求める原子の酸化数を x で表すと，

(1) $2x+(-2)=0$ 　　　$x=+1$ 　　(2) $(+1)\times2+2x+(-2)\times7=0$ 　$x=+6$
(3) $+1+x+(-2)\times4=0$ 　$x=+7$ 　(4) $(+1)\times2+x+(-2)\times4=0$ 　$x=+6$
(5) H_2O_2 は過酸化物なので，-1 　(6) $(+1)+x+(-2)\times3$ 　　　$x=+5$
(7) CN^- を一塊で -1 と考える。$(+1)\times4+x+(-1)\times6=0$ 　$x=+2$
(8) 金属塩化物では陽イオンと Cl^- が結合。$x+(-1)\times3=0$ 　　$x=+3$

2. 酸化剤と還元剤

反応によって原子の酸化数が減少している（還元されている）物質が酸化剤，増加している（酸化されている）物質が還元剤である。したがって，下線部の物質の変化と酸化数変化を検討すればよい。(1)～(4) の反応式について酸化数の増減を調べてみよう。

(1) $\underline{Zn}_{0} + 2H\underline{Cl}_{+1} \longrightarrow \underline{Zn}\underline{Cl}_2_{+2} + \underline{H}_2_{0}$ 　　$\begin{cases} Zn ; & 還元剤 \\ HCl ; & 酸化剤 \end{cases}$

(2) $2H_2\underline{S}_{-2} + \underline{S}O_2_{+4} \longrightarrow 3\underline{S}_{0} + H_2O$ 　　$\begin{cases} H_2S ; & 還元剤 \\ SO_2 ; & 酸化剤 \end{cases}$

(3) $\underline{Cu}_{0} + 4H\underline{N}O_3_{+5} \longrightarrow \underline{Cu}(NO_3)_2_{+2} + 2H_2O + 2\underline{N}O_2_{+4}$ 　$\begin{cases} Cu ; & 還元剤 \\ HNO_3 ; & 酸化剤 \end{cases}$

(4) $H_2\underline{C}_2O_4_{+3} + 2KOH \longrightarrow K_2\underline{C}_2O_4_{+3} + 2H_2O$ 　酸化数の変化がないので，酸化還元反応ではない。

> 原子の酸化数が減るのが酸化剤，増えるのが還元剤なんだ！

POINT

3. 酸化還元反応

酸化還元反応では，還元剤が電子 e^- を放出し，この e^- を酸化剤が受け取る。

酸化還元の反応式を書くためには，まず，酸化剤および還元剤の e^- を含むイオン反応式を書く。

シュウ酸 $H_2C_2O_4$ は電子 e^- を放出するので，還元剤としてはたらく。

$$H_2C_2O_4 \longrightarrow 2CO_2 + 2H^+ + 2e^- \quad \cdots\cdots ①$$

過マンガン酸カリウム $KMnO_4$ は，その電離によって生じた MnO_4^- が電子 e^- を受け取るので，酸化剤としてはたらく。

$$MnO_4^- + 8H^+ + 5e^- \longrightarrow Mn^{2+} + 4H_2O \quad \cdots\cdots ②$$

e^- を含むイオン反応式の書き方

1) 反応物と生成物を書く	MnO_4^-	$\longrightarrow Mn^{2+}$
2) 両辺のO原子の数をH_2Oであわせる	MnO_4^-	$\longrightarrow Mn^{2+} + 4H_2O$
3) 両辺のH原子の数をH^+であわせる	$MnO_4^- + 8H^+$	$\longrightarrow Mn^{2+} + 4H_2O$
4) 両辺の電荷をe^-であわせる	$MnO_4^- + 8H^+ + 5e^-$	$\longrightarrow Mn^{2+} + 4H_2O$

酸化剤と還元剤でやりとりする e^- の数を等しくするために，①式を5倍，②式を2倍して組み合わせ，e^- を消去すると，イオン反応式が得られる。

$$2MnO_4^- + 5H_2C_2O_4 + 6H^+ \longrightarrow 2Mn^{2+} + 8H_2O + 10CO_2$$

> 酸化還元反応は，e^- を含むイオン反応式を組み合わせると書けるよ **POINT**

4. 金属のイオン化傾向

金属単体の水や酸との反応性は金属のイオン化傾向の大きさによって決まることが多いので，イオン化列を使って整理するとよい。

Li K Ca Na	Mg Al Zn Fe Ni Sn Pb	(H₂)	Cu Hg Ag	Pt Au
常温の水と反応	希酸*に溶ける		酸化力のある酸**には溶ける	王水には溶ける

＊希塩酸や希硫酸など　　＊＊濃硝酸，希硝酸，熱濃硫酸など

(1) 金属単体 A，B，C のうち，B のみが希塩酸に溶解したことから，イオン化傾向は B＞A，C。

(2) ある金属の塩の水溶液に他の金属の単体を浸したとき，イオン化傾向が大きい金属が溶解し，小さい金属が析出する。しかし，逆の変化は起こらない。

この場合，金属単体 C が溶解し，金属単体 A が析出するので，イオン化傾向の大きさは C＞A と決まる。以上より，B＞C＞A。

実戦演習

1 酸化還元反応 [基礎]

次の(ア)～(オ)の反応のうち，酸化還元反応をすべて選び，その記号と酸化剤の名称を記せ。

(ア) $H_2S + I_2 \longrightarrow S + 2HI$
(イ) $MnO_2 + 4HCl \longrightarrow Cl_2 + MnCl_2 + 2H_2O$
(ウ) $H_2O_2 + SO_2 \longrightarrow H_2SO_4$
(エ) $SO_2 + 2NaOH \longrightarrow Na_2SO_3 + H_2O$
(オ) $K_2Cr_2O_7 + 2KOH \longrightarrow 2K_2CrO_4 + H_2O$

(北海道工業大)

2 過酸化水素の反応 [基礎]

次の文章を読み，下記の問1～問3に答えよ。

過酸化水素は，硫酸酸性で①式に示すように ア 剤としてはたらく。また，過酸化水素は，②式に示すように イ 剤としてもはたらく。

$$H_2O_2 + \boxed{ウ} + 2e^- \longrightarrow 2H_2O \quad \cdots\cdots ①$$
$$H_2O_2 \longrightarrow O_2 + 2H^+ + \boxed{エ} \quad \cdots\cdots ②$$

一方，硫酸酸性の二クロム酸カリウム水溶液は，③式に示すように オ 剤としてはたらく。

$$Cr_2O_7^{2-} + 14H^+ + \boxed{カ} \longrightarrow 2Cr^{3+} + \boxed{キ} \quad \cdots\cdots ③$$

硫酸酸性で二クロム酸カリウムと過酸化水素を反応させたときの反応式は，④式で示される。

$$\boxed{} \quad \cdots\cdots ④$$

また，硫酸酸性溶液中でヨウ化カリウムは，⑤式に示すように ク 剤としてはたらく。

$$2I^- \longrightarrow I_2 + \boxed{ケ} \quad \cdots\cdots ⑤$$

硫酸酸性でヨウ化カリウムと過酸化水素を反応させたときの反応式は，⑥式で示される。

$$\boxed{} \quad \cdots\cdots ⑥$$

問1 上の文中の ア ～ ケ に入る適切な語または化学式(係数も含む)を記せ。
問2 ④式の反応を化学反応式で書け。
問3 ⑥式の反応を化学反応式で書け。

(星薬科大)

§5 酸化と還元

3 酸化剤の強さ 基礎

次の酸化還元反応 **a・b** から，Fe^{3+}, Sn^{4+}, $Cr_2O_7^{2-}$ の酸化力の強さを比較することができる。これらのイオンを酸化力の強さの順に並べるとどうなるか。下の①～⑥のうちから，正しいものを一つ選べ。

a $2Fe^{3+} + Sn^{2+} \longrightarrow 2Fe^{2+} + Sn^{4+}$

b $Cr_2O_7^{2-} + 6Fe^{2+} + 14H^+ \longrightarrow 2Cr^{3+} + 6Fe^{3+} + 7H_2O$

① $Fe^{3+} > Sn^{4+} > Cr_2O_7^{2-}$　② $Sn^{4+} > Cr_2O_7^{2-} > Fe^{3+}$　③ $Cr_2O_7^{2-} > Fe^{3+} > Sn^{4+}$
④ $Sn^{4+} > Fe^{3+} > Cr_2O_7^{2-}$　⑤ $Cr_2O_7^{2-} > Sn^{4+} > Fe^{3+}$　⑥ $Fe^{3+} > Cr_2O_7^{2-} > Sn^{4+}$

（センター試験）

4 酸化還元滴定 基礎

次の文章を読み，以下の**問1**～**問4**に答えよ。ただし，数値は有効数字3桁で答えよ。
オキシドール（市販の過酸化水素水）中の過酸化水素の濃度を求めるため，次の操作1～3を行った。

〔操作1〕　シュウ酸二水和物 $H_2C_2O_4 \cdot 2H_2O$ の結晶6.30gを小さなビーカーにはかり取り，少量の純水で溶かしてから1Lの　(a)　に移し，さらに純水を標線まで加え，栓をしてよく振った。

〔操作2〕　このシュウ酸水溶液10.0mLを　(b)　を用いて三角フラスコに取り，純水を約20mL加え，さらに3mol/Lの硫酸を5mL加えた。この溶液を約70℃に温めた後，濃度のわからない過マンガン酸カリウム水溶液を　(c)　を用いて少しずつ滴下し，そのつど三角フラスコをよく振り混ぜた。最初のうちは過マンガン酸カリウムの赤紫色がすみやかに消えたが，9.80mL滴下したところで赤紫色が消えなくなったので，この点を滴定の終点とした。

〔操作3〕　オキシドール1.00mLを三角フラスコにとり，操作2と同様に純水と硫酸を加えた後，操作2で用いた過マンガン酸カリウム水溶液を少しずつ滴下した。17.30mL滴下したところで赤紫色が消えなくなった。

問1　(a)～(c) に最も適当なガラス器具の名称を答えよ。

問2　操作2におけるシュウ酸と過マンガン酸カリウムの反応は，次のように表される。

$5H_2C_2O_4 + 2KMnO_4 + 3H_2SO_4 \longrightarrow 2MnSO_4 + K_2SO_4 + 8H_2O + 10CO_2$

過マンガン酸カリウム水溶液のモル濃度〔mol/L〕を求めよ。

問3　問2の化学反応式にならって，操作3での過酸化水素と過マンガン酸カリウムの化学反応式を書け。

問4　オキシドール中の過酸化水素の質量パーセント濃度を求めよ。ただし，オキシドールの密度は1.01g/cm³とする。

（神戸大）

5 酸化還元滴定（オゾンの定量，ヨウ素滴定）基礎 応用

オゾンについて次の文章を読み，以下の**問1〜問4**に答えよ。なお，数値は有効数字3桁で記せ。

オゾンをヨウ化カリウムの中性水溶液に吸収させると，オゾンと同じ物質量のヨウ素が生成する。生成したヨウ素は，チオ硫酸ナトリウムと以下のように物質量比1：2で反応する。

$$I_2 + 2Na_2S_2O_3 \longrightarrow 2NaI + Na_2S_4O_6$$

上記の反応を用いて大気中のオゾン濃度を求める実験を以下のように行った。

ヨウ化カリウム中性溶液100mLが入っている容器に，大気を毎分5.00Lの流速で200分間通気して大気中のオゾンを完全に吸収させた。通気時の圧力は$1.01×10^5$Paであった。オゾンを吸収させた100mLの溶液を0.100mol/Lのチオ硫酸ナトリウム水溶液で滴定したところ2.00mLを要した。

問1 下線部の反応式を書け。
問2 通気後，溶液中に生成したヨウ素の物質量〔mol〕を求めよ。
問3 溶液に吸収されたオゾンの量は標準状態（0℃，$1.01×10^5$Pa）で何mLに相当するか求めよ。
問4 通気した大気中のオゾンの濃度を，大気の温度を0℃として，体積パーセントで求めよ。

（東北大）

6 酸化還元滴定（二酸化硫黄の定量，ヨウ素滴定）基礎 応用

次の文章を読み，以下の**問1〜問3**に答えよ。

中性のヨウ素溶液に二酸化硫黄を通じると，式(1)の反応が起こる。この場合，二酸化硫黄は ア 剤としてはたらく。

$$I_2 + SO_2 + 2H_2O \longrightarrow 2HI + H_2SO_4 \qquad (1)$$

水蒸気を除去した二酸化硫黄を含む気体20Lを0.10mol/Lのヨウ素溶液200mLにゆっくり通して二酸化硫黄を完全に吸収させ，さらに水を加えて正確に500mLとした。この水溶液10mLを三角フラスコに取り，0.050mol/Lのチオ硫酸ナトリウム水溶液で滴定した。指示薬としてデンプン水溶液を少量加え，さらにチオ硫酸ナトリウム水溶液を滴下して色調の変化をもって終点とした。終点までに必要としたチオ硫酸ナトリウム水溶液は12.0mLであった。なお，ヨウ素とチオ硫酸ナトリウムとの反応は式(2)で表される。

$$I_2 + 2Na_2S_2O_3 \longrightarrow 2NaI + Na_2S_4O_6 \qquad (2)$$

問1 文中の ア に当てはまる語を記せ。
問2 滴定の終点における色調の変化は次のうちどれか，記号で答えよ。
　(ア) 褐色→無色　　(イ) 無色→褐色　　(ウ) 淡黄色→無色
　(エ) 無色→淡黄色　(オ) 青紫色→無色　(カ) 無色→青紫色
問3 下線部の気体20Lに含まれていた二酸化硫黄の物質量は何molか。有効数字2桁で答えよ。

(九州産業大)

7 金属のイオン化傾向と酸との反応 基礎

金属と酸の反応に関する記述として誤りを含むものを，次の①〜⑤のうちから一つ選べ。
① 銀は，希硫酸に溶けない。
② マグネシウムは，希塩酸に溶ける。
③ 金は，濃硝酸と濃塩酸を1：3の割合で混合した酸に溶ける。
④ 鉄は，強い酸化力をもつ濃硝酸に溶ける。
⑤ 銅は，強い酸化力をもつ熱濃硫酸に溶ける。

(センター試験)

8 金属のイオン化傾向 基礎

次の文章を読み，以下の問1〜問3に答えよ。
　硫酸銅(Ⅱ)水溶液中に亜鉛の板を浸してしばらく放置し，その後，板を引き上げて水で洗い，乾燥した後に板の質量を測定する実験をおこなった。(a)板の表面では亜鉛が溶けて銅が析出し，(b)板の質量が水溶液中に浸す前に比べて3.6×10^{-3}g減少した。
　金属A〜Dの4種類の板があり，これらはスズ，鉄，ニッケル，白金のいずれかである。亜鉛の板と同様の手順で，硫酸銅(Ⅱ)水溶液中に金属板A〜Dをそれぞれ浸してしばらく放置した後，金属板の質量を測定した。その結果，金属板Aと金属板Bの質量は増加し，金属板Cの質量は減少し，金属板Dの質量は変化しなかった。また，金属Aは高温の水蒸気と反応して水素を発生した。
　なお，これらの金属板を硫酸銅(Ⅱ)水溶液に浸したときに生じる質量変化は，水溶液中での金属の溶解反応および析出反応のみで生じ，溶解した金属はいずれも2価の陽イオンとなるものとする。
問1 下線部(a)について，亜鉛が溶けて銅が析出する反応をイオン反応式で示せ。
問2 下線部(b)について，反応で析出した銅の質量は何gか。有効数字2桁で答えよ。
問3 金属A〜Dはそれぞれ何かを元素名で答えよ。

(静岡大)

§6 物質の三態 — 基本まとめ

1 物質の三態変化

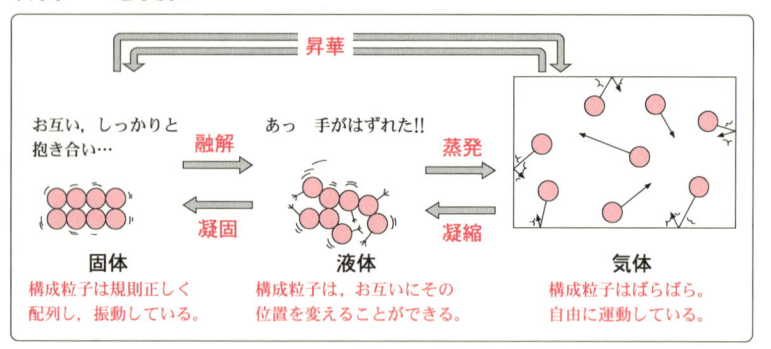

昇華

お互い，しっかりと抱き合い…　融解　あっ　手がはずれた!!　蒸発

凝固　凝縮

固体：構成粒子は規則正しく配列し，振動している。
液体：構成粒子は，お互いにその位置を変えることができる。
気体：構成粒子はばらばら。自由に運動している。

粒子の間には相反する2つの作用がはたらいている。
(1) 分子間力などによって互いに引き合う(引力)。
(2) 熱運動によって動きまわろうとする。
　この2つの作用の大小によって物質の状態がきまる。

2 状態図

物質の状態は温度，圧力により決まり，それを表したものが右の状態図である。
融点；物質が融解するときの温度。
沸点；物質が沸騰するときの温度。
沸騰；液体の内部から起こる蒸発。
外圧(大気圧)と物質の飽和蒸気圧が等しくなったとき沸騰がはじまる。

〈水の状態図〉

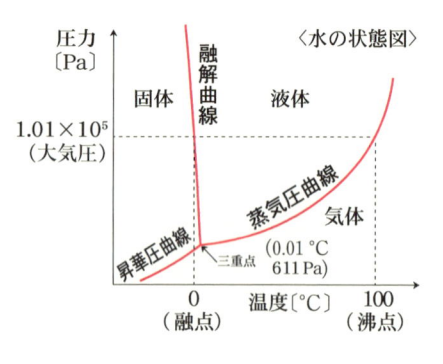

圧力〔Pa〕／融解曲線／固体／液体／$1.01×10^5$（大気圧）／昇華圧曲線／蒸気圧曲線／気体／三重点 (0.01 ℃, 611 Pa)／0(融点)／100(沸点)／温度〔℃〕

(注) 外圧が変われば沸点も変化する(富士山の山頂では約 $6.25×10^4$ Pa を示すため，水は87℃で沸騰する)。

3 圧力

気体の圧力：単位面積当たりに衝突する気体が及ぼす力。

平均的な大気圧 $= 1.013×10^5\,\text{Pa} = 1013\,\text{hPa} = 1\,\text{atm} = 760\,\text{mmHg}$

基本演習

1. 物質の状態変化
$1.01×10^5$ Pa で，ある固体 0.10 mol を 1 分間 200 J の割合で加熱して，その温度の変化を測定したところ右図を得た。
(1) AB 間で物質はどのような状態か。
(2) AB 間，CD 間の温度はそれぞれ何℃か。
(3) CD 間に加えた熱量の名称とその値〔kJ/mol〕を求めよ。

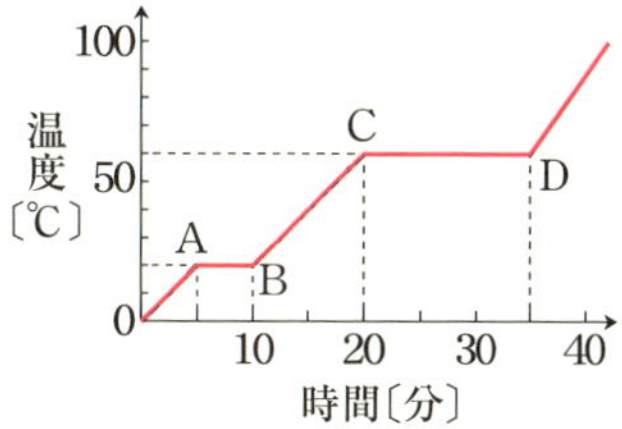

2. 水の状態図
右図は水の状態図である。
(1) $a〜c$ の状態名と d, e の温度〔℃〕を記せ。
(2) a から b，b から c，a から c の変化をそれぞれ何というか。
(3) 外圧が $1.01×10^5$ Pa より低くなると，水の沸点は $1.01×10^5$ Pa のときよりも高くなるか，低くなるか，それとも変わらないか。

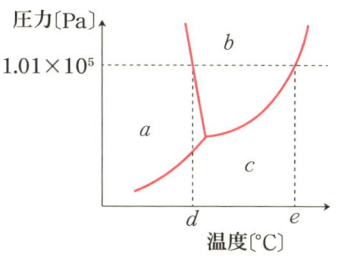

3. 蒸気圧曲線
(1) エタノールの沸点と水の沸点は，どちらの方が高いか。
(2) 60℃において，気体のエタノールの入った容器と水蒸気の入った容器の圧力を大きくしていった。このとき，どちらの方がより低い圧力で液体が生じ始めるか。

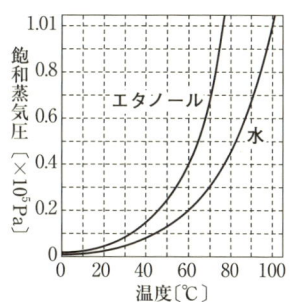

4. 水銀柱と圧力
次の図中の容器内に封入した気体の圧力 P_1 および P_2 はそれぞれ何 Pa か。有効数字 2 桁で求めよ。
ただし，大気圧は $1.01×10^5$ Pa とし，$1.01×10^5$ Pa は水銀柱 76 cm に対応する。

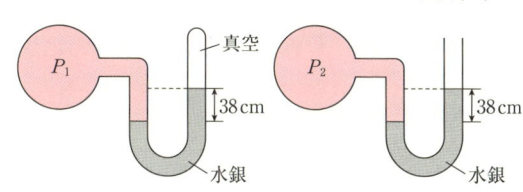

解答

1. (1) 固体と液体　(2) AB；20℃　CD；60℃　(3) 蒸発熱，30kJ/mol
2. (1) a；固体　b；液体　c；気体　d；0℃　e；100℃
   (2) $a→b$；融解　$b→c$；蒸発　$a→c$；昇華　(3) 低くなる
3. (1) 水　(2) 水蒸気　　4. $P_1=5.1×10^4$ Pa　$P_2=1.5×10^5$ Pa

基本演習 解説

1. 物質の状態変化

加熱すると粒子の熱運動は激しくなる。粒子間の引力は粒子の質量が大きいと強く，粒子間距離が大きいと弱く，温度には依存しない。

下図に一定圧力の下で物質を加熱していくときのその状態と温度変化を示す。

(1), (2) 〜A：加えられたエネルギーは粒子の運動エネルギーになり，粒子の振動が激しくなる。

A〜B：固体と液体が共存。加熱により加えられたエネルギーは結合を切るのに使われるため，物質自体の温度は一定に保たれる。グラフより，融点は20℃。

B〜C：すべて液体になると，加えられたエネルギーは物質がすべて受け取って粒子の運動エネルギーに変わり，物質の温度は上昇していく。

C〜D：液体と気体が共存。沸騰が始まる。A〜B間と同様の理由で温度は一定に保たれる。グラフより，沸点は60℃。

D〜：粒子間の結合がすべて切れて気体となっている。

(3) 液体が気体になる(蒸発)とき吸収する熱量を蒸発熱といい，通常1 molあたりで表す。また，A〜B間に加えられた熱は融解熱に相当する。

200〔J/分〕×(35−20)〔分〕=3000〔J〕
1 kJ=10^3 J より，3000÷10^3=3〔kJ〕
∴ 3〔kJ〕÷0.10〔mol〕=30〔kJ/mol〕

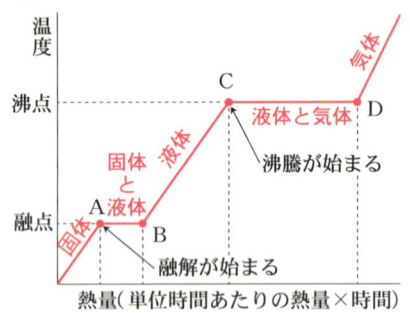

> 融点，沸点では加えられた熱が結合を切るのに使われるので，物質の温度は一定になっている。 **POINT**

2. 水の状態図

(1) 一定圧力の下で温度を高くしていくと，物質は，固体→液体→気体と変化する。d, e は$1.01×10^5$ Paでの水の融点，沸点なので，順に0℃，100℃である。

(2) $a→b$, $b→c$, $a→c$の変化は，それぞれ固体→液体，液体→気体，固体→気体の変化なので，順に融解，蒸発，昇華という。

(3) 沸点は外圧と物質の飽和蒸気圧が等し

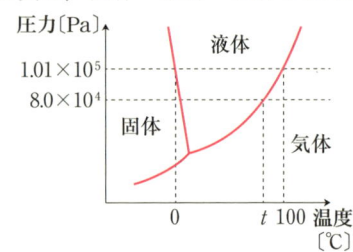

いときの温度である。仮に外圧が$8.0×10^4$Paになったとすると，右図のようにそのときの沸点tは100℃より低い。

3. 蒸気圧曲線

密閉容器中で気体と液体が共存し，みかけ上，蒸発も凝縮も起こらない状態を気液(蒸発)平衡という。このときの気体(気相)の圧力を飽和蒸気圧という。飽和蒸気圧は気体(蒸気)のもつ最大の圧力で，物質により異なる。また温度が一定だと飽和蒸気圧も一定で，気相や液体部分(液相)の体積には依存しない。

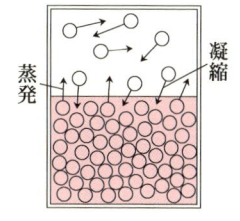

(1) 飽和蒸気圧と大気圧が等しくなる温度が沸点である。エタノールの沸点は約78℃，水の沸点は100℃である。
(2) 容器内に気体を封入して圧縮していくと，圧力が飽和蒸気圧より低いときは，すべて気体として存在する。圧力が飽和蒸気圧に達すると，液体が生じ始める。60℃において，水は$0.2×10^5$Pa，エタノールは$0.4×10^5$Paになると，液体が生じ始める。

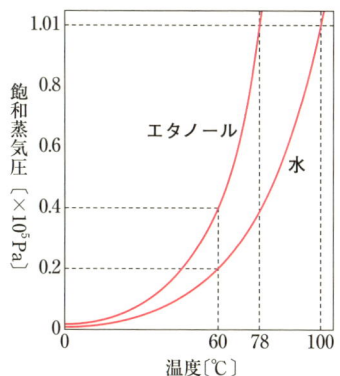

4. 水銀柱と圧力

大気圧$1.01×10^5$Paは，76cmの水銀柱の示す圧力(水銀の重みにより下向きにかかる圧力)と等しい。また，圧力と水銀柱の高さは比例する。

高さの異なる水銀面について低い方の液面を基準とし，左右の基準面にかかる圧力が等しくなることを考えればよい。

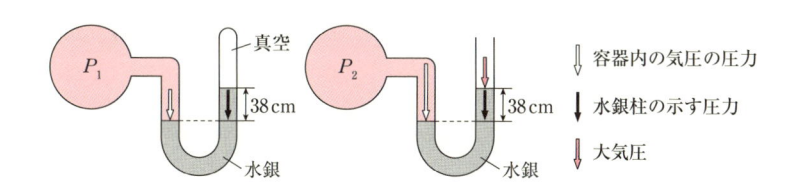

$P_1=$水銀柱38cmの示す圧力$=\dfrac{38}{76}×1.01×10^5=5.05×10^4$〔Pa〕

$P_2=$水銀柱38cmの示す圧力$+$大気圧$=\dfrac{38}{76}×1.01×10^5+1.01×10^5=1.51×10^5$〔Pa〕

実戦演習

1 状態図

右図は，ある物質の三態の存在領域を曲線OA，OB，OCで区切られた温度・圧力の範囲で示した状態図である。次の問1～問4に答えよ。

問1 領域Ⅰ，Ⅱ，Ⅲでの状態はそれぞれ何か。
問2 曲線OAを何というか。
問3 点P，Qの温度をそれぞれ何というか。
問4 状態変化a，b，c，dに関連していると思われる現象を次の(ア)～(エ)の中から1つずつ選べ。

(ア) 水を加熱すると沸騰して水蒸気になる。
(イ) 氷水を入れたコップの外側表面に水滴がつく。
(ウ) 食品を凍らせた後，真空中におくと水分が除かれる。これを凍結乾燥という。
(エ) 両端におもりをつけた糸や針金を氷の上に置くと徐々にくいこんでいく。

(福井工業大)

2 物質の三態変化

右図は，ある純物質の固体1 molを大気圧下($1.01×10^5$ Pa)で毎分Q [kJ]の一定速度で加熱したときの，加熱時間とこの物質の温度との関係を示している。以下の問1～問5に答えよ。単位がある数量には，その単位も記せ。ただし，熱量の単位にはkJを用いよ。

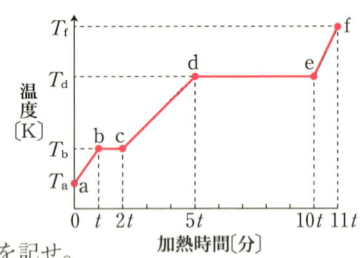

問1 ab，bc，cd，de，efにおける物質の状態を記せ。
問2 同じ温度におけるdの状態とeの状態において，分子と分子の間の距離はどのように異なるか，35字程度で説明せよ。
問3 温度T_b，T_dはそれぞれ何とよばれるか。また圧力が高くなるとT_dはどのように変化するか。
問4 この物質の融解熱と蒸発熱の比を求めよ。
問5 この物質の液体1 molの温度を1 K上昇させるのに必要な熱量を式で表せ。

(愛媛大 改)

3 蒸気圧曲線

右図は，ジエチルエーテル，エタノールおよび水の蒸気圧曲線である。これについて以下の**問1～問3**に答えよ。ただし，$1.01\times10^5\,\text{Pa}=760\,\text{mmHg}$ とする。

問1 沸点が最も高い物質は何か。

問2 液体状態での分子間力が最も大きい物質は何か。

問3 沸点における蒸発熱は，ジエチルエーテルでは$26.5\,\text{kJ/mol}$，水では$40.6\,\text{kJ/mol}$である。エタノールの蒸発熱は次のうちのどれか。

(ア) $19.2\,\text{kJ/mol}$　(イ) $25.5\,\text{kJ/mol}$　(ウ) $37.7\,\text{kJ/mol}$　(エ) $43.9\,\text{kJ/mol}$

（静岡大）

4 水銀柱を用いた蒸気圧の測定

次の文章中の空欄　ア　，　イ　に適する値を有効数字3桁で記せ。ただし，大気圧は$1.01\times10^5\,\text{Pa}$とする。また，水銀の飽和蒸気圧は無視できるものとする。

大気圧下，温度293Kの条件で，一端を閉じた長さ1mのガラス管に水銀を満たした後に，水銀の入った容器に倒立させたところ，図1のように管内の液面の高さは760mmになった。

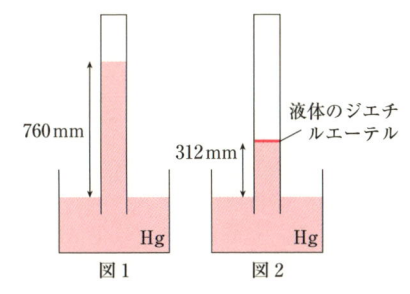

次に，倒立させたガラス管の下から，管内に少量のジエチルエーテルを注入した。このとき，管内に存在するジエチルエーテルの一部が気体となり，図2のように管内の水銀の液面の高さは312mmになった。このことから，温度293Kにおけるジエチルエーテルの飽和蒸気圧は，　ア　Paであることがわかる。ただし，管内に液体として存在するジエチルエーテルの質量は無視できるものとする。

さらに，温度を303Kに上昇させたところ，管内の水銀の液面の高さは　イ　mmになった。ただし，このとき，管内のジエチルエーテルは，気体と液体の両方の状態で存在する。また，303Kのジエチルエーテルの飽和蒸気圧を$8.63\times10^4\,\text{Pa}$とする。

（明治大）

§7 気体　基本まとめ

1 理想気体の状態方程式とボイルの法則・シャルルの法則

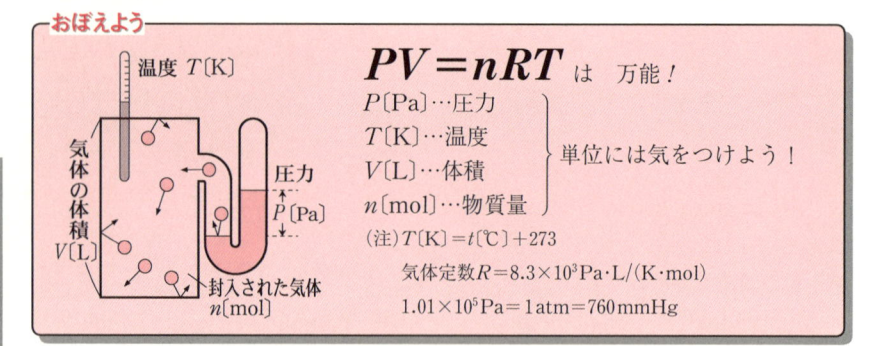

おぼえよう

$$PV = nRT \text{ は 万能！}$$

P〔Pa〕…圧力
T〔K〕…温度
V〔L〕…体積
n〔mol〕…物質量

単位には気をつけよう！

(注)T〔K〕$= t$〔℃〕$+ 273$

気体定数 $R = 8.3 \times 10^3$ Pa・L/(K・mol)

1.01×10^5 Pa $= 1$ atm $= 760$ mmHg

ボイルの法則
　n，T 一定のとき　$PV = k$　（図1）

シャルルの法則
　n，P 一定のとき　$\dfrac{V}{T} = k'$　（図2）

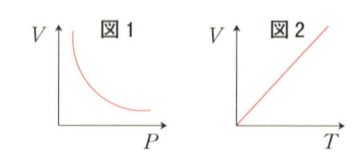

2 混合気体

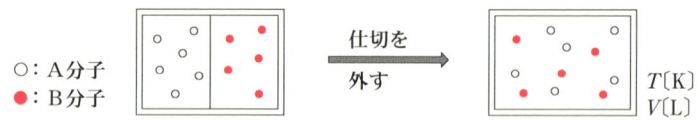

○：A分子
●：B分子

AとBの気体は仕切を外すとそれぞれ拡散し，やがて均一に混ざり合う。

仕切を外したとき，状態方程式は成分気体のそれぞれについて成立する。
　$P_A V = n_A RT$　　$P_B V = n_B RT$

また，混合気体全体についても成立する。
　$(P_A + P_B) V = (n_A + n_B) RT$　　$P_A + P_B$ を全圧という。

分圧　混合気体のうち，ある気体が単独で全体積を占めたと仮定したとき，その気体が示す圧力をいう ⟹ 結局，別々に考えればよいということ。

公式

全圧 = 分圧の和　　分圧 = $\dfrac{\text{その気体の物質量}}{\text{混合気体の全物質量}} \times$ 全圧

3 理想気体

理想気体　気体分子自身に大きさがなく，分子間力もはたらいていないとみなした仮想気体。液体や固体に変化しない。

(注)実在気体も，高温・低圧にするほど理想気体に近づく。

§7 気体

基本演習

1. 気体の法則
(1) 温度一定で，2.0×10^5Paで3.0Lの気体を4.0×10^5Paにすると体積は何Lか。
(2) 圧力一定で，27℃，3.0Lの気体を6.0Lにするには何℃にすればよいか。
(3) 27℃，2.0×10^5Paで3.0Lの気体を，0℃，1.0×10^5Paにすると体積は何Lか。

2. 気体の密度
27℃，5.0×10^4Paの酸素（分子量32）がある。この気体の密度はいくらか。

3. 気体の拡散
右図の装置のコックを開き長時間放置したとき，水素はどこに存在するか。　(a) Aのみ　(b) Bのみ　(c) AとB

4. 混合気体
CH_4 0.40molとN_2 0.20molを0℃で，10Lの真空容器に封入した。この混合気体の全圧，CH_4の分圧はそれぞれ何Paか。

5. 気体の法則と気液平衡
次の(1)，(2)の答を下記の(a)～(e)の中からそれぞれ一つ選び，記号で記せ。
(1) 室温における気体の窒素がある。これを，体積が1/2になるまで圧縮すると，窒素の圧力はもとの圧力と比べてどうなるか。
(2) 室温において，気体のエタノールと液体のエタノールとが密閉容器中で共存している。これを気体部分の体積が1/2になるまで圧縮すると，気体のエタノールの圧力はもとの圧力に比べてどうなるか。
　(a) 2倍になる　　　　(b) 1/2倍になる　　　(c) 変わらない
　(d) 1/2倍より小さくなる　(e) 2倍より大きくなる

6. 理想気体と実在気体
次の(a)～(d)から誤っているものをすべて選べ。
(a) 分子の大きさと分子間力を無視した気体を理想気体という。
(b) 実在気体でも$PV=nRT$が成立する。
(c) 実在気体でも高温・低圧にすると理想気体とみなしてよい。
(d) 理想気体でも冷却していくと凝縮する。

解答
1. (1) 1.5L　(2) 327℃　(3) 5.46L　2. 0.64g/L　3. (c)
4. 全圧…1.4×10^5Pa　CH_4…9.0×10^4Pa　5. (1) (a)　(2) (c)　6. (b), (d)

51

基本演習 解説

1. 気体の法則

> **おぼえよう**
>
> ボイルの法則…温度一定のとき，気体の体積は圧力に反比例する。
> $$PV=P'V'$$
> シャルルの法則…圧力一定のとき，気体の体積は絶対温度に比例する。
> $$\frac{V}{T}=\frac{V'}{T'}$$
> ボイル・シャルルの法則…一定量の気体について，気体の体積は絶対温度に比例し，圧力に反比例する。
> $$\frac{PV}{T}=\frac{P'V'}{T'}$$
> 状態方程式　$PV=nRT$ …①　　$n=\frac{w}{M}$ より　$PV=\frac{w}{M}RT$ …①′

○気体定数 R〔Pa・L/(K・mol)〕；標準状態の下で 1 mol の気体の体積は 22.4L を占める。これを①に代入すると

$$1.01\times10^5\times22.4=1\times R\times273 \quad \therefore \quad R≒8.3\times10^3 \text{〔Pa・L/(K・mol)〕}$$

(1) 温度一定なのでボイルの法則から

$$2.0\times10^5\times3.0=4.0\times10^5\times V \quad \therefore \quad V=1.5 \text{〔L〕}$$

(2) 圧力一定なので，シャルルの法則から

$$\frac{3.0}{273+27}=\frac{6.0}{273+t} \quad \therefore \quad t=327 \text{〔℃〕}$$

(3) ボイル・シャルルの法則から

$$\frac{2.0\times10^5\times3.0}{273+27}=\frac{1.0\times10^5\times V}{273} \quad \therefore \quad V=5.46 \text{〔L〕}$$

2. 気体の密度

密度＝$\frac{質量}{体積}=\frac{w}{V}$〔g/L〕より上の①′式を変形すると $\frac{w}{V}=\frac{PM}{RT}$ となる。

したがって，$\dfrac{5.0\times10^4\times32}{8.3\times10^3\times300}=0.642≒0.64$〔g/L〕

3. 気体の拡散

装置のコックを開くと，仕切られていた 2 つの空間は 1 つになる。気体は他の種類の気体が存在していても，その影響を受けず，空間全体に均一に拡散していく。したがって，長時間放置後，H_2 も **Ar** も容器全体に存在している。

4. 混合気体

状態方程式は，気体が混合されていても成分気体それぞれについて成立する。混合気体中のCH_4の分圧をP_1[Pa]，N_2の分圧をP_2[Pa]とすると，

$P_1 \times 10 = 0.40 \times 8.3 \times 10^3 \times 273$ ∴ $P_1 = 0.906 \times 10^5 ≒ 9.0 \times 10^4$[Pa]

$P_2 \times 10 = 0.20 \times 8.3 \times 10^3 \times 273$ ∴ $P_2 = 0.453 \times 10^5$[Pa]

全圧をP[Pa]とすると，分圧の法則より，

$P = P_1 + P_2 = (0.906 + 0.453) \times 10^5 = 1.359 \times 10^5 ≒ 1.4 \times 10^5$[Pa]

〔別解〕 各成分気体は同一空間に存在し，容器の温度はどこも同じなので，状態方程式は混合気体全体についても成立する。全圧をP[Pa]とすると，

$P \times 10 = (0.40 + 0.20) \times 8.3 \times 10^3 \times 273$ ∴ $P = 1.35 \times 10^5 ≒ 1.4 \times 10^5$[Pa]

5. 気体の法則と気液平衡

(1) 室温では，窒素はすべて気体である。ボイルの法則が成り立つので，圧力は2倍になる。(**図1**)

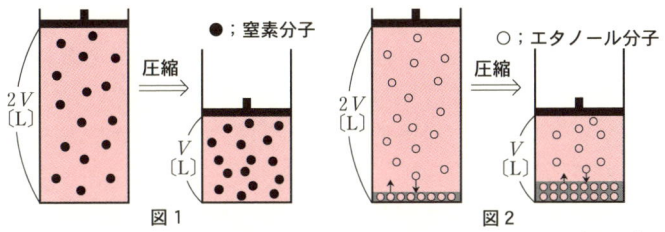

(2) 気体と液体のエタノールが共存(気液平衡)しているので，気体(蒸気)のエタノールの圧力は飽和蒸気圧になっている。飽和蒸気圧より大きい圧力にはなれないので，圧縮していくと気体のエタノールは次々と凝縮していき，圧力は飽和蒸気圧に保たれる。(**図2**)

> 気体と液体が共存しているとき，気体の圧力は必ず飽和蒸気圧に等しい。

6. 理想気体と実在気体

(a) 理想気体の定義である。
(b) $PV = nRT$ は理想気体についてのみ成り立つ。
(c) 実在気体でも，高温にすると分子間力が，低圧にすると分子自身の大きさが無視できるようになるので理想気体に近づく。
(d) 理想気体は液体や固体に変化しない。

実戦演習

1 ボイル・シャルルの法則
一定質量の気体の体積をV_1〔L〕またはV_2〔L〕に保つとき，気体の温度T〔K〕と圧力P〔Pa〕の関係を表すグラフとして最も適当なものを，次の①～④のうちから一つ選べ。ただし，$V_1>V_2$とする。

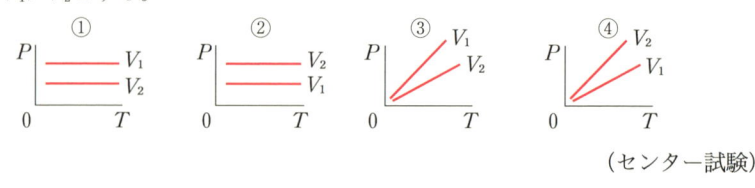

① P vs T：V_1（上），V_2（下）水平線
② P vs T：V_2（上），V_1（下）水平線
③ P vs T：V_1（急），V_2（緩）直線
④ P vs T：V_2（急），V_1（緩）直線

（センター試験）

2 気体の法則
容積の等しい容器A，B，Cを真空にしたのち，それぞれ次の気体を封入した。
　容器A：27℃，$2.0×10^5$Paで2.5Lの体積を占める一酸化炭素
　容器B：1.6gのメタン
　容器C：標準状態（0℃，$1.01×10^5$Pa）で5.0Lの体積を占める窒素
封入後の容器の温度を27℃に保ったとき，容器内の圧力の高いものから順に並べると，どのようになるか。次の①～⑥のうちから正しいものを一つ選べ。ただし，気体はいずれも理想気体とする。
① A＞B＞C　② A＞C＞B　③ B＞A＞C　④ B＞C＞A
⑤ C＞A＞B　⑥ C＞B＞A

（センター試験）

3 混合気体
次の文章を読み，**問1～問3**に答えよ。ただし，数値は有効数字2桁で記せ。

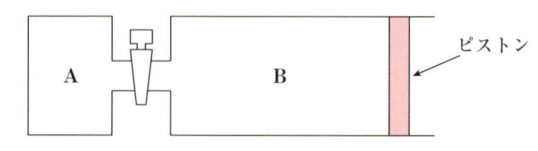

図で示すようなコックでしきられた2個の容器がある。27℃で，左側の容器Aの体積は1.5Lで一酸化炭素が$2.0×10^5$Paに，右側の容器Bの体積は4.5Lで酸素が$1.0×10^5$Paにつめられている。

問1 中央のコックを開いて両側の気体を混合させたとき，酸素の分圧は何Paになるか。ただし，混合の際の温度変化はなく，化学反応も起こらないものとする。

問2 図のように，右側の容器Bにはピストンがついている。中央のコックを開いた状態でこのピストンを押して容器Bの体積を1.5Lにした。ただし，ピストンを押した際の温度変化はなく，化学反応も起こらないものとする。

(1) この混合気体の圧力は何Paになるか。
(2) この混合気体の平均分子量はいくらか。
(3) この混合気体の密度は何g/Lになるか。

問3 中央のコックを開いた状態で、容器Bの体積を1.5Lに保ったままこの混合気体を完全に燃焼させた後、装置全体の温度を27℃にした。このとき、容器内の圧力は何Paになるか。

(成蹊大)

4　飽和蒸気圧

次の文章を読み、下の**問1**～**問4**に答えよ。

温度と容積を変えることができる気密容器に、エタノール1.38gを入れてある。容器の温度を57℃、容積を2.7Lにすると、エタノールはすべて気体になった。この状態をAとする。容器の温度や容積を変化させると、エタノールがどのような状態になるかを、図に示したエタノールの蒸気圧曲線をもとに考えてみよう。ただし、エタノールの気体は理想気体とみなす。また、数値は四捨五入して有効数字2桁で答えよ。

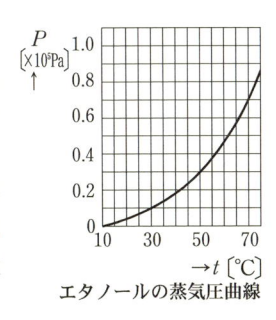

エタノールの蒸気圧曲線

問1 Aでのエタノールの圧力P_1は何Paか。
問2 温度を57℃に保ち、容積を2.7Lからゆっくり減少させた。液体が生じ始めるときのエタノールの圧力P_2は何Paか。
問3 圧力をP_1 Paに保ち、温度を57℃から下げていった。液体が生じ始めるときの温度t_1は何℃か。
問4 容積を2.7Lに保ち、温度を57℃からゆっくり30℃まで下げたとき、何%のエタノールが液体になっているか。

(大阪工業大)

5 混合気体と蒸気圧 応用

　温度57℃において，分圧$7.7×10^4$Paのアルゴンと分圧$1.7×10^4$Paの水蒸気からなる混合気体が入っている円柱状の容器がある。容器に対して以下に示す操作を行うものとして問1～問3に答えよ。なお，水の蒸気圧は57℃で$1.7×10^4$Pa，27℃で$3.6×10^3$Pa，アルゴンは常に気体として存在する。

　気体はすべて理想気体であるとし，混合気体の全圧と各成分気体の圧力の間にはドルトンの分圧の法則が成立するものとする。水の体積は無視する。また，気体アルゴンの水への溶解も無視することとし，数値は四捨五入して有効数字2桁で答えよ。

［操作1］　容器内の温度を57℃に保ち，容器の体積を半分にする。
［操作2］　容器の体積一定のまま，容器全体を27℃に保つ。
［操作3］　容器内の全圧を$9.4×10^4$Paに保ったまま，温度を27℃まで下げる。
問1　操作1を行ったときの容器内の全圧は何Paか。
問2　操作2を行ったときの容器内の全圧は何Paか。
問3　操作3を行ったときの容器の体積は57℃のときの何倍か。

（新潟大）

6 水上置換

　27℃，$1.016×10^5$Paの大気圧のもとで，金属亜鉛を希硫酸に溶かし，このとき発生した水素を水上置換法によってメスシリンダー内にすべて捕集した。メスシリンダーの内と外の水面の高さをそろえたところ，気体の体積は830mLであった。溶けた亜鉛の質量は何gか。有効数字3桁で答えよ。なお，27℃での水の飽和蒸気圧は$3.60×10^3$Paとする。また，気体はすべて理想気体であるとし，発生した気体は水に全く溶解しないものとする。

（首都大学東京）

7 理想気体と実在気体

　右図は，1molの理想気体とメタンについて$Z=\dfrac{PV}{RT}$をPの関数として表したものである。図中の太線は，理想気体と0℃のメタンについての関係である。なお，Pは圧力，Vは1molあたりの気体の体積，Rは気体定数，Tは絶対温度を表す。

　これについて，問1～問4に答えよ。

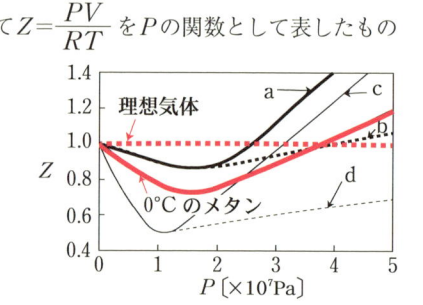

§7 気体

問1 次の文章は理想気体について述べたものである。この中で正しいものには○印を，誤っているものには×印をつけよ。
A 理想気体は分子間力と分子の大きさを無視した架空の気体である。
B 理想気体では分子の質量を無視している。
C 低温・高圧にすると理想気体は凝縮する。
D 実在の気体は高温・低圧にすると理想気体とみなせるようになる。
E ヘリウムはもっとも軽い単原子分子であるから理想気体である。

問2 次の文章の空欄にあてはまる語句を記せ。

比較的Pが小さい範囲では，　ア　がほぼ無視できるためメタンには分子間力のみが存在すると考えてよい。このためメタンのZは1より　イ　。Pが徐々に増加するにつれて分子間の距離が小さくなるため分子間力が徐々に　ウ　なる。このときメタンのZと1のずれは徐々に大きくなっていく。

問3 Pが大きくなるとメタンのZが1より大きくなる理由を記せ。

問4 温度を高くすると，メタンにおけるZとPとの関係はどのようになるか。もっとも近いと思われるものを，図中の曲線a～dの中から選べ。

（金沢大）

8 分子量の測定

次の文章を読み，**問1**および**問2**に答えよ。ただし，気体はすべて理想気体とする。

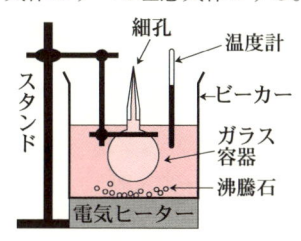

〔実験〕　ある純粋な液状の炭化水素の試料**A**約1gを，図に示す細孔のある栓をした内容積100mLの小型ガラス容器(空の状態でw_1〔g〕)に入れた。次に，ビーカー中の水を沸騰させ，ガラス容器内の温度を100℃(試料**A**の沸点より高い温度)にしばらく保った。試料**A**がすべて蒸発し，ガラス容器内がこの試料の蒸気で満たされた直後，室温にまですばやく冷やした。

この容器の外壁に付着した水分を除去し，その質量を測定したところw_2〔g〕であった。

問1 実験の結果から，試料**A**の分子量Mを求める一般式をw_1, w_2を用いて記せ。ただし，試料がすべて蒸発したときの温度をt〔℃〕，圧力をP〔Pa〕，体積をV〔L〕とする。

問2 実験の結果，w_1は28.510g，w_2は28.765gであった。試料**A**の分子量を整数値で答えよ。ただし，この実験はすべて圧力$1.01×10^5$Paで行われたものとする。

（東北大）

§8 溶　液　　基本まとめ

1 溶解と溶液の濃度
砂糖水をつくります。

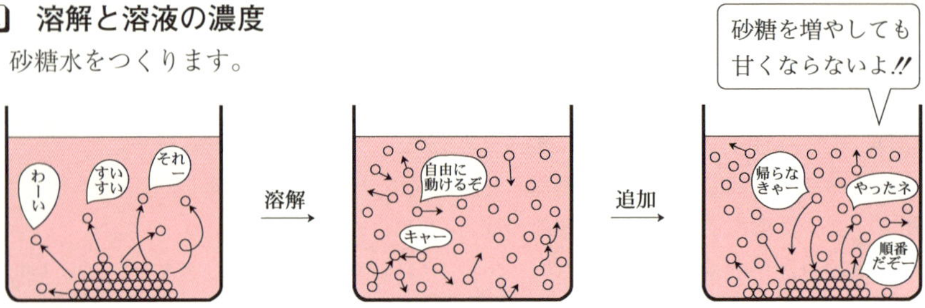

砂糖の分子が水中に拡散していきます。　→溶解→　均一に混ざり合い砂糖水ができます。　→追加→　砂糖を追加しても溶けないで残ります。（飽和溶液）

（砂糖を増やしても甘くならないよ!!）

砂糖水の濃さは甘さでも表せますが，化学では次のような濃度を用います。

質量パーセント濃度〔%〕	溶液100gに溶解している溶質の質量で表す。
モル濃度〔mol/L〕	溶液1Lに溶解している溶質の物質量で表す。
質量モル濃度〔mol/kg〕	溶媒1kgに溶解している溶質の物質量で表す。

2 固体の溶解度
水に砂糖をどんどん溶かしていくと，ある量を超えるともはやそれ以上溶けなくなる。これは，加えた砂糖の量が溶解度を超えたためである。

溶解度　一般に，溶媒100gに溶かすことのできる溶質の最大質量〔g〕で表す。

3 気体の溶解度
ヘンリーの法則　一定温度で，一定量の溶媒に溶ける気体の物質量はその気体の圧力に比例する。

4 希薄溶液の性質
蒸気圧降下　溶液の飽和蒸気圧は，溶媒の飽和蒸気圧より低くなる。

沸点上昇　溶液の沸点は，溶媒の沸点より高くなる。
　　　　$\Delta t = K_b m$　（Δt：沸点上昇度，K_b：モル沸点上昇，m：質量モル濃度）

凝固点降下　溶液の凝固点は，溶媒の凝固点より低くなる。
　　　　$\Delta t = K_f m$　（Δt：凝固点降下度，K_f：モル凝固点降下，m：質量モル濃度）

浸透圧　半透膜を通して，溶媒が溶液側へ浸透しようとする圧力。
　　　　$\Pi = cRT$　（Π：浸透圧，c：モル濃度，R：気体定数，T：絶対温度）

5 コロイド溶液
直径が$10^{-9} \sim 10^{-7}$ mの粒子が溶媒の中に分散した状態の溶液をコロイド溶液といい，通常の溶液と区別する。

§8 溶液

基本演習

1. 固体の溶解度

硝酸カリウム(KNO_3)の溶解度〔g/水100g〕は，25℃で35，50℃で85である。次の(1)，(2)に整数値で答えよ。

(1) 50℃の飽和溶液をつくりたい。水200gに何gのKNO_3を溶かせばよいか。

(2) (1)の溶液を25℃まで冷却した。何gのKNO_3が析出するか。

2. 気体の溶解度

窒素は，20℃，$1.0×10^5$Paにおいて，水1Lに$7.0×10^{-4}$mol溶ける。

20℃において，$2.0×10^5$Paの窒素が水3Lに接している。この水に溶ける窒素は何molか。有効数字2桁で答えよ。

3. 希薄溶液の性質

水および水溶液A，Bがある。

　水溶液A：水500gに0.050molのスクロースを溶かした水溶液

　水溶液B：0.075mol/kgの塩化ナトリウム水溶液

(1) 水溶液Aの質量モル濃度は何mol/kgか。有効数字2桁で答えよ。

(2) 水，水溶液AおよびBのうち，25℃において，飽和蒸気圧が最も大きいものはどれか。

(3) 水溶液Bの凝固点は何℃か。有効数字2桁で答えよ。ただし，水のモル凝固点降下を1.85K·kg/molとする。

(4) 水，水溶液AおよびBのうち，浸透圧が最も大きいものはどれか。ただし，水溶液AおよびBは希薄溶液なので，そのモル濃度は質量モル濃度に等しいとみなしてよい。

4. コロイド

次の文章の下線部には誤りが含まれている。誤りを訂正せよ。

デンプン水溶液に光をあてると，光の進路が輝いて見える。これを(ア)発光という。デンプンは(イ)疎水コロイドで，濃い食塩水を加えると(ウ)透析が起こる。

解答

1. (1) 170g　(2) 100g
2. $4.2×10^{-3}$mol
3. (1) 0.10mol/kg　(2) 水　(3) −0.28℃　(4) B
4. (ア) チンダル現象　(イ) 親水コロイド　(ウ) 塩析

基本演習 解説

1. 固体の溶解度

固体の溶解度は，水100gに溶けることのできる溶質の最大質量〔g〕で表すことが多い。したがって，飽和溶液においては，水100gあたりに溶けている溶質の質量は，その固体の溶解度に等しい。

(1) 50℃の飽和溶液では，水100gあたり85gの KNO_3 が溶解する。水200gに溶かす KNO_3 を x〔g〕とすると，

$$\frac{溶質}{溶媒} = \frac{85}{100} = \frac{x}{200} \qquad \therefore \quad x = 170 \text{〔g〕}$$

(2) 50℃の飽和溶液を25℃まで冷却したとき，KNO_3 の結晶が析出する。このとき，溶液部分は，25℃における飽和溶液となっており，水100gあたり35gの KNO_3 が溶解する。析出した KNO_3 を y〔g〕とすると，

$$\frac{溶質}{溶媒} = \frac{35}{100} = \frac{170-y}{200} \qquad \therefore \quad y = 100 \text{〔g〕}$$

なお，溶質と溶液の質量比を考えてもよい。

$$\frac{溶質}{溶液} = \frac{35}{100+35} = \frac{170-y}{200+170-y}$$
$$\therefore \quad y = 100 \text{〔g〕}$$

《別解》 水100gあたり，50℃では85gの KNO_3 が，25℃では35gの KNO_3 が溶けるので，水100gあたり，85−35〔g〕の KNO_3 が析出する。

析出した KNO_3 を y〔g〕とすると，

$$\frac{析出量}{溶媒} = \frac{85-35}{100} = \frac{y}{200} \qquad \therefore \quad y = 100 \text{〔g〕}$$

2. 気体の溶解度

気体の溶解度は，温度が高くなるほど小さくなる。

一定量の溶媒に溶ける気体の物質量はその気体の圧力に比例する。これを<u>ヘンリーの法則</u>という。

圧力が大きいほどたくさん溶けるのね！ POINT

窒素は，20℃，1.0×10^5 Paにおいて，水1Lに 7.0×10^{-4} mol溶けるので，2.0×10^5 Paの窒素が水3Lに接しているとき，この水に溶ける窒素の物質量は，

§8 溶液

$$\underbrace{7.0\times10^{-4}}_{\text{溶解度}} \times \underbrace{\frac{2.0\times10^5}{1.0\times10^5}}_{\text{圧力}} \times \underbrace{\frac{3}{1}}_{\text{水}} = 4.2\times10^{-3}\text{[mol]}$$

3. 希薄溶液の性質

(1) 質量モル濃度は，水 1 kg（＝1000 g）あたりに溶ける溶質の物質量〔mol〕である。水溶液Aの質量モル濃度は，

$$0.050\times\frac{1000}{500}=0.10\text{[mol/kg]}$$

(2) 希薄溶液の性質には，**蒸気圧降下**，**沸点上昇**，**凝固点降下**，**浸透圧**がある。蒸気圧降下度，沸点上昇度，凝固点降下度は溶液中の溶質粒子の質量モル濃度に，浸透圧は溶液中の溶質粒子のモル濃度にする。

スクロースは非電解質であり，水溶液Aの溶質粒子（スクロース分子）の質量モル濃度は 0.10 mol/kg である。

NaCl は電解質であり，水溶液中で NaCl ⟶ Na⁺ ＋ Cl⁻ と電離するので，水溶液Bの溶質粒子（Na⁺ と Cl⁻）の質量モル濃度は 0.075×2＝0.15〔mol/kg〕となる。

溶質粒子の質量モル濃度が「水溶液A＜水溶液B」なので，蒸気圧降下度は「水溶液A＜水溶液B」である。よって，飽和蒸気圧は「水＞水溶液A＞水溶液B」となる。

(3) 水溶液Bの凝固点降下度は，
 $\Delta t = K_f m = 1.85\times0.15 = 0.2775$〔K〕
よって，凝固点は，$0-\Delta t = -0.2775 \fallingdotseq -0.28$〔℃〕

(4) 溶質粒子のモル濃度が「水溶液A＜水溶液B」なので，浸透圧は「水溶液A＜水溶液B」となる。

> 希薄溶液の性質を比べるとき，電解質水溶液の濃度は，電離を忘れないように！ **POINT**

4. コロイド

コロイドの分野では，観察される現象や分離操作などの知識を整理しておくことが重要である。

―おぼえよう―
コロイドの分類……親水コロイド，疎水コロイド
観察される現象……チンダル現象，ブラウン運動，電気泳動
分離操作など　……透析，塩析，凝析

実戦演習

1 固体の溶解度

右の図はKNO_3の水に対する溶解度(水100gに溶ける溶質の質量をグラム数で表したもの)と温度の関係を示している。**問1・問2**に有効数字2桁で答えよ。

問1 70℃において水200gにKNO_3 70gを溶かした水溶液がある。
(1) この水溶液を冷却したとき，KNO_3が析出し始める温度は何℃か。
(2) この水溶液を10℃まで冷却したとき，析出するKNO_3の質量は何gか。

問2 50℃のKNO_3の飽和溶液200gがある。
(1) この溶液に溶けているKNO_3の質量は何gか。
(2) この水溶液を加熱して水を蒸発させた後，20℃まで冷却したところ，KNO_3の結晶が80g析出した。蒸発した水は何gか。

(千葉工業大)

2 硫酸銅(Ⅱ)の溶解度

無水硫酸銅(Ⅱ) $CuSO_4$ (式量160)および硫酸銅(Ⅱ)五水和物 $CuSO_4 \cdot 5H_2O$ (式量250)について，次の**問1・問2**に答えよ。

問1 60℃における無水硫酸銅(Ⅱ)の水に対する溶解度を40.0g/水100gとする。いま，60℃での硫酸銅(Ⅱ)の飽和水溶液100gをつくろうとしている。以下の問に有効数字2桁で答えよ。
(1) 無水硫酸銅(Ⅱ)は何g必要か。
(2) 硫酸銅(Ⅱ)五水和物を用いる場合には何g必要か。

問2 20℃における無水硫酸銅(Ⅱ)の水に対する溶解度を20.0g/水100gとする。60℃における飽和水溶液140gを20℃に放置すると析出する硫酸銅(Ⅱ)五水和物は何gか。有効数字2桁で答えよ。

(九州大)

§8 溶液

3 気体の溶解度

次の文章を読んで，**問1**・**問2**に答えよ。ただし，空気の体積組成は窒素80%，酸素20%とし，数値は有効数字2桁で記せ。

気体の溶解度は，その気体の圧力が1.01×10^5Paのとき，溶媒1Lに溶ける気体の体積[L]を標準状態に換算した数値で示されることが多い。この方法を用いると，溶解度は表のようになる。

	0℃	20℃
窒素	0.023	0.015
酸素	0.049	0.031

問1 0℃，2.02×10^5Paで空気が水に接しているとき，水1.0Lに溶けている窒素の物質量は何molか。

問2 **問1**の状態から圧力を一定に保ったまま，温度を0℃から20℃に上げると，水1.0Lに溶けている酸素は何g減少するか。

（金沢大）

4 蒸気圧降下 応用

塩化ナトリウムを水に溶かすと，水溶液の蒸気圧は純水の蒸気圧よりも低くなる。これを蒸気圧降下という。

18.0gの純水が入ったビーカー**A**，**B**に，それぞれ塩化ナトリウムを0.0585g，0.02925g加え，水に溶解させた。これらを図に示すように容器内に収めて密閉した。しばらく放置すると，2つの水溶液の蒸気圧が等しくなり，2つのビーカーの水の量は変化しなくなった。このとき，ビーカー**A**，**B**内の水の質量[g]はいくらか。有効数字3桁で答えよ。なお，各溶質は完全に電離し，容器内の液体の水はビーカーの中にのみ存在し，水蒸気として存在する水の物質量は液体の水の物質量と比べて無視できるものとする。

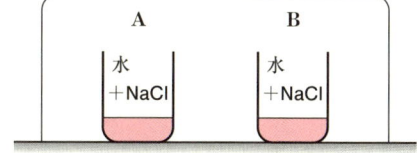

（東北大）

5 沸点上昇

グルコース（$C_6H_{12}O_6$）9.00gを水500gに溶かした溶液**A**と塩化ナトリウム5.85gを1000gの水に溶かした溶液**B**とがある。次の**問1**・**問2**に答えよ。

問1 溶液**A**と溶液**B**では，どちらの沸点が高いか。記号で記せ。

問2 溶液**B**の沸点は何℃か，小数第2位まで求めよ。ただし，水のモル沸点上昇の値を0.52K·kg/molとする。

6 凝固点の測定

次の文章を読み，以下の問1～問6に答えよ。

図1に示すような実験装置を用い，純ベンゼン100gをガラス容器(内管)に入れ，かき混ぜ器でかき混ぜながら氷水で冷却した。このときの温度変化を測定したところ，図2の曲線Aが得られた。また，化合物X 2.00gをベンゼン100gに溶かした溶液を用いて同様に実験すると，図2の曲線Bが得られた。

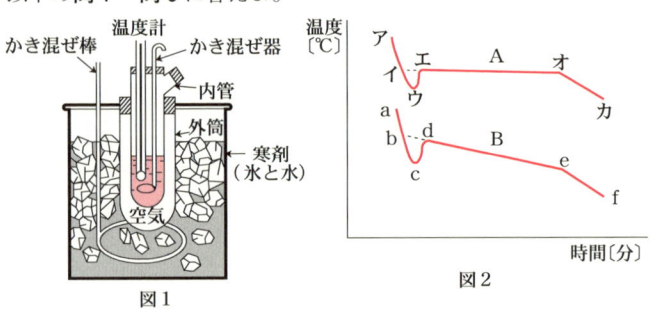

問1 曲線Aのエオは水平である。その理由を述べよ。
問2 曲線Aのオカの部分における純ベンゼンの状態について説明せよ。
問3 曲線Aのイウの部分における純ベンゼンの状態について説明せよ。
問4 曲線Bのdeの部分は水平にならず，右下がりになる。その理由を述べよ。
問5 ベンゼン溶液(曲線B)の凝固点は，どの点の温度とみなせるか。記号で答えよ。
問6 純ベンゼンの凝固点は5.46℃，ベンゼン溶液の凝固点は4.67℃であった。化合物Xの分子量を求め，有効数字3桁で答えよ。ただし，ベンゼンのモル凝固点降下は5.07 K・kg/molで，Xはベンゼン中において電離も会合もしないものとする。

(お茶の水女子大 改)

7 浸透圧

浸透圧に関する文章中の ア ～ ウ にあてはまる数値を，有効数字2桁で答えよ。ただし，水溶液柱1.0×10^3 cmは1.0×10^5 Paに相当するものとする。また，溶媒の浸透に伴う溶液の体積変化は考えないものとする。

浸透圧は図に示した装置により測定することができる。溶媒Aが半透膜〔溶媒は通すが溶質は通さない膜〕を通り，溶液Bの方へ浸透すると，細いガラス管内の液柱が次第に上昇する。

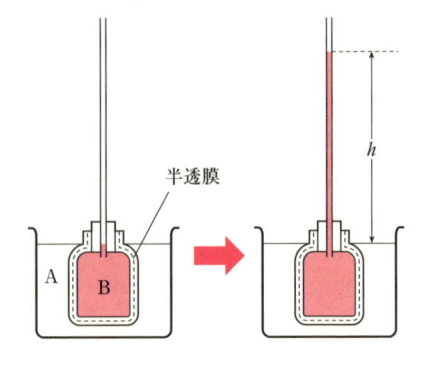

常温・常圧において溶媒Aとして純水を，溶液Bとしてスクロース水溶液を，液面の高さが等しくなるように入れて放置すると液面差がhと

§8 溶液

なった。ここで，スクロース水溶液の代わりに同じモル濃度の塩化ナトリウム水溶液を用いると h は ア 倍となる。

　溶媒Aに純水を，溶液Bにある化合物（非電解質の物質）0.30gを含む水溶液100mLを用い，大気圧下27℃で図の実験を行ったところ，hは15.0cmとなった。このとき，溶液Bの浸透圧は イ Paであり，この化合物の分子量は ウ であることがわかる。

(近畿大 改)

8 コロイド

次の文章を読み，問1～問3に答えよ。

(1)沸騰させた純水中に塩化鉄(Ⅲ)水溶液を滴下すると， ア 色のコロイド溶液Aが得られる。コロイド溶液Aに横から強い光線を当てると，光の進路が輝いて見える。これを イ 現象といい，コロイド粒子が光を散乱することによって起こる。また，コロイド溶液Aを限外顕微鏡で観察すると，コロイド粒子が不規則な運動をしていることがわかる。これを ウ 運動という。コロイド溶液Aを半透膜であるセロハン膜の袋に入れ，ビーカー中で純水にしばらく浸しておくと，コロイド粒子以外の低分子やイオンは袋の外へ出ていく。この操作を エ といい，袋の中に精製されたコロイド溶液Bが得られる。コロイド溶液Bの一部をU字管に入れ，電極2本を入れて直流電圧をかけると，コロイド粒子は陰極側へ移動する。この現象を オ という。また，(2)少量の電解質水溶液をコロイド溶液Bの一部に加えると沈殿を生じる。この現象を カ といい，このような性質を示すコロイドを キ コロイドという。

　タンパク質溶液やデンプン溶液などのコロイド溶液は，少量の電解質溶液を加えても沈殿を生じないが，多量の電解質溶液を加えることで沈殿を生じる。この現象を ク といい，このような性質を示すコロイドを ケ コロイドという。 キ コロイドに ケ コロイドを加えると，電解質溶液を加えても沈殿しにくくなる。このような作用を示す ケ コロイドを コ コロイドという。

問1　 ア ～ コ に適切な語句を記せ。
問2　下線部(1)の化学反応式を記せ。
問3　次の(a)～(f)の電解質水溶液のうち，最も小さいモル濃度で下線部(2)の現象が見られるものを一つ選べ。
　(a) 硫酸ナトリウム　　(b) 硝酸カリウム　　(c) 硝酸ナトリウム
　(d) 塩化マグネシウム　(e) 塩化カルシウム　(f) 塩化ナトリウム

(北見工業大)

65

§9 熱化学　　　基本まとめ

1 発熱反応と吸熱反応

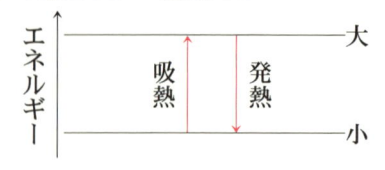

化学反応によって物質がもっているエネルギーが変化する分だけが反応熱となって現れる。熱が発生する反応を**発熱反応**，熱が吸収される反応を**吸熱反応**という。

2 反応熱の種類

燃焼熱　物質 1 mol が完全燃焼するときの反応熱。
溶解熱　物質 1 mol が多量の水に溶解するときの反応熱。
中和熱　酸と塩基の中和反応で 1 mol の水が生成するときの反応熱。
生成熱　物質 1 mol がその成分元素の単体から生じるときの反応熱。
結合エネルギー　結合 1 mol を切断して気体状態の原子にするときに必要なエネルギー。

3 熱化学方程式

化学反応に伴って出入りする熱量(反応熱)を明示した方程式で，化学反応式の左辺と右辺を等号で結び，右辺に反応熱を書き加えて表す。熱化学方程式中の反応熱の符号は発熱反応では＋(プラス)，吸熱反応では－(マイナス)とする。

[例]　$C(黒鉛) + O_2(気) = CO_2(気) + 394 kJ$
　　　$N_2(気) + O_2(気) = 2NO(気) - 180 kJ$

4 ヘスの法則　(総熱量保存の法則)

> 反応熱は，反応の経路によらず，反応の最初の状態と最後の状態で決まる。

ヘスの法則を利用すれば，測定困難な反応熱であっても，他の測定されている反応熱を用いて求めることができる。

生成熱と反応熱との関係
> 反応熱＝生成物質の生成熱の総和－反応物質の生成熱の総和

結合エネルギーと反応熱の関係
> 反応熱 ＝ { 生成物質の分子に含まれる結合エネルギーの総和 } － { 反応物質の分子に含まれる結合エネルギーの総和 }

§9 熱化学

基本演習

1. 熱化学方程式
次の(1)～(5)の内容を熱化学方程式で表せ。ただし，熱化学方程式中の物質には状態を明示せよ。
(1) メタンの燃焼熱は890kJ/molである。ただし，生成する水は液体とする。
(2) 塩化カリウムの溶解熱は－17kJ/molである。
(3) 塩酸と水酸化ナトリウム水溶液の中和熱は56kJ/molである。
(4) 水の蒸発熱は44kJ/molである。
(5) 二酸化炭素の生成熱は394kJ/molである。

2. 生成熱と燃焼熱
下の表の生成熱を用いてメタンの燃焼熱を求めよ。ただし，燃焼によって生じる水は液体とする。

	CH₄	CO₂	H₂O（液体）
生成熱 [kJ/mol]	75	394	286

3. 結合エネルギーと生成熱
下の表の結合エネルギーを用いてアンモニアの生成熱を求めよ。

	N−H	N≡N	H−H
結合エネルギー [kJ/mol]	391	946	436

解答
1. (1) CH₄(気)＋2O₂(気)＝CO₂(気)＋2H₂O(液)＋890kJ
   (2) KCl(固)＋aq＝KClaq－17kJ
   (3) HClaq＋NaOHaq＝NaClaq＋H₂O(液)＋56kJ
   (4) H₂O(液)＝H₂O(気)－44kJ
   (5) C(黒鉛)＋O₂(気)＝CO₂(気)＋394kJ
2. 891kJ/mol
3. 46kJ/mol

基本演習 解説

1. 熱化学方程式

化学反応式の矢印(⟶)を等号(＝)にし，反応熱を右辺に書き加えた式を**熱化学方程式**という。熱化学方程式を記すときは，各物質の状態(気体，液体，固体，aq)や同素体名(黒鉛など)を併記すること。

(2) 多量の水はaq，水に溶けたKClはKClaqと表す。
(3) 塩酸はHClaq，水酸化ナトリウム水溶液はNaOHaqと表す。
(4) 液体が蒸発して気体になるとき，吸熱の変化が起こる。
(5) 炭素の単体は，黒鉛を用いる。

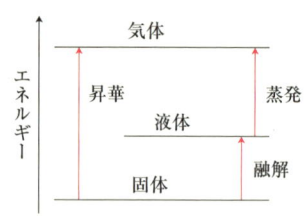

2. 生成熱と燃焼熱

与えられた反応熱を熱化学方程式で表し，これらの式を足し引きすることにより，問題で問われている反応熱の熱化学方程式をつくればよい。

CH_4(気)，CO_2(気)，H_2O(液)の生成熱を表す熱化学方程式は，

C(黒鉛) + 2H$_2$(気) = CH$_4$(気) + 75 kJ ……①
C(黒鉛) + O$_2$(気) = CO$_2$(気) + 394 kJ ……②
H$_2$(気) + $\frac{1}{2}$O$_2$(気) = H$_2$O(液) + 286 kJ ……③

CH$_4$(気)の燃焼熱をQ [kJ/mol]とすると，

CH$_4$(気) + 2O$_2$(気) = CO$_2$(気) + 2H$_2$O(液) + Q [kJ] ……④

④式は，②式 + ③式×2 − ①式により得られるので，

$Q = 394 + 286 \times 2 - 75 = 891$ [kJ/mol]

《別解1》 エネルギー図を利用すると，反応熱がわかる。

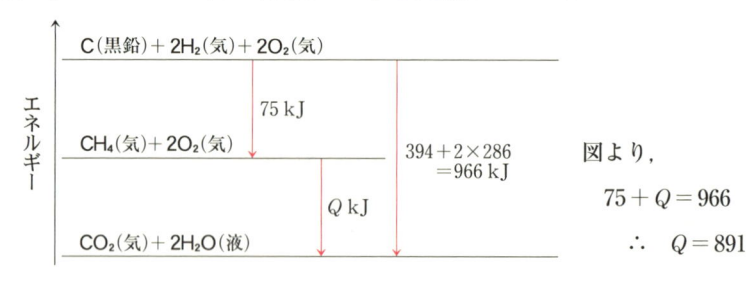

図より，
$75 + Q = 966$
∴ $Q = 891$

《別解2》 反応に関係する物質の生成熱がわかれば，次の関係式を用いることができる。

§9 熱化学

> **計算法**
> 反応熱＝(生成物質の生成熱の総和)－(反応物質の生成熱の総和)
> （ただし，単体の生成熱は0とする。）

$$CH_4(気)+2O_2(気)=CO_2(気)+2H_2O(液)+Q(kJ)$$

これに上の関係式を用いると，$Q=(394+2\times286)-(75+0)=891 [kJ/mol]$

3. 結合エネルギーと生成熱

結合1molを切断して気体状態の原子にするときに必要なエネルギーを**結合エネルギー**という。すなわち，結合を切断して原子にする変化は，吸熱反応となる。NH_3(気)，N_2(気)，H_2(気)の結合を切断して原子にするときの熱化学方程式は，

$$NH_3(気)=N(気)+3H(気)-391\times3 kJ \quad \cdots\cdots ①$$
$$N_2(気)=2N(気)-946 kJ \quad \cdots\cdots ②$$
$$H_2(気)=2H(気)-436 kJ \quad \cdots\cdots ③$$

②式$\times\dfrac{1}{2}$＋③式$\times\dfrac{3}{2}$－①式より，

$$\dfrac{1}{2}N_2(気)+\dfrac{3}{2}H_2(気)=NH_3(気)+46 kJ$$

《別解1》 エネルギー図を利用すると，反応熱がわかる。

図より，
$1127+Q=1173$
$\therefore Q=46$

《別解2》 反応に関係する物質の結合エネルギーがわかれば，次の関係式を用いることができる。

> **計算法**
> 反応熱＝{生成物質の分子に含まれる結合エネルギーの総和}－{反応物質の分子に含まれる結合エネルギーの総和}

アンモニアの生成熱を$Q[kJ/mol]$とすると，

$$\dfrac{1}{2}N_2(気)+\dfrac{3}{2}H_2(気)=NH_3(気)+Q(kJ)$$

これに上の関係式を用いると，

$$Q=3\times391-\left(\dfrac{1}{2}\times946+\dfrac{3}{2}\times436\right)=46 [kJ/mol]$$

69

実戦演習

1 燃焼熱と生成熱

問1 アセチレン C_2H_2(気) 1 mol を完全に燃焼させると 1301 kJ の熱を発生する。これを熱化学方程式で示せ。ただし，燃焼で生じる水は液体とする。

問2 アセチレンの燃焼熱および以下に示す熱化学方程式を利用して，アセチレンの生成熱〔kJ/mol〕を求めよ。

$$C(黒鉛) + O_2(気) = CO_2(気) + 394 kJ \qquad H_2(気) + \frac{1}{2}O_2(気) = H_2O(液) + 286 kJ$$

（大阪大）

2 反応熱

次の熱化学方程式と関連して考えられる事項について，下の記述①～④のうちから，誤りを含むものを一つ選べ。

$$H_2(気) + \frac{1}{2}O_2(気) = H_2O(液) + 286 kJ \quad \cdots\cdots(1)$$

$$H_2(気) + \frac{1}{2}O_2(気) = H_2O(気) + 242 kJ \quad \cdots\cdots(2)$$

$$N_2(気) + O_2(気) = 2NO(気) - 180 kJ \quad \cdots\cdots(3)$$

$$AgNO_3(固) + aq = AgNO_3 aq - 24 kJ \quad \cdots\cdots(4)$$

$$NaOH(固) + aq = NaOH aq + 45 kJ \quad \cdots\cdots(5)$$

$$NaOH(固) + HCl aq = NaCl aq + H_2O(液) + 101 kJ \quad \cdots\cdots(6)$$

① 水の蒸発熱は 44 kJ/mol である。
② 一酸化窒素の生成熱は 90 kJ/mol である。
③ 純水に硝酸銀を溶解させると，溶液の温度が下がる。
④ 水酸化ナトリウム水溶液と塩酸の中和熱は 45 kJ/mol より大きい。

（センター試験）

3 結合エネルギーとエネルギー図

水素が酸素と反応すると水が生成する。水素分子の H–H の結合エネルギーが 436 kJ/mol，酸素分子の O=O の結合エネルギーが 498 kJ/mol，水分子の O–H の結合エネルギーが 463 kJ/mol，水の蒸発熱が 44 kJ/mol であるとき，図中の①～③に該当する熱量を求め，H_2O(液)の生成熱を表す熱化学方程式を記せ。

（山梨大）

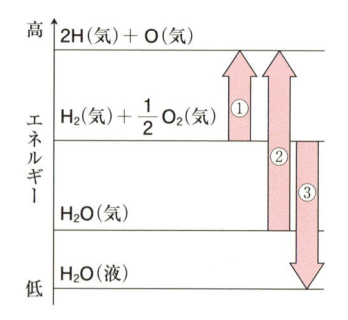

4 反応熱と結合エネルギー

エタン $\begin{pmatrix} & H & H \\ H- & C-C & -H \\ & H & H \end{pmatrix}$ の燃焼に関する次の熱化学方程式中のQ〔kJ〕の値を求めよ。

$$C_2H_6(気) + \frac{7}{2}O_2(気) = 2CO_2(気) + 3H_2O(気) + Q〔kJ〕$$

ただし，結合エネルギーは次のような値である。

C−C結合；348kJ/mol，C−H結合；413kJ/mol，C=O結合；804kJ/mol
O=O結合；498kJ/mol，O−H結合；463kJ/mol

5 反応熱の測定

断熱容器を用いて実験〔1〕，〔2〕を行った。下の**問1**〜**問3**に答えよ。ただし，水と水溶液の密度はすべて1.0g/cm³，水溶液の比熱はすべて4.2J/(g·K)，発生した熱はすべて水溶液の温度上昇に使われるものとする。数値は有効数字2桁で答えよ。

実験〔1〕 純水な水100gに水酸化ナトリウム4.0gを加え，断熱容器の中でかきまぜて混合しながら溶液の温度を測定したところ，図のような結果が得られた。

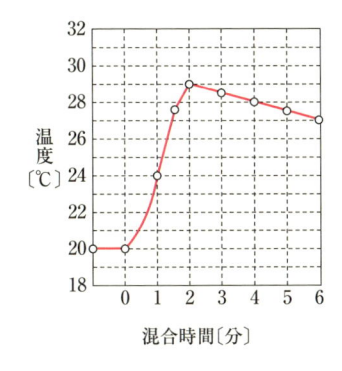

実験〔2〕 20℃にて1.0mol/Lの塩酸100mLに水酸化ナトリウム4.0gを加え，断熱容器の中で実験〔1〕と同様に温度を測定し，作図によって補正した溶液の温度の最高値を求めたところ，43℃であった。

問1 実験〔1〕で発生した熱量〔kJ〕を求めよ。
問2 実験〔1〕の結果をもとに，水酸化ナトリウムが水へ溶解するときの溶解熱〔kJ/mol〕を求めよ。
問3 実験〔2〕の結果をもとに，塩酸と水酸化ナトリウム水溶液の中和熱〔kJ/mol〕を求めよ。

(東海大)

§10 電池と電気分解　基本まとめ

1 電池
酸化還元反応を利用して，電流を取り出す装置を電池という。

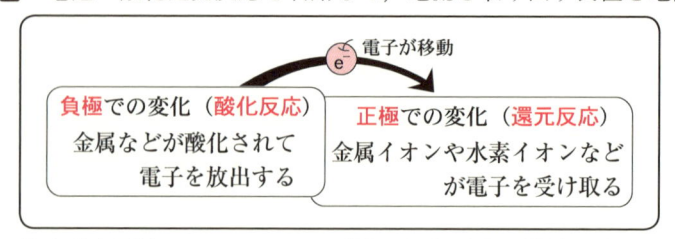

```
         電子が移動
         e⁻ →

負極での変化（酸化反応）      正極での変化（還元反応）
金属などが酸化されて         金属イオンや水素イオンなど
電子を放出する              が電子を受け取る
```

代表的な電池には，ダニエル電池，鉛蓄電池，燃料電池などがある。

2 電気分解
外部から電気エネルギーを加えて酸化還元反応を起こす操作。

電気分解では，まず，電極での変化を考えよう。次に，ファラデーの法則に基づいて変化量（金属の溶解量や析出量，気体の発生量）を計算する。

ここがポイント

水溶液の電気分解で，電極で起こる変化は次のように判断していけばよい。

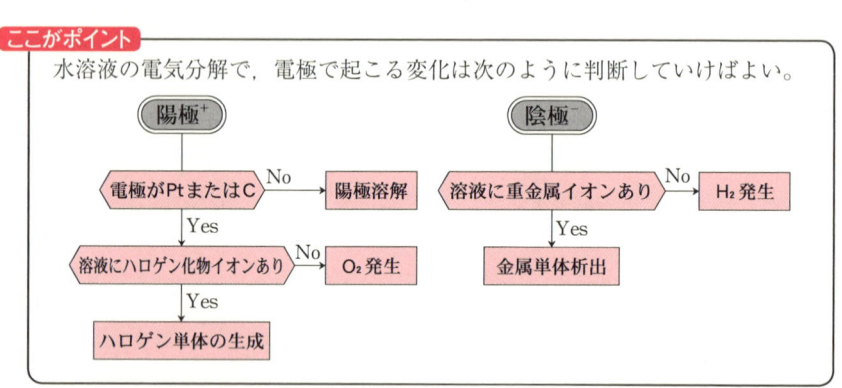

陽極⁺
- 電極がPtまたはC → No → 陽極溶解
- Yes ↓
- 溶液にハロゲン化物イオンあり → No → O_2発生
- Yes ↓
- ハロゲン単体の生成

陰極⁻
- 溶液に重金属イオンあり → No → H_2発生
- Yes ↓
- 金属単体析出

3 ファラデーの法則
ファラデーの法則　電極で変化する物質の量は通じた電気量に比例する。

電流と電気量，e⁻の物質量の関係

電気量〔C（クーロン）〕＝電流〔A〕×時間〔秒〕
e⁻ 1 mol あたりの電気量の絶対値；$9.65×10^4$ C

ファラデー定数　$F=9.65×10^4$ C/mol

テクニック

電気分解での変化量（金属の溶解量や析出量，気体の発生量）を求める場合，流れたe⁻の物質量と反応式の係数に着目する。

第3章　物質の変化

§10 電池と電気分解

基本演習

1. 電池
図のような3種類の電池をつくった。それぞれの電池について，正極になる物質を化学式で記し，負極で起こる変化をイオン反応式で表せ。

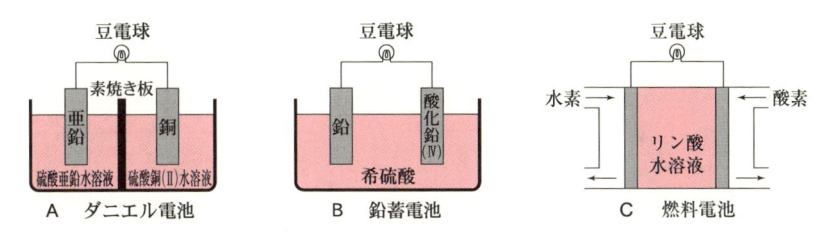

A ダニエル電池　　B 鉛蓄電池　　C 燃料電池

2. 水溶液の電気分解
両極に白金板を用いて硫酸銅(Ⅱ)水溶液を電気分解したところ，陰極に銅が16.0g析出し，陽極からは気体が発生した。次の(1)〜(3)に答えよ。ただし，銅の原子量は64，ファラデー定数は$9.65×10^4$C/molとし，数値は有効数字3桁で記すものとする。
(1) 陽極と陰極で起こった変化をイオン反応式で記せ。
(2) 通じた電気量は何C(クーロン)か。
(3) 陽極で発生した気体の化学式と，標準状態(0℃，$1.01×10^5$Pa)の下での体積〔L〕を記せ。

解答
1. 電池　正極　負極での変化
　A　Cu　　Zn ⟶ Zn^{2+} + $2e^-$
　B　PbO_2　Pb + SO_4^{2-} ⟶ $PbSO_4$ + $2e^-$
　C　O_2　　H_2 ⟶ $2H^+$ + $2e^-$

2. (1) 陽極　$2H_2O$ ⟶ $4H^+$ + O_2 + $4e^-$　　陰極　Cu^{2+} + $2e^-$ ⟶ Cu
　(2) $4.83×10^4$C
　(3) O_2　2.80L

基本演習 解説

1. 電池

2種類の金属を導線で結び，電解質水溶液に浸すと電池が形成される。このとき，イオン化傾向の大きい金属が負極に，小さい金属が正極になる。

ダニエル電池

イオン化傾向の大きい**Zn**が電子を放出し，この電子が銅板に移動し，Cu^{2+} が電子を受け取る。このようにして電流が流れ，電池が形成される。

```
―― 両極での反応 ――
負極(Zn)  Zn ⟶ Zn²⁺ + 2e⁻
正極(Cu)  Cu²⁺ + 2e⁻ ⟶ Cu
```

両極での反応式が大切なのよ。 POINT

鉛蓄電池

正極にはPbO_2を，負極には**Pb**を用いる。PbO_2と**Pb**がいずれもPb^{2+}になろうとして，電子が移動するために電池が形成される。

なお，鉛蓄電池は充電することができるので二次電池である。

```
―――― 両極での反応 ――――
負極(Pb)    Pb + SO₄²⁻ ⟶ PbSO₄ + 2e⁻
正極(PbO₂)  PbO₂ + 4H⁺ + SO₄²⁻ + 2e⁻ ⟶ PbSO₄ + 2H₂O
電池全体    Pb + PbO₂ + 2H₂SO₄ ⟶ 2PbSO₄ + 2H₂O
```

放電の際に各電極で生じた$PbSO_4$は水に難溶であり電極に付着する。したがって，負極，正極ともに，極板の質量は増加する。

また，電解液中のH_2SO_4(溶質)が減少し，H_2O(溶媒)が増加するので，電解液の濃度は減少する。

燃料電池

負極にH_2を，正極にO_2を用いる。触媒の存在により，H_2とO_2が反応してH_2Oになり，この反応を利用して電池が形成される。

```
―――― 両極での反応 ――――
負極(H₂)   H₂ ⟶ 2H⁺ + 2e⁻
正極(O₂)   O₂ + 4H⁺ + 4e⁻ ⟶ 2H₂O
電池全体   2H₂ + O₂ ⟶ 2H₂O
```

2. 水溶液の電気分解

電気分解では，両極で起こる変化をイオン反応式で表し，**反応式の係数に着目して，流れたe^-と変化する物質の物質量の比を考えればよい。**

> 電極で起こる変化は次のように考えるとよい。
>
> **陰極**での反応（**還元反応**）
> (1) **重金属が析出する**
> $Cu^{2+} + 2e^- \longrightarrow Cu$
> (2) **水素が発生する**
>   （酸性） $2H^+ + 2e^- \longrightarrow H_2$
>   （中性，塩基性）
> $2H_2O + 2e^- \longrightarrow H_2 + 2OH^-$
>
> **陽極**での反応（**酸化反応**）
> (1) **電極の金属が溶解する**
> $Cu \longrightarrow Cu^{2+} + 2e^-$
> (2) **電極に白金または炭素棒を用いた場合**
>   ① **ハロゲンが生成する**
> $2Cl^- \longrightarrow Cl_2 + 2e^-$
>   ② **酸素が発生する**
>   （塩基性） $4OH^- \longrightarrow 2H_2O + O_2 + 4e^-$
>   （酸性，中性） $2H_2O \longrightarrow 4H^+ + O_2 + 4e^-$

(1) 硫酸銅(Ⅱ)水溶液を電気分解すると，両極では次の変化が起こる。
  陰極(Pt) $Cu^{2+} + 2e^- \longrightarrow Cu$ ……①
  陽極(Pt) $2H_2O \longrightarrow 4H^+ + O_2 + 4e^-$ ……②

(2) ①の式は，$2\,mol$のe^-で$1\,mol$のCuが析出することを示している。析出したCuは$\dfrac{16.0}{64}=0.250\,[mol]$なので，流れた$e^-$は$0.250\times 2=0.500\,[mol]$である。$1\,mol$の$e^-$がもつ電気量は$9.65\times 10^4\,C$なので，流れた電気量は，
  $9.65\times 10^4\times 0.500=4.825\times 10^4 ≒ 4.83\times 10^4\,[C]$

(3) ②の式は，$4\,mol$のe^-で$1\,mol$のO_2が発生することを示している。流れたe^-は$0.500\,mol$なので，発生したO_2は$0.500\times \dfrac{1}{4}\,[mol]$である。これを標準状態での体積で表すと，
  $22.4\times 0.500\times \dfrac{1}{4}=2.80\,[L]$

> **そうなんだ！**
> 電池でも電気分解でもイオン反応式を用いると，量計算ができるんだ。
>
> **POINT**

実戦演習

1 鉛蓄電池

次の文章を読み，問1～問3に答えよ。数値は有効数字3桁で記せ。

代表的な二次電池である鉛蓄電池は，正極に PbO₂，負極に Pb，電解液に質量パーセント濃度が38.0％の希硫酸を用いており，放電すると両電極の表面に水に不溶な PbSO₄ が形成される。この電池を5.00Aで5時間21分40秒の放電を行った。

問1 正極および負極における放電時の反応を電子 e⁻ を含むイオン反応式でそれぞれ示せ。

問2 負極および正極の質量は，それぞれ何g増加または減少するか。

問3 放電前の希硫酸が1.00kgであった場合，放電後の硫酸の質量パーセント濃度は何％になるか。

(岐阜大)

2 燃料電池

次の文章中の □ に最も適する語句を，( ) には整数を，{ } には有効数字3桁の数値を記せ。

水素–酸素燃料電池では，電池中で水素と酸素とを反応させ，電気エネルギーを得る。いま，濃厚リン酸水溶液を電解液に用い，電池の □(1)□ 極に水素を送ると，①式に示す反応で水素は □(2)□ される。

$$H_2 \longrightarrow 2H^+ + 2e^- \quad \cdots\cdots ①$$

また，電池の □(3)□ 極に酸素を送ると，②式に示す反応で酸素は □(4)□ される。

$$O_2 + (\ a\ )H^+ + (\ b\ )e^- \longrightarrow (\ c\ )H_2O \quad \cdots\cdots ②$$

このようにして，外部回路を電子が流れて水素1molが消費されるとき，1Aの電流を{ ア }時間流すことができる。電気エネルギー Q〔J〕は，電圧〔V〕と電気量〔C〕との積で表される（〔J〕=〔V〕×〔C〕）。したがって，この燃料電池で，1molの水素が消費され，1Vの電圧が得られたとすれば，{ イ }kJの電気エネルギーが得られる。水素の燃焼熱は286kJ/molなので，燃料電池によって得られた{ イ }kJの電気エネルギーは，水素1molを燃焼させたときの発熱量の{ ウ }％になる。この変換の効率は従来型の火力発電法に比べるとかなり大きい値である。

(関西大)

3 水溶液の電気分解

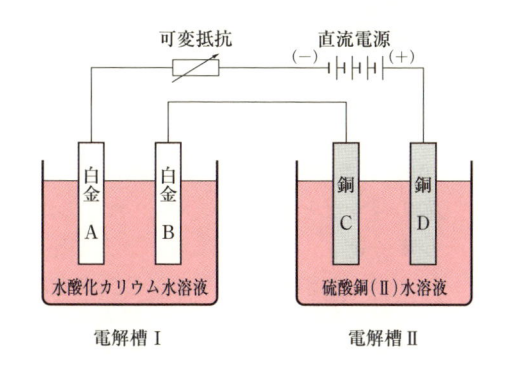

0.020 mol/L の水酸化カリウム水溶液 500 mL に白金電極 A, B を浸した電解槽 I, 0.050 mol/L の硫酸銅(II)水溶液 500 mL に銅電極 C, D を浸した電解槽 II, 直流電源を図のように接続した。この装置を用いて, 一定量の電流を2時間流し電気分解を行ったところ, 電解槽 II の陰極の質量が 2.54 g 増加した。次の**問1**～**問4**に答えよ。数値は有効数字2桁で記せ。

問1 電極 A～D で起こる変化を, それぞれ電子を含むイオン反応式で記せ。
問2 この電気分解で流れた電流は何 A か。
問3 電解槽 I で発生したすべての気体の体積は, 標準状態で何 mL か。ただし, 発生した気体は水に溶けないものとする。
問4 電気分解終了後, 電解槽 II の電解液中に溶解している銅(II)イオンは何 mol か。

（東海大 改）

4 イオン交換膜法による食塩水の電気分解

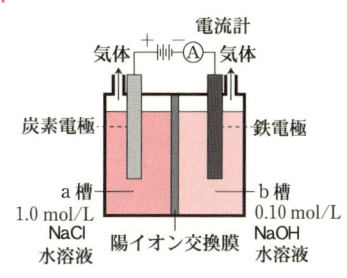

右の図のような装置を用い, 陽イオン交換膜の左側(a 槽)に 1.0 mol/L の食塩水 2.0 L を, 右側(b 槽)に 0.10 mol/L の水酸化ナトリウム水溶液 2.0 L を入れて電気分解を行った。2.0 A の電流で電気分解をある時間行ったところ, 陽イオン交換膜の両側の電解槽から標準状態で合わせて 4.48 L の気体が発生した。以下の**問1**～**問4**に答えよ。なお, 陽イオン交換膜は陽イオンのみを通すことができる膜である。また, 発生した気体は水溶液には溶けないものとする。計算の結果は**問4**を除いて有効数字2桁で答えること。なお, $\log_{10}2=0.30$ とする。

問1 a 槽および b 槽から発生した気体の分子式を記せ。
問2 電気分解で流れた電子の物質量 [mol] を求めよ。
問3 電気分解を行った時間 [秒] を求めよ。
問4 電気分解後の陽イオン交換膜の右側(b 槽)の pH を小数第1位まで求めよ。

（名古屋工業大）

§11 反応の速度　　基本まとめ

1 反応の速さ

同じ炭素なのに，木炭は炎をあげて燃えるが，ダイヤモンドは燃えにくい。

反応の速さはどのように決められるのだろうか。

$$\text{人が歩く速さ} = \frac{\text{歩いた距離}}{\text{歩いた時間}} \qquad \text{木炭が燃える速さ} = \frac{CO_2\text{の生成量}}{\text{燃焼した時間}}$$

物質の変化の量として濃度が用いられる場合が多い。

そうか！反応の速さも歩く速さも同じ意味なんだ。

速い反応と遅い反応

木炭はよく燃える

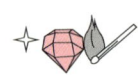

ダイヤモンドは燃えにくい

次の反応速度（反応の速さ）を考えてみよう。

$$2H_2O_2 \longrightarrow 2H_2O + O_2$$

反応速度は，単位時間あたりの物質の変化量で表される。過酸化水素の分解速度 v は次の式で表される。

$$v = -\frac{\Delta[H_2O_2]}{\Delta t} = -\frac{C_2-C_1}{t_2-t_1}$$

※　反応速度は正の値で表す。$\Delta[H_2O_2]$ は負の値となるので，$\frac{\Delta[H_2O_2]}{\Delta t}$ の前に"ー"の符号がつくことに注意しよう！

反応速度は，酸素の生成速度 $\frac{\Delta[O_2]}{\Delta t}$ で表すこともある。

2 反応のしくみ

次の反応のしくみを考えてみよう。

$$H_2 + I_2 \longrightarrow 2HI$$

一定以上のエネルギーをもつ水素分子とヨウ素分子とが衝突を繰り返すうちに，いくつかの分子はエネルギーの高い中間体をつくる（**活性化状態**）。この中間体のうちのいくつかがヨウ化水素に変化する。活性化状態になるために必要なエネルギーを**活性化エネルギー**という。

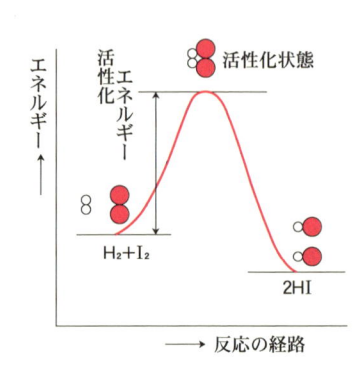

3 反応速度を決める因子

反応の速さに影響をおよぼす因子には，反応物質の**濃度**，**温度**，**触媒**がある。

基本演習

1. 反応の速さ
次の各実験で反応が速く進むようになった理由として，とくに関係深い語句を下から選び，記号で記せ。

(1) 大理石の塊に希塩酸を加えたところ，泡がゆっくりと発生した。次に，細かく砕いた大理石に希塩酸を加えたところ泡が激しく発生した。
(2) 過酸化水素水を50℃に温めたが，ほとんど変化はみられなかった。次にこの中へ酸化マンガン(Ⅳ)の粉末を加えたところ，泡が激しく発生した。
(3) 25℃で紙は燃えないが，200℃では自然に発火する。

　　(ア) 触媒　　(イ) 衝突回数　　(ウ) 活性化エネルギー

2. 反応速度
過酸化水素の水溶液1Lに触媒を加えると次の反応により酸素が発生する。

$$2H_2O_2 \longrightarrow 2H_2O + O_2$$

発生した酸素を捕集したところ，10分間で，標準状態の下で酸素560mLが得られた。次の(1)～(3)に有効数字2桁で答えよ。

(1) 捕集した酸素の物質量は何molか。
(2) 酸素の生成速度〔mol/分〕を求めよ。
(3) 過酸化水素の分解速度〔mol/(L・分)〕を求めよ。

3. 反応速度に影響を与える因子
ヨウ化水素の生成と分解は可逆反応で，その熱化学方程式は次式で表される。

$$H_2(気体) + I_2(気体) = 2HI(気体) + 9kJ$$

正反応(右向きの反応)の反応速度をv_1，逆反応(左向きの反応)の反応速度をv_2とすると，$v_1=k_1[H_2][I_2]$，$v_2=k_2[HI]^2$ (k_1, k_2は反応速度定数)と表される。この反応についての記述(ア)～(エ)のうち，誤りを含むものを一つ選べ。

(ア) 正反応の活性化エネルギーが169kJであれば，逆反応の活性化エネルギーは178kJである。
(イ) 水素の濃度とヨウ素の濃度をともに2倍にすると，正反応の反応速度は4倍になる。
(ウ) 触媒として白金を加えると正反応の反応速度のみが大きくなる。
(エ) 温度を高くすると正反応も，逆反応も，ともに反応速度が増加する。

解答
1. (1) (イ)　(2) (ア)　(3) (ウ)
2. (1) 2.5×10^{-2} mol　(2) 2.5×10^{-3} mol/分　(3) 5.0×10^{-3} mol/(L・分)
3. (ウ)

基本演習 解説

1. 反応の速さ

反応速度が大きくなる要因にはいくつか考えられる。

(1) 固体を細かく砕くと固体全体の表面積が増加し，単位時間あたりの衝突回数が多くなるので反応速度が大きくなる。

(2) この反応において酸化マンガン(Ⅳ)は触媒としてはたらいている。

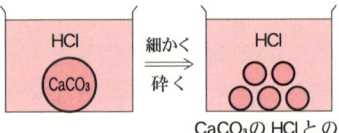

(3) 紙が燃えるためには O_2 が必要である。
常温で紙と O_2 は反応しないが，高温になると分子の熱運動エネルギーが大きくなり，活性化エネルギー以上のエネルギーをもつ分子数が増加するため反応速度が大きくなり，177℃で紙は自然に発火する。

> **POINT**
> 反応速度を大きくするには
> 衝突回数を増やす ➡ 濃度，圧力を大きくする。
> 活性化エネルギー以上のエネルギーをもつ ➡ 温度を上げる。触媒を使う。

2. 反応速度

反応の速さは物質の単位時間あたりの変化量で定義される。この反応では，H_2O_2 の減少速度あるいは O_2 の生成速度で表現される。この2つの関係は反応式の係数で決まり，H_2O_2 の減少速度は O_2 の生成速度の2倍になる。

$$H_2O_2 \text{の減少速度}(v) = \frac{H_2O_2 \text{の減少量}}{\text{経過時間}}$$

$$O_2 \text{の生成速度}(v') = \frac{O_2 \text{の生成量}}{\text{経過時間}} \qquad v = 2v'$$

(1) 標準状態（0℃，1.01×10^5 Pa）で560 mLの O_2 の物質量は，

$$\frac{560}{22.4 \times 10^3} = 2.5 \times 10^{-2} \text{[mol]}$$

(2) O_2 の生成速度を物質量の変化で表すと，

$$v' = \frac{\Delta[O_2]}{\Delta t} = \frac{2.5 \times 10^{-2} \text{[mol]}}{10 \text{[分]}} = 2.5 \times 10^{-3} \text{[mol/分]}$$

(3) 分解する H_2O_2 の物質量は発生する酸素の2倍であり，また，水溶液の体積が1Lなので，H_2O_2 の分解速度を濃度変化で表すと，

$$v = -\frac{\Delta[H_2O_2]}{\Delta t} = \frac{2 \times 2.5 \times 10^{-2} \text{[mol/L]}}{10 \text{[分]}} = 5.0 \times 10^{-3} \text{[mol/(L·分)]}$$

§11 反応の速度

3. 反応速度に影響を与える因子
反応物質の**濃度**，**温度**，**触媒**という3つの因子が反応速度を大きく左右する。

> **濃度**……反応物質の濃度が大きいほど分子が衝突する回数が多くなる。その結果，活性化状態をつくりやすく，反応速度が大きくなる。
> （気体の**圧力**と濃度は比例するので，気体の反応では圧力が高いほど反応速度は大きくなる。）
> **温度**……温度が高いほど，活性化エネルギー以上のエネルギーをもつ分子が増加し，活性化状態になりやすくなる。したがって，温度が高いほど反応速度は大きくなる。
> **触媒**……触媒は反応の経路を変え，活性化エネルギーを小さくする。そのため，触媒を用いると反応速度は大きくなる。

$$H_2 + I_2 \underset{v_2}{\overset{v_1}{\rightleftarrows}} 2HI$$

正反応の速度 v_1，逆反応の速度 v_2 は，次のように表される。

$v_1 = k_1[H_2][I_2]$

$v_2 = k_2[HI]^2$ 　　（k_1, k_2 は比例定数で，速度定数とよばれる）

反応が進むにつれて，しだいに v_1 は小さく，v_2 は大きくなる。やがて，正反応と逆反応の速度が等しくなり，見かけ上，**HI**の濃度が変化しなくなる。これを化学平衡の状態という。

(ア) 反応物質が活性化状態になるために必要なエネルギーを活性化エネルギーという。したがって，逆反応の活性化エネルギーは，

　　$169 + 9 = 178 \text{［kJ］}$

(イ) $v_1 = k_1[H_2][I_2]$ より，それぞれの濃度が2倍になれば，反応速度は4倍になる。

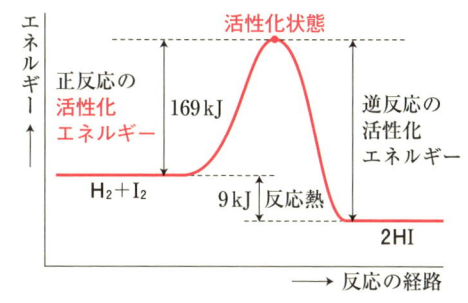

(ウ) 触媒は活性化エネルギーを小さくするので，正反応だけでなく逆反応の速度も大きくする。

(エ) 温度が高くなると正反応も逆反応も速くなる。

実戦演習

1 反応速度と活性化エネルギー

次の文章を読み，問1～問3に答えよ。

密閉容器に反応物A_2とB_2を入れると，次のような化学反応式にしたがって生成物ABが生じる。

$$A_2(気体) + B_2(気体) \longrightarrow 2AB(気体)$$

問1 次の(1)，(2)は図中のどの部分に相当するか，記号(ア)～(オ)で示せ。
(1) 反応熱
(2) 活性化エネルギー

問2 化学反応に対して触媒を使用すると，反応熱，活性化エネルギー，反応速度はそれぞれどのように変化するか。大きくなる，変化しない，小さくなるのいずれかで答えよ。

問3 一般的に温度が高くなると反応速度が大きくなることが知られている。その理由として誤っているものを，次の選択肢の中から一つ選んで番号で答えよ。
(1) 温度が高くなると，活性化エネルギーを超える粒子が増加するため
(2) 温度が高くなると，分子の熱運動が激しくなって，衝突回数が増加するため
(3) 温度が高くなると，活性化エネルギーが高くなるため

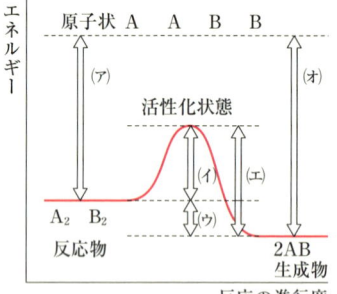

(高知大)

2 反応速度式

AとBが反応してCを生じる反応の反応速度vが，一定温度のもとで反応物質の濃度[A]，[B]によって，
$$v=k[A]^x[B]^y$$
のように表されるものとする。ここでkは反応速度定数を表し，また，x, yは実験的に求まる数である。表の結果をもとにして，この反応のxおよびyを求めよ。

データ	Aの濃度〔mol/L〕	Bの濃度〔mol/L〕	Cが生じる速さ〔mol/(L·s)〕
①	4.30×10^{-2}	1.80×10^{-1}	6.50×10^{-4}
②	8.60×10^{-2}	3.60×10^{-1}	5.20×10^{-3}
③	8.60×10^{-2}	7.20×10^{-1}	2.08×10^{-2}

(弘前大)

3 反応速度と反応速度定数

次の文章を読み，問1〜問5に答えよ。

下の表は，体積一定のもとで五酸化二窒素の分解反応

$$2N_2O_5 \longrightarrow 2N_2O_4 + O_2 \quad \cdots\cdots ①$$

について行った実験データである。最初，温度を320Kに保ち，ある時間経過したとき温度を少し変えて，その温度で実験を続けた。この反応において，逆方向の反応は起こらないものとする。

時間 t [min]	濃度 [N$_2$O$_5$] [mol/L]	平均の反応速度 v [mol/(L·min)]	平均の濃度 [N$_2$O$_5$] [mol/L]	$\dfrac{v}{[\text{N}_2\text{O}_5]}$ [/min]
0	5.02			
		(a)	4.61	4.45×10^{-2}
4	4.20			
		0.170	(b)	4.40×10^{-2}
8	3.52			
		0.140	3.17	(c) $\times 10^{-2}$
13	2.82			
		0.128	2.50	5.12×10^{-2}
18	2.18			
		0.124	1.87	6.63×10^{-2}
23	1.56			

問1 表中の (a) 〜 (c) に適当な数値を記せ。数値は四捨五入して有効数字3桁まで求めよ。

問2 温度が一定に保たれている範囲では，$\dfrac{v}{[\text{N}_2\text{O}_5]}$ の値がほぼ一定になることがわかった。このことから，分解の反応速度と反応物の濃度はどのような関係にあるか。

問3 反応開始から4分後の酸素の濃度はいくらか。

問4 (A) 反応開始後，何分から何分の間で温度を変えたか。次の(ア)〜(エ)から選び，その記号を記せ。

(ア) 4分〜8分　(イ) 8分〜13分　(ウ) 13分〜18分　(エ) 18分〜23分

(B) 変えた後の温度は320Kより高いか低いか。

問5 $\dfrac{v}{[\text{N}_2\text{O}_5]}$ が温度によって変わる主な理由を35字以内で記せ。

(広島大)

§12 化学平衡　　基本まとめ

1　可逆反応と不可逆反応

$$H_2 + I_2 \rightleftharpoons 2HI$$

この反応のように，右にも左にも進むことができる反応を**可逆反応**といい，一方向にしか進まない反応を**不可逆反応**という。

化学平衡　正反応と逆反応の速度が等しくなり，濃度が変化しなくなった状態。

2　平衡定数と化学平衡の法則（質量作用の法則）

$$kA + lB \rightleftharpoons mC + nD$$

の反応が平衡状態にあるとき，各成分の濃度の間には次の関係が成り立つ。

$$K = \frac{[C]^m[D]^n}{[A]^k[B]^l}$$

[A]〜[D]は各物質のモル濃度
Kは**平衡定数**といい，温度一定では一定の値をもつ。

3　平衡移動とルシャトリエの原理

ルシャトリエの原理（平衡移動の原理）　化学平衡は，**濃度**，**圧力**，**温度**などの条件を変えるとその変化の影響をやわらげる方向に移動する。

平衡が移動する方向をアンモニア生成の反応を例にして考えてみよう。

$$N_2 + 3H_2 \rightleftharpoons 2NH_3 + 92kJ$$

濃度	リンゴが手にいっぱい／1つ増えました／もちきれないや食べちゃえ	H_2の濃度が増えると，H_2を消費する方向に移動　$N_2 + 3H_2 \longrightarrow 2NH_3$
圧力	抑えつけられると／縮こまっちゃえ	圧力を大きくすると，体積を小さくする方向に移動　$N_2 + 3H_2 \longrightarrow 2NH_3$（4体積）　（2体積）
温度	暑くなると／冷やしちゃえ	加熱すると，熱を吸収する(吸熱の)方向に移動　$N_2 + 3H_2 \longleftarrow 2NH_3 + 92kJ$

§12 化学平衡

基本演習

1. 化学平衡
同じ質量の水素と二酸化炭素とを容器に密封して一定温度に保ったところ，次の反応が起こって平衡状態に達した。

$$H_2(気体) + CO_2(気体) \rightleftarrows H_2O(気体) + CO(気体)$$

平衡状態についての記述(1)～(3)のうち，誤りを含むものを一つ選べ。
(1) 平衡状態でのH_2，CO_2，H_2O，COの分圧は，すべて等しい。
(2) 平衡状態でも，右向きの反応と左向きの反応はともに起こっている。
(3) 平衡状態におけるH_2OとCOの分圧は等しい。

2. 平衡定数
四酸化二窒素を容器に封入して放置すると二酸化窒素が生じて平衡に達する。

$$N_2O_4(気体) \rightleftarrows 2NO_2(気体)$$

1.00 Lの容器に0.100 molの四酸化二窒素を封入して47℃に保ったところ，0.048 molの二酸化窒素が生成して平衡に達した。

次の(1), (2)に有効数字2桁で答えよ。
(1) 平衡状態での四酸化二窒素の濃度は何mol/Lか。
(2) この反応の平衡定数を求め，単位とともに記せ。

3. 平衡移動とルシャトリエの原理
次の(1)～(6)の反応が平衡状態にあるとき，（　）内に示す操作を行うと，平衡はどのようになるか。右に移動する場合には→，左に移動する場合には←，移動しない場合には×を記せ。

(1) $H_2(気) + I_2(気) \rightleftarrows 2HI(気)$　　　　　（ヨウ化水素を加える）
(2) $N_2O_4(気) \rightleftarrows 2NO_2(気)$　　　　　　（圧縮して圧力を大きくする）
(3) $CaCO_3(固) \rightleftarrows CaO(固) + CO_2(気)$　（圧力を小さくする）
(4) $2NO_2(気) \rightleftarrows N_2O_4(気) + 57 kJ$　　（加熱する）
(5) $N_2(気) + 3H_2(気) \rightleftarrows 2NH_3(気)$　　（圧縮して体積を小さくする）
(6) $N_2(気) + 3H_2(気) \rightleftarrows 2NH_3(気)$　　（触媒を加える）

解答
1. (1)
2. (1) 7.6×10^{-2} mol/L　　(2) 3.0×10^{-2} mol/L
3. (1) ←　(2) ←　(3) →　(4) ←　(5) →　(6) ×

基本演習 解説

1. 化学平衡

$$H_2(\text{気体}) + CO_2(\text{気体}) \underset{\text{逆反応}}{\overset{\text{正反応}}{\rightleftarrows}} H_2O(\text{気体}) + CO(\text{気体})$$

右向きの反応を正反応，左向きの反応を逆反応とよぶことにする。

同じ質量の H_2 と CO_2 とを反応させると，反応が進むにつれて H_2 と CO_2 の濃度が小さくなるので，正反応の速度はしだいに小さくなる。一方，H_2O と CO の濃度が大きくなるので，逆反応の速度はしだいに大きくなっていく。時間が経つと，やがて正反応と逆反応の速度が等しくなって4種類の物質の濃度はもはや変化しなくなる。この状態を**化学平衡の状態**という。

(1) 反応式の係数は，反応に関与する物質のモル比を表す。反応式の係数が等しいからといって，平衡状態で存在する物質の物質量（分圧）が等しいということにはならない。

(2) 正反応と逆反応の速度が等しくなって，みかけ上，物質の濃度が変化しなくなった状態を平衡状態という。正反応や逆反応の反応速度が0になったわけではない。

(3) この反応によって生成する H_2O と CO の物質量は等しいので，それらの分圧も等しくなる。

--- いろいろな平衡 ---
化学平衡……化学変化に関する平衡（気相平衡，電離平衡など）
相 平 衡……状態変化に関する平衡（蒸発平衡，融解平衡など）
溶解平衡……溶解現象に関する平衡（固体や気体の溶解など）

2. 平衡定数

(1) 平衡に到達するまでに反応した N_2O_4 を x〔mol〕とすると，

	N_2O_4	$\rightleftarrows$	$2NO_2$
反応前	0.100		0
変化量	$-x$		$+2x$
平衡時	$0.100-x$		$2x$	〔単位：mol〕

$2x=0.048$ より，$x=0.024$〔mol〕

容器の容積が1.00Lであるから，平衡状態での N_2O_4 と NO_2 の濃度は，それぞれ，

$$[N_2O_4]=\frac{0.100-0.024}{1.00}=0.076 \text{〔mol/L〕}$$

$$[\text{NO}_2] = \frac{0.048}{1.00} = 0.048 \,[\text{mol/L}]$$

(2) この反応の平衡定数は，
$$K_c = \frac{[\text{NO}_2]^2}{[\text{N}_2\text{O}_4]} = \frac{0.048^2}{0.076} = 3.03 \times 10^{-2} \,[\text{mol/L}]$$

濃度平衡定数と圧平衡定数

平衡定数は濃度を用いて表すが，気体の反応では平衡定数を分圧を用いて表すこともある。これを圧平衡定数(K_p)といい，濃度を用いた平衡定数(濃度平衡定数K_c)と区別する。この平衡では，

濃度平衡定数 $K_c = \dfrac{[\text{NO}_2]^2}{[\text{N}_2\text{O}_4]}$ 圧平衡定数 $K_p = \dfrac{(P_{\text{NO}_2})^2}{P_{\text{N}_2\text{O}_4}}$

状態方程式を変形すると，気体の圧力とモル濃度の関係は，
$$PV = nRT \quad \therefore \quad P = \frac{n}{V}RT = CRT \quad (C はモル濃度)$$

この関係を分圧について適応し，
$$P_{\text{N}_2\text{O}_4} = [\text{N}_2\text{O}_4]RT, \quad P_{\text{NO}_2} = [\text{NO}_2]RT$$

これをK_pの式に代入して変形すると，
$$K_p = \frac{(P_{\text{NO}_2})^2}{P_{\text{N}_2\text{O}_4}} = \frac{([\text{NO}_2]RT)^2}{[\text{N}_2\text{O}_4]RT} = K_c RT$$

---

3. 平衡移動とルシャトリエの原理

ルシャトリエの原理を応用して平衡移動を考える場合，物質の**濃度**，**圧力**，**温度**の3つの条件で考える。

(1) HIを加えると，HIを消費する方向(左)に平衡が移動し，濃度変化の影響を緩和する。
(2) 圧力を大きくすると，気体の分子数が減少する方向(左)に平衡が移動し，圧力増加の影響を緩和する。
(3) 固体の体積は気体の体積に比べてはるかに小さいので，圧力を小さくすると，気体が生成して圧力を大きくする方向(右)に平衡が移動する。
(4) 加熱すると，吸熱の方向(左)に平衡が移動する。
(5) 体積を変えた場合には，その操作によって圧力がどうなるかで判断する。体積を小さくすると圧力が大きくなる。したがって，平衡は気体の分子数が減少する方向，すなわち，右に移動する。
(6) 触媒は正反応も逆反応も同等に加速するので，平衡を移動させない。

> 平衡移動は，濃度，圧力，温度の3つの条件で考えるとよい！

実戦演習

1 平衡状態の定義

2 mol の A が分解すると 1 mol の B と n mol の C が生成する。この反応は可逆反応で容易に平衡状態に達した。この反応の平衡状態とはどのような状態のことか。次の(ア)〜(キ)のうちから正しいものをすべて選べ。

(ア) A の濃度が一定になった状態
(イ) A，B，C の濃度が $2:1:n$ の割合になった状態
(ウ) A が分解しなくなり，B と C も反応しなくなった状態
(エ) B と C が反応し始めた状態
(オ) 反応式の左辺の分子数と右辺の分子数が等しくなった状態
(カ) A の分解する速度と B と C が反応して A が生成する速度が等しくなった状態
(キ) 反応により，活性化エネルギーより高いエネルギーの分子 A がなくなった状態

(岡山大)

2 平衡定数

次の文章を読み，問 1 〜 問 5 に答えよ。ただし，数値は有効数字 2 桁で答えよ。

水素とヨウ素を密閉容器に入れ，ある温度に保つと，ヨウ化水素が生じ，①式のような平衡状態に達する。

$$H_2 + I_2 \rightleftarrows 2HI \quad \cdots\cdots ①$$

また，(1)式の正反応の反応速度 v_1 および逆反応の反応速度 v_2 は次のように表される。

$$v_1 = k_1[H_2][I_2] \qquad v_2 = k_2[HI]^2$$

ここで，k_1 と k_2 はそれぞれの反応の反応速度定数である。

問 1 体積 100 L の容器に水素 5.5 mol とヨウ素 4.0 mol を入れて放置すると，ヨウ化水素が右図のように生成し，ヨウ化水素が 7.0 mol 生じたときに平衡状態に達した。
(1) 水素の物質量の時間変化はどのようになるか。右図に書き入れよ。
(2) ①式の反応の平衡定数はいくらか。

問 2 問 1 と同じ温度で，体積 150 L の容器に水素 5.0 mol とヨウ素 5.0 mol を入れて放置した。平衡状態に達したとき，ヨウ化水素は何 mol 生じたか。

問 3 反応速度 v_1 および v_2 と反応時間の関係を正しく表しているグラフを，次の(ア)〜(エ)の中から一つ選び，記号で答えよ。ただし，ここでの反応速度は単位時間当たりの HI の濃度変化で表している。

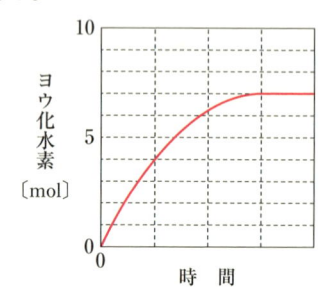

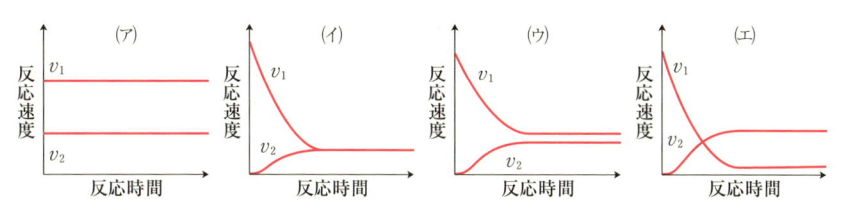

問4 問1と同じ温度で，k_1の値は5.4×10^{-2}L/(mol·秒)であった。この温度におけるk_2の値を求めよ。

問5 ①式の右向きの反応は発熱反応である。温度T_1およびT_2（ただし，$T_1<T_2$）における①式の反応の平衡定数の値をそれぞれK_1，K_2とするとき，K_1とK_2の大小関係について正しいものを，次の(ア)～(ウ)のうちから一つ選び，記号で答えよ。

(ア) $K_1>K_2$　　(イ) $K_1<K_2$　　(ウ) $K_1=K_2$

（九州工業大，大阪薬科大）

3 平衡移動

次の(1)～(7)がいずれも平衡状態にあるとき，〔 〕内の変化を与えると，平衡はどのように移動するか。あてはまるものを下の(ア)～(ウ)より選び，記号で記せ。

(1) H_2(気) + I_2(気) ⇄ 2HI(気) + 9kJ　　〔加熱する〕

(2) $2SO_2$(気) + O_2(気) ⇄ $2SO_3$(気)　　〔加圧する〕

(3) C(固) + H_2O(気) ⇄ CO(気) + H_2(気)　　〔加圧する〕

(4) CH_3COOH ⇄ CH_3COO^- + H^+　　〔溶液に塩化水素を通じる〕

(5) N_2(気) + $3H_2$(気) ⇄ $2NH_3$(気)　　〔触媒を加える〕

(6) $2NO_2$(気) ⇄ N_2O_4(気)　　〔温度，圧力を一定に保ってアルゴンを封入する〕

(7) $2NO_2$(気) ⇄ N_2O_4(気)　　〔温度，体積を一定に保ってアルゴンを封入する〕

(ア) 右へ移動する　　(イ) 左へ移動する　　(ウ) 移動しない

4 反応速度と化学平衡

次の文章を読み，問1〜問4に答えよ。

窒素と水素からアンモニアが生成する反応の化学平衡は次の式で表される。

$$N_2 + 3H_2 \rightleftarrows 2NH_3 + 92 \text{kJ}$$

アンモニアは工業的には，ハーバー・ボッシュ法とよばれる製法で，空気中の窒素と水素から合成される。現在では，反応装置の強度・耐久性や反応の速さを考慮して，400〜600℃，1×10^7〜3×10^7 Pa の条件の下で，四酸化三鉄 Fe_3O_4 を主成分とする触媒を使ってアンモニアを合成している。この触媒は反応の ア を小さくするので，アンモニア合成反応において イ ができる。

問1 文中の ア に適する語を記せ。

問2 文中の イ に適する記述を，次の(ア)〜(オ)のうちから一つ選べ。
- (ア) 平衡定数を大きくして，反応速度を大きくすること
- (イ) 平衡定数を小さくして，反応速度を大きくすること
- (ウ) 平衡定数を変えないで，反応速度を大きくすること
- (エ) 反応速度を変えないで，平衡定数を大きくすること
- (オ) 反応速度を変えないで，平衡定数を小さくすること

問3 窒素と水素を物質量比1:3の割合で反応させたところ，平衡時におけるアンモニアの体積百分率が40％になった。このとき，容器内に存在する混合気体の物質量比（$N_2 : H_2 : NH_3$）はいくらか。最も簡単な整数比で答えよ。

問4 図の実線は，500℃，2×10^7 Pa で窒素と水素を反応させたときの反応時間とアンモニアの生成率の関係を表している。次の(1)および(2)の反応条件において予想されるアンモニア生成率の時間変化を図中の破線(ア)〜(オ)のうちから一つずつ選び，記号で答えよ。ただし，容器には混合気体のみを入れ，反応中，容器内の温度および圧力は変化しないものとする。

(1) 反応温度500℃，圧力3×10^7 Pa
(2) 反応温度600℃，圧力2×10^7 Pa

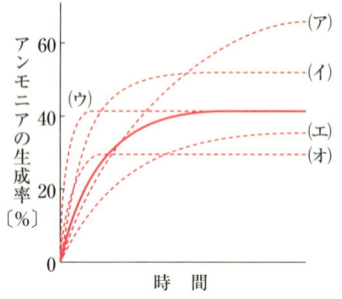

（福岡大）

5 平衡移動とグラフ

文中の(　)の語句のうち，適切なものの記号を選べ。

$aX + bY \underset{逆反応}{\overset{正反応}{\rightleftarrows}} cZ + dW$ で表される可逆反応がある。

ただし，X，Y，Z，Wはすべて気体物質，またa，b，c，dはそれぞれの係数を表す。なお，右図は2つの異なった圧力1，2にあるときのWの体積パーセントと温度との関係を示したものである。図から，この反応は正反応が①(〈ア〉発熱〈イ〉吸熱)であることがわかる。また，$a+b>c+d$の関係があるとすると，1の曲線が2の曲線よりも，より②(〈ウ〉高圧　〈エ〉低圧)で行われたものであると考えられる。さらに，$a+b=c+d$の関係があるとすると曲線1と曲線2とは③(〈オ〉上下が逆になる　〈カ〉両線が重なる)ことが推定される。

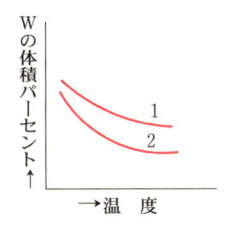

(日本女子大)

6 圧平衡定数と濃度平衡定数 応用

次の文章を読み，問1～問3に答えよ。ただし，数値は有効数字2桁で答えよ。

四酸化二窒素が解離して二酸化窒素が生成する反応は可逆反応であり，この反応の熱化学方程式は次のように表されることが知られている。

$$N_2O_4(気) = 2NO_2(気) - 57kJ \quad \cdots\cdots(1)$$

したがって，平衡状態にあるN_2O_4とNO_2の混合気体を，体積を一定に保ちながら温度を高くすると，混合気体の(　ア　)色が濃くなる。これは(　イ　)反応が進んで，(　ウ　)の濃度(分圧)が増加するからである。下のように定義される平衡定数K_cおよびK_pの値も温度により変化する。すなわち，温度が高くなるにつれて，平衡定数の値は(　エ　)なる。

$$K_c = \frac{[NO_2]^2}{[N_2O_4]} \quad \cdots\cdots(2) \qquad K_p = \frac{(P_{NO_2})^2}{P_{N_2O_4}} \quad \cdots\cdots(3)$$

問1 文中の空欄(　ア　)～(　エ　)に最も適当な語句を記入せよ。

問2 全圧が2.0×10^5Paのとき，平衡状態におけるN_2O_4とNO_2の物質量比は25℃で3：1となる。

(i) 2.0×10^5Pa，25℃におけるN_2O_4とNO_2の分圧を求めよ。

(ii) 2.0×10^5Pa，25℃におけるN_2O_4の解離度を求めよ。

(iii) 25℃における平衡定数K_pを求めよ。

(iv) 1.0×10^5Pa，25℃におけるN_2O_4とNO_2の物質量比を求めよ。

問3 絶対温度をT，気体定数をRとして，K_pをK_c，T，Rを用いて表せ。

(同志社大，お茶の水女子大)

§13 電離平衡　　　基本まとめ

① 弱酸水溶液の電離平衡
ここがポイント

弱酸HAの水溶液では，次のような電離平衡が成立する。
$$HA \rightleftarrows H^+ + A^-$$
上の電離平衡において，次の式で定義される電離定数K_aは，温度が一定ならば一定値をとる。
$$K_a = \frac{[H^+][A^-]}{[HA]}$$

C mol/Lの弱酸HA水溶液について
$\alpha \ll 1$ より $1-\alpha \fallingdotseq 1$ とみなしてよいので，
$$\alpha \fallingdotseq \sqrt{\frac{K_a}{C}}, \quad [H^+] \fallingdotseq \sqrt{K_a C}$$

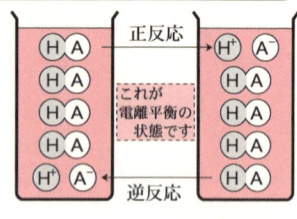

電離度 $\alpha = \dfrac{\text{電離した酸の物質量〔mol〕}}{\text{溶けた酸の物質量〔mol〕}}$

（注）アンモニアなどの弱塩基の水溶液についても以上の事項は成立する。

（注）弱酸の電離度αは非常に小さい。つまりごくわずかしか電離しておらず，水溶液中ではほとんどが分子の形で存在している。

② 緩衝液
少量の強酸や強塩基を加えてもpHがほとんど変化しない溶液。緩衝液中でも，弱酸や弱塩基の電離平衡は成立する。

（例）$\begin{cases} CH_3COOH と CH_3COONa の混合溶液 \\ NH_3 と NH_4Cl の混合溶液 \end{cases}$

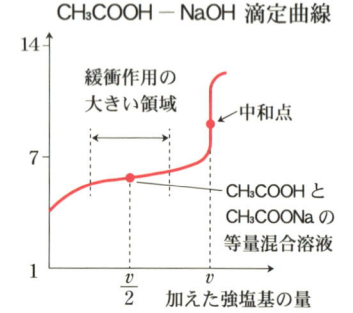

③ 塩の加水分解
弱酸の塩NaAを水に溶かすと次のように加水分解し，電離平衡が成立する。
$$NaA \longrightarrow Na^+ + A^-$$
$$A^- + H_2O \rightleftarrows HA + OH^-$$
上式の加水分解定数 $K_h = \dfrac{[HA][OH^-]}{[A^-]}$

CH$_3$COOH － NaOH 滴定曲線

④ 溶解度積
難溶性電解質A_mB_nは水にわずかに溶け，溶けた分については次の電離平衡が成立する。
$$A_mB_n \rightleftarrows mA^{n+} + nB^{m-}$$
上式の溶解度積　$K_{sp} = [A^{n+}]^m[B^{m-}]^n$

§13 電離平衡

基本演習

1. 酢酸の電離平衡

(1) 酢酸水溶液では，下のように電離平衡が成立する。C [mol/L] の酢酸水溶液の電離度を α とするとき，下の空欄を C と α を用いて記せ。

$$CH_3COOH \rightleftarrows CH_3COO^- + H^+ \quad \cdots ①$$

	CH₃COOH	CH₃COO⁻	H⁺
反応前	C	0	0
変化量	$-C\alpha$	a	b
平衡時	c	d	e

(単位：mol/L)

(2) 水溶液中の電離平衡についても，化学平衡の法則が成立する。CH_3COOH, CH_3COO^-, H^+ のモル濃度 [CH₃COOH]，[CH₃COO⁻]，[H⁺] を用いて，①式の電離定数 K_a を表せ。

(3) (1)の結果より，K_a を C と α を用いて表せ。

(4) 酢酸の電離度は極めて小さく，$1-\alpha \fallingdotseq 1$ とみなしてよい。このとき，K_a は C と α を用いてどのように表されるか。

(5) (4)の結果より，α，[H⁺] をそれぞれ C と K_a を用いて表せ。

(6) $C=1.0\times10^{-1}$ mol/L，$K_a=2.0\times10^{-5}$ mol/L のとき，α，[H⁺] を求めよ。ただし $\sqrt{2.0}=1.4$ とせよ。

2. 緩衝液

次の文章中の ▢ 内に適当な語句，または，化学式を入れよ。

酢酸と酢酸ナトリウムの混合水溶液がある。この水溶液に少量の酸を加えると，

▢(1)▢ + H⁺ ⟶ ▢(2)▢

の反応により，加えた H⁺ は消費され，水溶液のpHはほとんど変化しない。

また，少量の塩基を加えると，

▢(2)▢ + OH⁻ ⟶ ▢(1)▢ + H₂O

の反応により，加えた OH⁻ は消費され，水溶液のpHはほとんど変化しない。

このように，少量の酸や塩基を加えても，pHがほとんど変化しない溶液を ▢(3)▢ という。

解答

1. (1) a $+C\alpha$ b $+C\alpha$ c $C(1-\alpha)$ d $C\alpha$ e $C\alpha$

(2) $K_a = \dfrac{[CH_3COO^-][H^+]}{[CH_3COOH]}$ (3) $K_a = \dfrac{C\alpha^2}{1-\alpha}$ (4) $K_a = C\alpha^2$

(5) $\alpha = \sqrt{\dfrac{K_a}{C}}$ $[H^+] = \sqrt{CK_a}$ (6) $\alpha = 1.4\times10^{-2}$ $[H^+]=1.4\times10^{-3}$ mol/L

2. (1) CH₃COO⁻ (2) CH₃COOH (3) **緩衝液**

基本演習 解説

1. 酢酸の電離平衡

電離平衡の問題は，電離定数を用いて最終的には水溶液のpHを求めるものが多い。

以下，酢酸の電離平衡を例にして考え方を述べていく。

(1),(2) 弱酸や弱塩基は，水溶液中では平衡状態にあるので，化学平衡の法則が適用される。すなわち，一定温度で①式の平衡が成立するとき，②で表される平衡定数(この場合は**電離定数**という)はつねに一定値をとる。

$$CH_3COOH \rightleftarrows CH_3COO^- + H^+ \quad \cdots\cdots ①$$

$$K_a = \frac{[CH_3COO^-][H^+]}{[CH_3COOH]} \quad \cdots\cdots ②$$

電離平衡が成立しているときの分子やイオンのモル濃度を求める。

C〔mol/L〕の酢酸水溶液中で酢酸の電離度をαとするとき，平衡状態における各成分の濃度は，

	CH_3COOH	$\rightleftarrows$	CH_3COO^-	$+$	H^+
反応前	C		0		0
変化量	$-C\alpha$		$+C\alpha$		$+C\alpha$
平衡時	$C(1-\alpha)$		$C\alpha$		$C\alpha$

(単位：mol/L)

(3) この結果を②式に代入すると，

$$K_a = \frac{[CH_3COO^-][H^+]}{[CH_3COOH]} = \frac{C\alpha \times C\alpha}{C(1-\alpha)} = \frac{C\alpha^2}{1-\alpha}$$

(4) 酢酸の電離度αは極めて小さい($\alpha \ll 1$)ので，$1-\alpha \fallingdotseq 1$ とみなしてよい。したがって，K_aは，

$$K_a = \frac{C\alpha^2}{1-\alpha} \fallingdotseq C\alpha^2 \quad \cdots\cdots ③$$

(5) ③を変形すると，$\alpha = \sqrt{\dfrac{K_a}{C}} \quad \cdots\cdots ④$

平衡状態における$[H^+]$は，

$$[H^+] = C\alpha = C \times \sqrt{\frac{K_a}{C}} = \sqrt{CK_a} \quad \cdots\cdots ⑤$$

(注) ④式では，K_aは一定なので，Cを小さくする(酸をうすめる)とαは大きくなり，①式の平衡は右に移動することになる。

> 電離度αが1に比べてきわめて小さいときは，$1-\alpha \fallingdotseq 1$ とみなして計算しよう！

POINT

(6) ④式，⑤式にそれぞれ K_a と C の値を代入すると，
$$\alpha = \sqrt{\frac{K_a}{C}} = \sqrt{\frac{2.0 \times 10^{-5}}{1.0 \times 10^{-1}}} = \sqrt{2.0 \times 10^{-4}} = 1.4 \times 10^{-2}$$
$$[H^+] = \sqrt{CK_a} = \sqrt{1.0 \times 10^{-1} \times 2.0 \times 10^{-5}} = \sqrt{2.0 \times 10^{-6}} = 1.4 \times 10^{-3} [\text{mol/L}]$$
または，$[H^+] = C\alpha = 1.0 \times 10^{-1} \times 1.4 \times 10^{-2} = 1.4 \times 10^{-3} [\text{mol/L}]$

2. 緩衝液

水に少量の強酸や強塩基を加えるとpHは大きく変化するが，酢酸と酢酸ナトリウムの混合水溶液に少量の強酸や強塩基を加えてもpHはあまり変化しない。このように，少量の酸や塩基を加えてもpHがほとんど変化しない溶液を**緩衝液**という。

このしくみを，酢酸と酢酸ナトリウムの混合水溶液を例にして説明する。
酢酸は，水溶液中でわずかにしか電離しない。

$$CH_3COOH \rightleftarrows CH_3COO^- + H^+ \quad \cdots\cdots ①$$

一方，酢酸ナトリウムは，水溶液中で完全に電離する。

$$CH_3COONa \longrightarrow CH_3COO^- + Na^+ \quad \cdots\cdots ②$$

②式の電離により CH_3COO^- が増加するので，①式の平衡は左に移動する。したがって，①式による CH_3COOH の電離度は，CH_3COOH のみが水に溶けているときの電離度に比べて小さくなる。このことより，**この混合水溶液中には CH_3COOH と CH_3COO^- の両方が多量に存在する**ことがわかる。

この混合水溶液に少量の強酸を加えると，酸から生じた H^+ は，CH_3COO^- と反応するので，水溶液中の H^+ 濃度はほとんど増加しない。

$$CH_3COO^- + H^+ \longrightarrow CH_3COOH$$

また，少量の強塩基を加えると，塩基から生じた OH^- は，CH_3COOH と反応するので，水溶液中の OH^- 濃度はほとんど増加しない。すなわち，H^+ 濃度はほとんど変化しない。

$$CH_3COOH + OH^- \longrightarrow CH_3COO^- + H_2O$$

> **POINT**
> 「弱酸とその塩」または「弱塩基とその塩」の混合水溶液が緩衝液になるんだよ！

（例） NH_3 と NH_4Cl の混合水溶液，
$CO_2(H_2CO_3)$ と $NaHCO_3$ の混合水溶液

実戦演習

1 弱酸の電離平衡

次の文章を読み，**問1〜問3**に答えよ。必要があれば，$\log_{10} 2 = 0.30$，$\log_{10} 3 = 0.48$ を用いよ。

一価の弱酸HAが水溶液中で電離し，次のような平衡が成り立っている。

$$HA \rightleftarrows H^+ + A^-$$

溶解したHAの濃度をc〔mol/L〕，HAの電離度をαとすると，H^+とA^-の濃度はいずれも ア 〔mol/L〕，電離していないHAの濃度は イ 〔mol/L〕となる。このときの電離定数K_aは ウ 〔mol/L〕だが，電離度が極めて小さい場合には エ と表せる。これより同じ酸については濃度が大きくなると電離度は オ なり，また，異なる酸を同じ濃度で比較すると，K_aの値が小さい酸ほどαの値は カ ことがわかる。

問1 次の文中の ア 〜 カ に適当な式または語句を記せ。

問2 0.10mol/Lの酢酸水溶液のpHはいくらか。小数第1位まで答えよ。ただし，酢酸の電離定数$K_a = 2.0 \times 10^{-5}$ mol/Lとする。

問3 問2の水溶液を水で10倍に希釈した。この希釈した水溶液のpHはいくらか。小数第1位まで答えよ。

(防衛大)

2 緩衝液

次の文章を読み，**問1〜問6**に答えよ。ただし，酢酸の電離定数$K_a = 2.0 \times 10^{-5}$ mol/Lとする。必要があれば，$\log_{10} 2 = 0.30$，$\log_{10} 3 = 0.48$を用いよ。

純水に少量の酸や塩基を加えると，その水溶液のpHは大きく変化する。しかし，弱酸とその塩や弱塩基とその塩の混合水溶液には，外部から酸や塩基が加わっても，水溶液のpHをほぼ一定に保つはたらきがある。

1.00L中に酢酸C_a molと，酢酸ナトリウムC_s molを含む混合水溶液がある。

酢酸は，水中でその一部が電離して，①式のような平衡状態にある。

$$CH_3COOH \rightleftarrows CH_3COO^- + H^+ \qquad ①$$

ここへ，酢酸ナトリウムを加えると，ほぼ完全に電離する。

$$CH_3COONa \longrightarrow CH_3COO^- + Na^+ \qquad ②$$

こうして，混合水溶液中に多量の酢酸イオンが供給されると， ア 効果により①式の平衡は大きく左に偏ることになり，酢酸の電離はかなり抑えられた状態となる。

この混合水溶液に外部から酸を加えると，溶液中の酢酸イオンと反応するため，溶液中の イ はそれほど増加しない。一方，外部から塩基を加えると，溶液中の イ と反応して中和が起こり， イ が減少するが，①式の平衡が右に偏り イ を補充する。

§13　電離平衡

問1　文中の ア ， イ にあてはまる適当な語句を答えよ。
問2　下線部の作用を何というか。
問3　①式の電離定数 K_a[mol/L]，酢酸のモル濃度 C_a[mol/L]，酢酸ナトリウムのモル濃度 C_s[mol/L] を用いて，水素イオン濃度を表せ。
問4　0.10mol/L の酢酸の水溶液が 1.0L ある。この水溶液をすべて用いて pH5.0 の酢酸－酢酸ナトリウム混合水溶液をつくるのに必要な酢酸ナトリウムの物質量は何 mol か。有効数字 2 桁で答えよ。ただし，混合による溶液の体積変化は無視できるものとする。
問5　問4の混合水溶液に 1.0mol/L の塩酸を 50mL 加えたとき，pH はいくらになるか。小数第 1 位まで答えよ。
問6　0.30mol/L 酢酸水溶液 50mL と 0.15mol/L 水酸化ナトリウム水溶液 50mL を混合したとき，pH はいくらになるか。小数第 1 位まで答えよ。

(昭和大)

3　塩の加水分解 応用

次の文章を読み，問1・問2に答えよ。ただし，酢酸の電離定数を K_a，水のイオン積を K_w とし，$K_a=2.0\times10^{-5}$ mol/L，$K_w=1.0\times10^{-14}$ (mol/L)^2，$\log_{10}2=0.30$ とする。
酢酸ナトリウムのような弱酸と強塩基からなる塩を水に溶かすと①の反応が起こる。

$$CH_3COONa \longrightarrow CH_3COO^- + Na^+ \quad \cdots\cdots ①$$

ついで CH_3COO^- の一部は②の ア 反応を起こし，水溶液は イ 性を示す。

$$CH_3COO^- + H_2O \rightleftharpoons CH_3COOH + OH^- \quad \cdots\cdots ②$$

物質のモル濃度を [　] で表すと，この反応の平衡定数 K_h は次のようになる。

$$K_h = \frac{[CH_3COOH][OH^-]}{[CH_3COO^-]} \quad \cdots\cdots ③$$

この K_h は K_a と K_w を用いて，次のように表すことができる。

$$K_h = \boxed{ウ} \quad \cdots\cdots ④$$

この溶液中では，②式の反応はごく一部しか起こっていないため，[CH_3COO^-] は，加えた酢酸ナトリウムのモル濃度に等しいとしてよい。また，[CH_3COOH]＝[OH^-] とみなせるので，[OH^-] は K_a，K_w および [CH_3COO^-] を用いて エ と表される。

問1　文中の空欄 ア ～ エ に最も適切な語句または式を記せ。
問2　0.10mol/L の酢酸ナトリウム水溶液の pH を有効数字 2 桁で記せ。

(立教大)

4 アンモニアの電離平衡 応用

次の文章を読み，問1・問2に答えよ。水のイオン積は $K_w=1.0\times10^{-14}(\mathrm{mol/L})^2$ とし，必要であれば，$\log_{10}2=0.30$，$\log_{10}3=0.48$ を用いよ。

アンモニアは水によく溶け，水溶液中では次のように電離して弱塩基性を示す。

$$\mathrm{NH_3 + H_2O \rightleftarrows NH_4^+ + OH^-}$$

また，アンモニアの電離定数は，次の式で表される。

$$K_b=\frac{[\mathrm{NH_4^+}][\mathrm{OH^-}]}{[\mathrm{NH_3}]}=2.0\times10^{-5}(\mathrm{mol/L})$$

0.10 mol/L のアンモニア水10 mL に，0.10 mol/L の塩酸を滴下していくと，図のようなpH変化が見られた。図中の V は A 〔mL〕である。

図中のⅠ〜Ⅲ点について，次の考察をした。

Ⅰ点：この点は0.10 mol/L のアンモニア水である。アンモニアの電離度を α とし，α が1に比べて十分に小さいとき，α は ア と表され，pHは B となる。

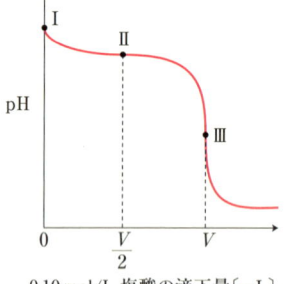

Ⅱ点：この点では，アンモニアと塩化アンモニウムの混合溶液になっている。ここではアンモニアのモル濃度は C 〔mol/L〕，塩化アンモニウムのモル濃度は C 〔mol/L〕であり，pHは D となる。

また，この溶液は イ 作用をもち，少量の酸や塩基を加えてもpHはあまり変化しない。

Ⅲ点：この点では， E 〔mol/L〕の塩化アンモニウム水溶液になっており，pHは F である。

0.10 mol/L 塩酸の滴下量〔mL〕

問1 文中の A 〜 F にあてはまる数値を記せ。ただし，pHは小数第1位まで，他は有効数字2桁で記せ。

問2 文中の ア にあてはまる式を， イ にあてはまる語句を記せ。

§13 電離平衡

5 溶解度積

次の文章を読み，問1・問2に答えよ。数値は有効数字2桁で記せ。
水に難溶性の固体M(OH)₂の溶解平衡は次式で表される。

$$M(OH)_2(固体) \rightleftarrows M^{2+}(水溶液) + 2OH^-(水溶液)$$

ある温度でこの溶解度積は$K_{sp}=[M^{2+}][OH^-]^2$で表され，その値は$4.0\times10^{-12}(mol/L)^3$である。水に溶けたM(OH)₂は完全に電離している。

問1 M(OH)₂ 1.0×10^{-5} molに水を加え，全量を1.0Lにしたとき，M^{2+}の濃度は何mol/Lになるか。

問2 M^{2+} 1.0×10^{-8} molを含む水溶液が1.0Lある。これに水酸化ナトリウム（式量40）を何g以上加えるとM(OH)₂の沈殿が析出するか。ただし，水酸化ナトリウムを加えることによる水溶液の体積変化はないものとする。

(明治薬科大)

6 硫化物の沈殿 [応用]

次の文章を読み，問1～問3に答えよ。数値は有効数字2桁で記せ。ただし，$\log_{10}2=0.30$，$\log_{10}3=0.48$とする。
硫化水素は水に溶けると，次の(1)式のように電離する。

$$H_2S \rightleftarrows 2H^+ + S^{2-} \qquad (1)$$

電離定数 $K=\dfrac{[H^+]^2[S^{2-}]}{[H_2S]}=1.0\times10^{-21}(mol/L)^2$

このとき生じる硫化物イオンS^{2-}は多くの金属イオンと沈殿を生成し，金属イオンの分離に利用される。このため，種々の金属の硫化物MSの溶解平衡に対する平衡定数である溶解度積K_{MS}が調べられている。

$$MS \rightleftarrows M^{2+} + S^{2-} \qquad (2)$$

溶解度積 $K_{MS}=[M^{2+}][S^{2-}]$

Zn^{2+}とCu^{2+}をそれぞれ1.0×10^{-4} mol/Lずつ含む混合溶液に，硫化水素を飽和させた。<u>この溶液のpHを調整することによって，溶液からZn^{2+}を沈殿させずにCu^{2+}濃度が1.0×10^{-8} mol/L以下になるまで沈殿させる</u>ことを考える。
ただし，硫化水素を飽和させた溶液中の硫化水素濃度は，その溶液のpHによらず$[H_2S]=0.10$ mol/Lである。また，ZnSの溶解度積は$K_{ZnS}=2.0\times10^{-18}(mol/L)^2$，CuSの溶解度積は$K_{CuS}=6.0\times10^{-30}(mol/L)^2$とする。

問1 ZnSが析出しない条件を満たす$[S^{2-}]$の最大値は何mol/Lか。

問2 $[Cu^{2+}]$が1.0×10^{-8} mol/L以下になる条件を満たす$[S^{2-}]$の最小値は何mol/Lか。

問3 下線部の記述を満たすpHの範囲を，不等式を用いて記せ。

(新潟大)

§14 周期表と元素の性質　基本まとめ

1 周期表と金属元素，非金属元素

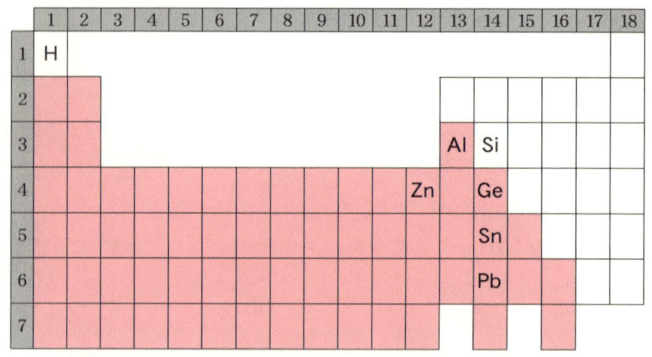

	1	2	3	4	5	6	7	8	9	10	11	12	13	14	15	16	17	18
1	H																	
2																		
3													Al	Si				
4												Zn		Ge				
5														Sn				
6														Pb				
7																		

■ 金 属　Al, Zn, Sn, Pbは両性元素，Geは半導体
□ 非金属　Siは半導体

2 単体の状態（常温・常圧）

単体
- 金属元素
  - 液体　Hg
  - 固体　Hg以外の単体
- 非金属元素
  - 気体　H_2, N_2, O_2(O_3), F_2, Cl_2, 希ガス
  - 液体　Br_2
  - 固体　その他

同素体　同じ元素の単体で性質が異なる物質を同素体という。たとえば，炭素の同素体には下記のように，ダイヤモンド，黒鉛，C_{60}フラーレンなどがある。

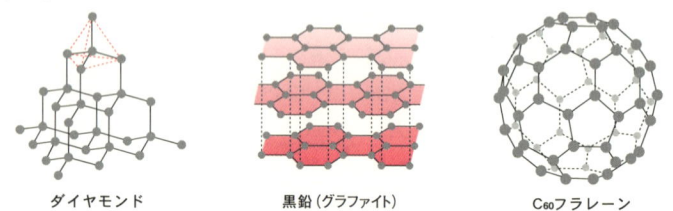

ダイヤモンド　　黒鉛（グラファイト）　　C_{60}フラーレン

おぼえよう
同素体はＳＣＯＰ

3 酸化物

- 金属の酸化物
  - 塩基性酸化物
  - 両性酸化物（Al, Zn, Sn, Pbの酸化物）
- 非金属の酸化物　酸性酸化物

§14 周期表と元素の性質

基本演習

1. 周期表と元素の性質
次の表は周期表の一部である。第4周期までの元素について**問1～問5**に答えよ。

	1	2	3	4	5	6	7	8	9	10	11	12	13	14	15	16	17	18
1	H																	He
2	Li	Be											B	C	N	O	F	Ne
3	Na	Mg											Al	Si	P	S	Cl	Ar
4	K	Ca	Sc	Ti	V	Cr	Mn	Fe	Co	Ni	Cu	Zn	Ga	Ge	As	Se	Br	Kr

問1 現在用いられている周期表の原型の考案者の名前を記せ。
問2 17族元素および18族元素は、それぞれ何とよばれるか。
問3 上表中の遷移元素のうち、原子番号の最も大きい原子の元素記号を記せ。
問4 上表中の元素の単体のうち、常温・常圧で液体であるものの分子式を記せ。
問5 電気陰性度の最も大きい原子の元素記号を記せ。

2. 酸化物
下にあげた第3周期の元素の酸化物を酸性酸化物、塩基性酸化物、両性酸化物に分類し、その化学式を記せ。

酸化ナトリウム、酸化アルミニウム、十酸化四リン、三酸化硫黄

3. 同素体
硫黄の単体には3種類の同素体が存在する。それらの名称を記せ。

解答
1. 問1　メンデレーエフ
   問2　17族元素　ハロゲン、　　18族元素　希ガス
   問3　**Cu**
   問4　**Br$_2$**
   問5　**F**
2. 酸性酸化物　**P$_4$O$_{10}$, SO$_3$**
   塩基性酸化物　**Na$_2$O**
   両性酸化物　**Al$_2$O$_3$**
3. 斜方硫黄、単斜硫黄、ゴム状硫黄

基本演習 解説

1. 周期表と元素の性質

問1 メンデレーエフは原子を軽い順に並べて化学的性質の似た原子が縦に並ぶような現在の周期表の原型となる表を考案した。

問2 周期表の17族元素を**ハロゲン**，18族元素を**希ガス**という。その他の重要な同族元素としてHを除く1族の**アルカリ金属**，Be，Mgを除く2族の**アルカリ土類金属**などがある。

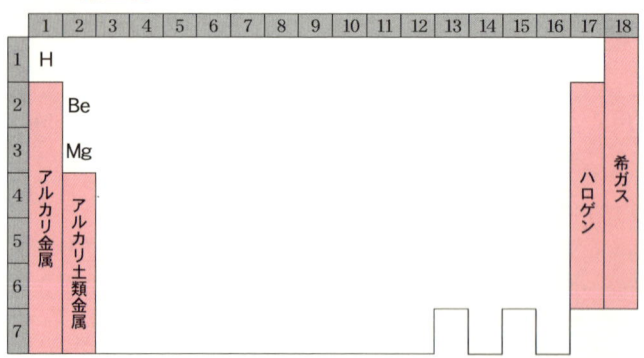

問3 周期表の3族～11族の元素を**遷移元素**という。第4周期の遷移元素で原子番号の最も大きいものは29番の**Cu**である。

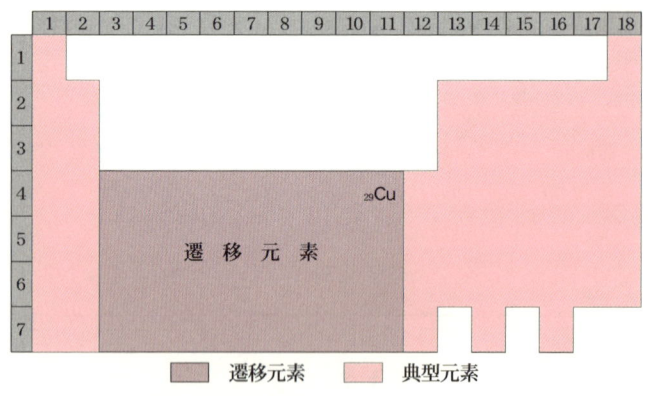

問4 単体が常温・常圧で液体であるものは，第4周期の非金属の**臭素 Br₂**と第6周期の金属の**水銀 Hg**である。

> おぼえよう
> 常温・常圧で単体が液体　Br₂, Hg

102

問5　共有電子対を引きつける強さを示す値を電気陰性度という。電気陰性度は希ガスを除いた周期表の右上の元素が大きい。したがって，電気陰性度の最も大きい元素は**フッ素F**である。

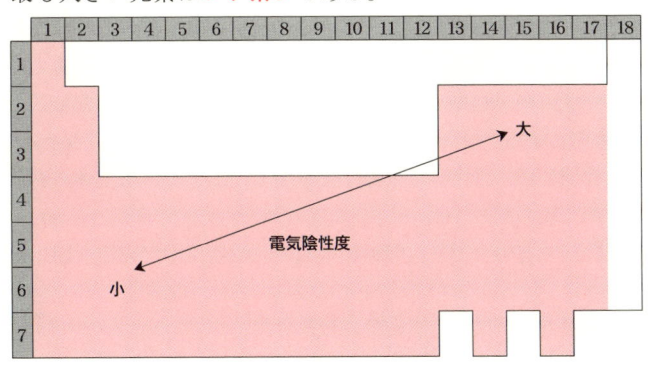

2. 酸化物

非金属元素の酸化物の多くは塩基と反応するので酸性酸化物といわれる。また，酸性酸化物は水と反応してオキソ酸を生じる。一方，金属元素の酸化物の多くは酸と反応するので塩基性酸化物といわれる。両性元素の酸化物は酸とも塩基とも反応するので両性酸化物といわれる。

　　酸性酸化物　　　P_4O_{10}，SO_3
　　塩基性酸化物　　Na_2O
　　両性酸化物　　　Al_2O_3

族	1	2	13	14	15	16	17
元　素	Na	Mg	Al	Si	P	S	Cl
酸化物	Na_2O	MgO	Al_2O_3	SiO_2	P_4O_{10}	SO_3	Cl_2O_7
水酸化物またはオキソ酸	NaOH	$Mg(OH)_2$	$Al(OH)_3$	H_2SiO_3	H_3PO_4	H_2SO_4	$HClO_4$
性　質	強塩基性	弱塩基性	両性	弱酸性	弱酸性	強酸性	強酸性

3. 硫黄の同素体
　　斜方硫黄，単斜硫黄，ゴム状硫黄
　　このうち，斜方硫黄が最も安定である。

実戦演習

1 周期表と元素の性質

周期表の第2周期と第3周期の元素を表に示す。この表中の(a)〜(l)の記号で表した元素のうち、次の記述に該当する元素を、元素記号と表中の(a)〜(l)の記号で答えよ。なお、次の記述で示した元素の単体やその化合物の状態と性質は、すべて25℃、1気圧(1.01×10^5 Pa)下のものとする。

(例) その元素は第3周期に属し、単体は単原子で分子として存在する気体である。

　　解答　元素記号：Ar　表の記号：(l)

(1) その元素の酸化物は、共有結合で三次元的に形成された空気中で安定な固体である。
(2) その元素の単体は金属で、濃硝酸や濃硫酸には溶けにくい。
(3) その元素の水素化合物の水溶液は、ガラスの主成分を溶解する。
(4) その元素の酸化物には、吸湿性が強く乾燥剤に利用できる固体が存在する。また、その元素の単体には同素体が存在する。
(5) その元素の単体は体心立方格子の金属で、エタノールと反応して水素を発生する。
(6) 単体が気体である第2周期の元素のなかで、この元素の電気陰性度が最も小さい。

表

周期＼族	1	2	13	14	15	16	17	18
2	Li	Be	B	(a)	(b)	(c)	(d)	Ne
3	(e)	(f)	(g)	(h)	(i)	(j)	(k)	(l)

（神戸大）

2 酸化物の性質

下の表は，第3周期の典型元素の代表的な酸化物をまとめたものである。これらの酸化物について，問1～問5に答えよ。

族	1	2	13	14	15	16	17
酸化物	Na_2O	(a)	(b)	(c)	P_4O_{10}	SO_3	Cl_2O_7

問1 表中の空欄(a)～(c)にあてはまる酸化物の化学式を記せ。
問2 水と反応して強塩基性の水酸化物を生じる酸化物を1つ選び，その名称を記せ。また，その反応を化学反応式で示せ。
問3 両性酸化物とよばれる酸化物を1つ選び，その名称を記せ。また，両性酸化物とよばれる理由を20字以内で説明せよ。
問4 水と反応して強酸性のオキソ酸を生じる酸化物が2つある。それらのオキソ酸の名称を記せ。
問5 炭酸ナトリウムとともに加熱すると，水ガラスのもととなるガラス状の固体を生じる酸化物を1つ選び，その名称を記せ。また，その酸化物と炭酸ナトリウムとの反応を化学反応式で示せ。

(群馬大)

3 第3周期の元素

次の各文中のA～Hは周期表第3周期のそれぞれ異なる元素であり，下記の(a)～(j)のような特徴をもっている。A～Hの元素は何か，元素記号で答えよ。

(a) Aの単体は常温で黄緑色の刺激臭のある気体である。
(b) Bは岩石や土の成分として広く地球上に分布し，地殻中で酸素に次いで多く存在している。
(c) Cの単体は空気中で強熱すると，まばゆい光を出して燃える。
(d) Dの単体は，常温で無色・無臭の気体であり，分子量と原子量は等しい。
(e) Eは刺激臭のある気体状の酸化物をつくり，この酸化物は酸性雨の原因となる。
(f) Fは動物の骨や歯の成分として含まれている。
(g) Gを含む化合物は黄色の炎色反応を示す。
(h) Hの単体，酸化物，および水酸化物は両性を示し，強酸にも強塩基にも溶ける。
(i) C，GおよびHは金属元素であり，このうち，Gの単体は常温で水と激しく反応する。
(j) EとFの単体には，それぞれ同素体がある。

(神戸大)

§15 非金属元素とその化合物 　基本まとめ

1 ハロゲン
周期表17族元素　F, Cl, Br, I

(1) ハロゲン原子の最外殻の電子は7個で、1価の陰イオンになりやすい。

(2) ハロゲンの単体は2原子分子で、酸化力が強い。

$$F_2 \gg Cl_2 > Br_2 > I_2 \quad (酸化力の強さ)$$

(3) **塩素 Cl_2**

〈製法〉酸化マンガン(Ⅳ)に濃塩酸を加えて加熱する

$$MnO_2 + 4HCl \longrightarrow MnCl_2 + 2H_2O + Cl_2$$

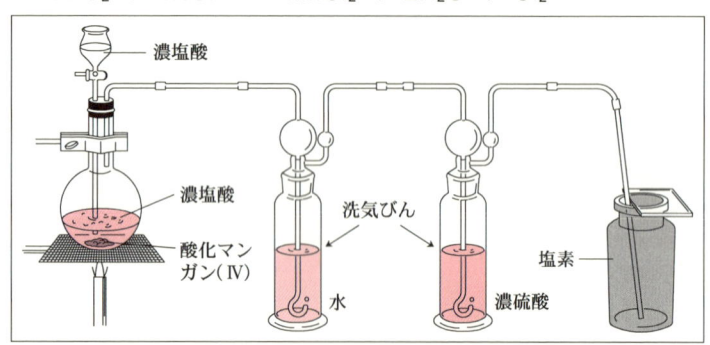

〈性質〉黄緑色の気体で水に溶けて次亜塩素酸を生じる。

$$Cl_2 + H_2O \rightleftarrows HCl + HClO$$

(4) **ハロゲン化水素　HF, HCl, HBr, HI**

いずれも無色で水に溶けやすい気体である。HF以外の水溶液は強酸性を示す。HClの水溶液は塩酸とよばれる。

2 硫黄
単体の硫黄は斜方硫黄、単斜硫黄、ゴム状硫黄の同素体をもつ。

(1) **硫酸 H_2SO_4**

〈製法〉接触式硫酸製造法〈接触法〉

$$S \longrightarrow SO_2 \underset{[V_2O_5]}{\longrightarrow} SO_3 \longrightarrow H_2SO_4$$

〈性質〉硫酸は無色の粘性の大きい重い液体で、沸点が高い。また、吸湿性が強く、水でうすめると多量の熱を出す。

(2) **二酸化硫黄 SO_2 と硫化水素 H_2S**

銅に濃硫酸を加えて加熱すると、二酸化硫黄が発生する。

$$Cu + 2H_2SO_4 \longrightarrow CuSO_4 + 2H_2O + SO_2$$

§15 非金属元素とその化合物

硫化鉄(Ⅱ)に希硫酸を加えると，硫化水素が発生する。
$$FeS + H_2SO_4 \longrightarrow FeSO_4 + H_2S$$

3 窒素
単体の窒素N_2は空気の約80%(体積パーセント)を占める。

(1) **アンモニアNH_3**
〈製法〉 塩化アンモニウムと水酸化カルシウムの混合物を加熱する。
$$2NH_4Cl + Ca(OH)_2 \longrightarrow CaCl_2 + 2H_2O + 2NH_3$$
〈性質〉 アンモニアは刺激臭のある無色の気体で，水に溶けやすく，水溶液のアンモニア水は弱いアルカリ性を示す。
$$NH_3 + H_2O \rightleftarrows NH_4^+ + OH^-$$

(2) **硝酸HNO_3**
〈製法〉 工業的にはアンモニアを酸化して製造される。(**オストワルト法**)

オストワルト法
$$NH_3 \xrightarrow[Pt]{} NO \longrightarrow NO_2 \longrightarrow HNO_3$$

〈性質〉 酸化力の強い酸で，水素よりもイオン化傾向の小さい銅や銀を溶かす。
$$3Cu + 8HNO_3(希) \longrightarrow 3Cu(NO_3)_2 + 4H_2O + 2NO$$
$$Cu + 4HNO_3(濃) \longrightarrow Cu(NO_3)_2 + 2H_2O + 2NO_2$$

4 リン
リンは骨や歯に多く含まれ，生物の物質代謝に重要なはたらきをもつ元素である。また，リンの単体は赤リン，黄リンなどの同素体をもつ。

5 炭素
有機化合物を構成する中心的な元素で，その単体はダイヤモンド，グラファイト，フラーレン，カーボンナノチューブなどの同素体をもつ。

(1) **一酸化炭素CO** 無色の気体で，炭素の不完全燃焼や，二酸化炭素が炭素で還元されたときに生じる。
$$C + CO_2 \longrightarrow 2CO$$

(2) **二酸化炭素CO_2** 無色の気体で，実験室では炭酸カルシウム(石灰石)に塩酸を加えて発生させる。
$$CaCO_3 + 2HCl \longrightarrow CaCl_2 + H_2O + CO_2$$
石灰水に二酸化炭素を通じると，はじめ白色の沈殿が生じるが，過剰に通じると沈殿は溶ける。
$$Ca(OH)_2 + CO_2 \longrightarrow CaCO_3 + H_2O$$
$$CaCO_3 + H_2O + CO_2 \rightleftarrows Ca^{2+} + 2HCO_3^-$$

基本演習

1. ハロゲンの単体
第5周期までのハロゲン元素の単体について，常温・常圧での状態と色をそれぞれ答えよ。また，単体の塩素の製法を1つ化学反応式で記せ。

2. ハロゲン化水素
次の文はハロゲン化水素の性質と反応について記したものである。文中の下線部に誤りがあれば，その番号を記し，誤りを訂正せよ。
(1) ハロゲン化水素のうち沸点が最も低いものは<u>フッ化水素</u>である。
(2) ハロゲン化水素の水溶液はいずれも<u>酸性を示す</u>。
(3) <u>塩化水素</u>はガラスを侵すので，その水溶液はポリエチレン製の容器に保存する。
(4) 食塩に濃硫酸を加えて加熱すると，<u>塩素</u>が発生する。
(5) 硝酸銀水溶液に塩酸を加えると，<u>塩化銀の白色沈殿</u>が生じる。

3. 硫黄とその化合物
次のA，B，Cは硫黄，硫化水素および二酸化硫黄のいずれかである。A，B，Cの化学式をそれぞれ記せ。
(1) Aは無色の刺激臭のある気体で，水に溶けて酸性を示す。Aは銅に濃硫酸を加えて加熱すると得られる。
(2) Bは黄色の固体で，常温では安定であるが，空気中で加熱すると燃焼してAを生成する。
(3) Cは無色の腐卵臭のある気体で，水に溶けて酸性を示す。硫酸銅(Ⅱ)水溶液に通じると黒色の沈殿を生じる。

4. 気体の製法と性質
次の文中の気体A～Eは下の化合物群のうちのいずれか1つである。これらの化合物について下記の各問に答えよ。

〈化合物群〉 アンモニア，一酸化窒素，二酸化窒素，一酸化炭素，二酸化炭素

(1) 気体Aは水に溶けにくい気体で，(ア)<u>空気に触れると容易に酸化されて赤褐色の気体Bに変化する</u>。気体Bは，水に溶けやすく，(イ)<u>銅に濃硝酸を加えることによって発生させることができる</u>。
(2) 触媒の存在下で(ウ)<u>窒素と水素とを化合させると気体Cが生成する</u>。気体Cはきわめて水に溶けやすく，その水溶液はアルカリ性を示す。

(3) ギ酸に濃硫酸を加えて加熱すると気体Dが生成する。気体Dを空気中で燃焼させると，気体Eが生成する。(エ)気体Eを石灰水に通じると白色沈殿が生成する。

問1　A～Eに最も適する気体の化学式を記せ。
問2　下線部(ア)～(エ)の変化を化学反応式で記せ。

5. 気体の製法

次の(1)～(6)で起こる変化を化学反応式で記せ。
(1) 塩化アンモニウムに水酸化カルシウムを加えて加熱する。
(2) 銅に希硝酸を加える。
(3) 石灰石に希塩酸を加える。
(4) 銅に濃硫酸を加えて加熱する。
(5) 過酸化水素水に酸化マンガン(IV)を加える。
(6) 硫化鉄(II)に希硫酸を加える。

解答

1. ハロゲン単体　F_2　Cl_2　Br_2　I_2
   状態　気体　気体　液体　固体
   色　　淡黄色　黄緑色　赤褐色　黒紫色
   $MnO_2 + 4HCl \longrightarrow MnCl_2 + 2H_2O + Cl_2$

2. (1) 塩化水素　(3) フッ化水素　(4) 塩化水素

3. A SO_2　B S　C H_2S

4. 問1　A NO　B NO_2　C NH_3　D CO　E CO_2
   問2　(ア) $2NO + O_2 \longrightarrow 2NO_2$
   　　　(イ) $Cu + 4HNO_3 \longrightarrow Cu(NO_3)_2 + 2H_2O + 2NO_2$
   　　　(ウ) $N_2 + 3H_2 \longrightarrow 2NH_3$
   　　　(エ) $Ca(OH)_2 + CO_2 \longrightarrow CaCO_3 + H_2O$

5. (1) $2NH_4Cl + Ca(OH)_2 \longrightarrow CaCl_2 + 2H_2O + 2NH_3$
   (2) $3Cu + 8HNO_3 \longrightarrow 3Cu(NO_3)_2 + 4H_2O + 2NO$
   (3) $CaCO_3 + 2HCl \longrightarrow CaCl_2 + H_2O + CO_2$
   (4) $Cu + 2H_2SO_4 \longrightarrow CuSO_4 + 2H_2O + SO_2$
   (5) $2H_2O_2 \longrightarrow 2H_2O + O_2$
   (6) $FeS + H_2SO_4 \longrightarrow FeSO_4 + H_2S$

基本演習 解説

1. ハロゲンの単体

ハロゲンの単体の化学式，状態，色，酸化力は下の表のようになる。

化学式	F_2	Cl_2	Br_2	I_2
状態	気体	気体	液体	固体
色	淡黄色	黄緑色	赤褐色	黒紫色
酸化力	強 ←			→ 弱

酸化マンガン(Ⅳ)に濃塩酸を加えて加熱すると塩素が発生する。

$$MnO_2 + 4HCl \longrightarrow MnCl_2 + 2H_2O + Cl_2$$

さらし粉に塩酸を加えると塩素が発生する。

$$CaCl(ClO) \cdot H_2O + 2HCl \longrightarrow CaCl_2 + 2H_2O + Cl_2$$

また，濃い食塩水を電気分解すると，次のように陽極から塩素が発生し，陰極からは水素が発生する。このとき陰極では水酸化ナトリウムが生じている。

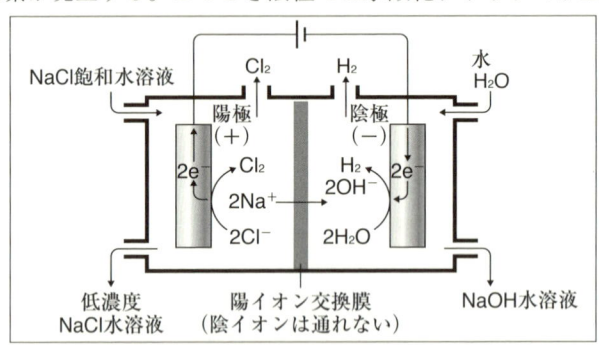

(+) $2Cl^- \longrightarrow Cl_2 + 2e^-$

(−) $2H_2O + 2e^- \longrightarrow H_2 + 2OH^-$

これを1つにまとめると，

$$2NaCl + 2H_2O \longrightarrow Cl_2 + H_2 + 2NaOH$$

2. ハロゲン化水素

(1) ハロゲン化水素のうちで沸点が最も高いものは，分子間に水素結合を形成するフッ化水素HFである。

水素結合についてはp17参照

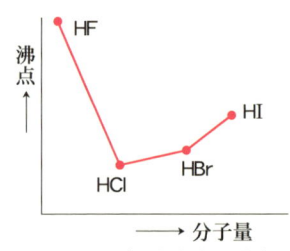

ハロゲン化水素の沸点

110

§15 非金属元素とその化合物

(2) ハロゲン化水素の水溶液はハロゲン化水素酸とよばれ，いずれも次のように電離して酸性を示す。

$$HX \rightleftarrows H^+ + X^-$$

名称	分子式	沸点	水溶液(酸性)
フッ化水素	HF	19.5℃	フッ化水素酸(弱酸)
塩化水素	HCl	−85℃	塩酸(強酸)
臭化水素	HBr	−67℃	臭化水素酸(強酸)
ヨウ化水素	HI	−35℃	ヨウ化水素酸(強酸)

(3) ガラスを侵すのはフッ化水素酸である。フッ化水素酸は，石英 SiO_2 やガラスなどのケイ酸塩を溶かす性質をもつ。

$$SiO_2 + 6HF \longrightarrow H_2SiF_6 + 2H_2O$$

(4) 食塩に濃硫酸を加えて加熱すると塩化水素が発生する。この反応は濃硫酸の不揮発性を利用したものである。

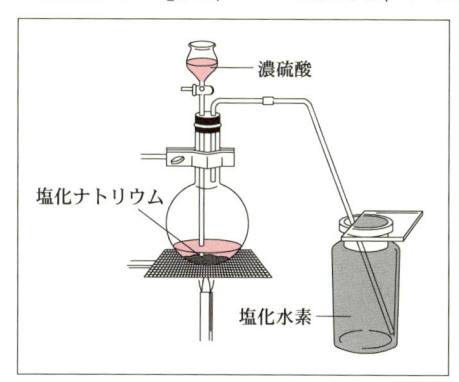

$$NaCl + H_2SO_4 \longrightarrow NaHSO_4 + HCl$$

(5) 銀イオンは塩化物イオンと難溶性の塩をつくる。

$$Ag^+ + Cl^- \longrightarrow AgCl$$

3. 硫黄とその化合物

(1) 二酸化硫黄 SO_2 は無色で刺激臭があり，水に溶けて亜硫酸を生じる。

$$H_2O + SO_2 \rightleftarrows H^+ + HSO_3^-$$

また，SO_2 は銅に濃硫酸を加えて加熱すると得られる。

$$Cu + 2H_2SO_4 \longrightarrow CuSO_4 + 2H_2O + SO_2$$

(2) 硫黄の単体には単斜硫黄，斜方硫黄，ゴム状硫黄の同素体が存在する。また，硫黄の単体を燃焼させると二酸化硫黄が生成する。

$$S + O_2 \longrightarrow SO_2$$

(3) 硫化水素H_2Sは無色で腐卵臭のある気体で，水に溶けて酸性を示す。

$$H_2S \rightleftarrows H^+ + HS^-$$
$$HS^- \rightleftarrows H^+ + S^{2-}$$

4. 気体の製法と性質

(1) 一酸化窒素NOは酸素と容易に反応して，赤褐色の二酸化窒素NO_2に変化する。

$$2NO + O_2 \longrightarrow 2NO_2$$

NO_2は，銅に濃硝酸を加えても発生させることができる。

$$Cu + 4HNO_3 \longrightarrow Cu(NO_3)_2 + 2H_2O + 2NO_2$$

(2) アンモニアNH_3は，工業的には，四酸化三鉄Fe_3O_4を主成分とする触媒を用いて，窒素と水素から直接合成される。このアンモニア合成法を**ハーバー・ボッシュ法**という。

$$N_2 + 3H_2 \rightleftarrows 2NH_3$$

アンモニアは水に溶けやすく，その水溶液は弱いアルカリ性を示す。

$$NH_3 + H_2O \rightleftarrows NH_4^+ + OH^-$$

(3) ギ酸$HCOOH$に濃硫酸を加えて加熱すると一酸化炭素COが発生する。一酸化炭素は燃えると二酸化炭素CO_2に変化する。

$$HCOOH \longrightarrow H_2O + CO$$
$$2CO + O_2 \longrightarrow 2CO_2$$

石灰水に二酸化炭素を通じると白色の沈殿が生じるが，過剰に通じると沈殿は溶ける。この反応は二酸化炭素の検出に用いられる。

$$Ca(OH)_2 + CO_2 \longrightarrow CaCO_3 + H_2O$$
$$CaCO_3 + H_2O + CO_2 \rightleftarrows Ca(HCO_3)_2$$

5. 気体の製法

(1) 塩化アンモニウムと水酸化カルシウムの混合物を加熱すると，アンモニアが発生する。

$$2NH_4Cl + Ca(OH)_2 \longrightarrow CaCl_2 + 2H_2O + 2NH_3$$

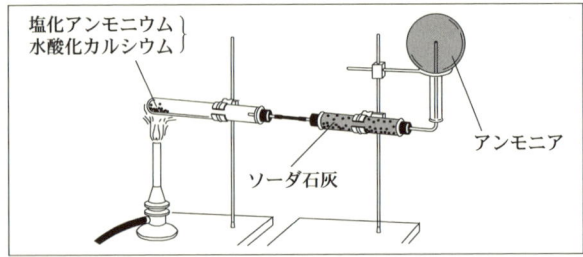

§15 非金属元素とその化合物

(2) 銅に希硝酸を加えると，一酸化窒素が発生する。

$$3Cu + 8HNO_3 \longrightarrow 3Cu(NO_3)_2 + 4H_2O + 2NO$$

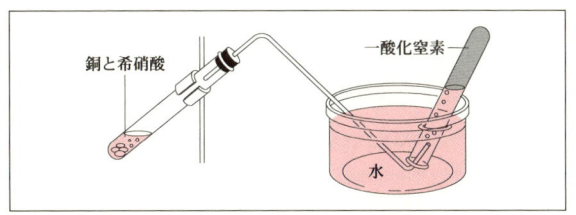

(3) 石灰石に塩酸を加えると，二酸化炭素が発生する。

$$CaCO_3 + 2HCl \longrightarrow CaCl_2 + H_2O + CO_2$$

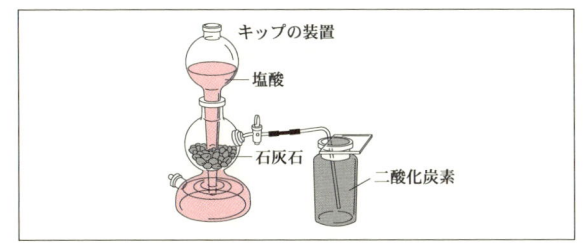

(4) 銅に濃硫酸を加えて加熱すると，二酸化硫黄が発生する。これは濃硫酸の強い酸化力によるものである。

$$Cu + 2H_2SO_4 \longrightarrow CuSO_4 + 2H_2O + SO_2$$

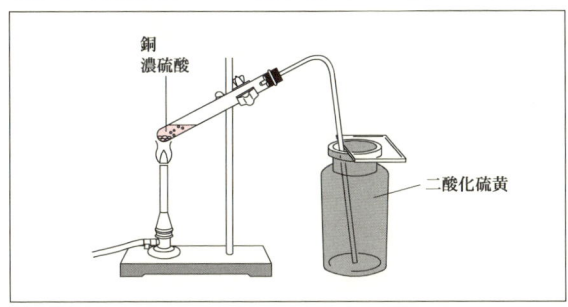

(5) 過酸化水素水に酸化マンガン(Ⅳ)を加えると，酸素が発生する。このとき，酸化マンガン(Ⅳ)は触媒としてはたらく。

$$2H_2O_2 \longrightarrow 2H_2O + O_2$$

(6) 硫化鉄(Ⅱ)に希硫酸を加えると，硫化水素が発生する。

$$FeS + H_2SO_4 \longrightarrow FeSO_4 + H_2S$$

実戦演習

1 塩素の製法

下図の装置を用い，塩素の発生とその精製を行った。次の**問1〜問3**に答えよ。

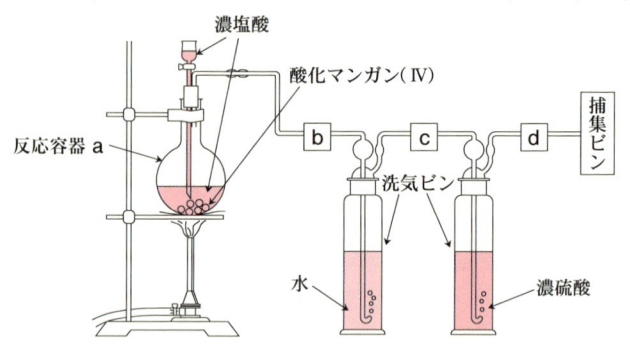

問1 次の文中の空欄に最も適する語句を入れよ。

　　塩素の発生の開始から十分な時間がたち，反応装置内の空気が追い出された後に，**b**の部分を通過する気体に含まれる成分は，　(ア)　，　(イ)　，　(ウ)　である。この混合気体を洗気ビンの中の水に通すと，　(ア)　が　(エ)　になって取り除かれ，**c**の部分を通過する気体は　(イ)　と　(ウ)　になる。濃硫酸によって　(イ)　が取り除かれて**d**の部分を通過する気体は塩素のみとなる。塩素の性質は空気より　(オ)　，また，水に対する溶解度が比較的　(カ)　ので，塩素は　(キ)　置換によって捕集する。

問2 反応容器**a**の内部で起こる反応の化学反応式を書け。また，この反応における酸化マンガン(Ⅳ)の役割を述べよ。

問3 塩素を捕集したビンに，ガスバーナーで赤熱した銅線を入れたところ，茶色の煙をあげて燃え，この煙を集めて水に溶解すると青色になった。この煙の成分の化学式を記せ。

(名古屋大)

2 硫酸の製法と性質

次の文章を読み，下記の問に答えよ。

　　硫酸は，工業的には，　(ア)　を触媒として　(イ)　を酸化することにより得られる　(ウ)　を，濃硫酸に吸収させて　(エ)　硫酸とし，これを希硫酸に混ぜてつくる。この方法を　(オ)　法という。(a)　(カ)　硫酸は強い　(キ)　作用を示し，銅，水銀，炭素などを　(キ)　することができる。濃硫酸を空気中に放置すると，次第に濃度が低下するのは　(ク)　性が強いからである。また，硫酸が塩酸に比べ刺激臭が少ないのは　(ケ)　性だからである。硫酸は水の中で強酸として振る舞うが，酸としての強さは塩酸より若

§15 非金属元素とその化合物

干劣る。濃硫酸を水で薄め希硫酸をつくるとき，水をかき混ぜながら濃硫酸を少しずつ加えなければならない。(b)濃硫酸に水を加えるのは，非常に危険なので絶対にやってはいけない。

(1) ［(ア)］～［(ケ)］内に適当な語句を入れよ。
(2) ［(イ)］の化合物および硫酸に含まれる硫黄の酸化数はそれぞれいくらか答えよ。
(3) 下線部(a)について，炭素との反応を化学反応式で示せ。
(4) 下線部(b)について，その理由を述べよ。また，なぜ水に濃硫酸を加える方法の方がよいのかも説明せよ。

(横浜市立大)

3 窒素とその化合物

次の文を読み，問1～問5に答えよ。

窒素は，周期表の(1)族に属し，K殻に(2)個，L殻に(3)個の電子をもつ。窒素は，窒素分子として空気中に体積百分率で約78％存在するが，地殻中にはあまり多く含まれていない。(a)窒素を実験室で得るには，亜硝酸アンモニウムを熱分解させる。

窒素の重要な化合物としてアンモニアや硝酸がある。実験室で(b)アンモニアを得るには，塩化アンモニウムに水酸化カルシウムを加えて加熱する。(c)アンモニアと塩化水素が空気中で触れると，白煙を生じる。この反応は，アンモニアの検出に用いられる。(d)硝酸を実験室でつくるには，硝酸ナトリウムに濃硫酸を作用させる。工業的には，アンモニアを酸化して硝酸を製造する(オストワルト法)。すなわち，(e)アンモニアを(4)触媒を用いて酸化して一酸化窒素に変え，これをさらに空気で酸化して二酸化窒素としたのち，水に溶かして硝酸とする。

問1 (1)～(4)に，あてはまる数字または語句を記入せよ。
問2 窒素分子の電子式および構造式を書け。
問3 下線部(a)～(e)で起こる反応を化学反応式で示せ。
問4 アンモニアから硝酸ができるまでのオストワルト法の反応を，1つの化学反応式にまとめて示せ。
問5 オストワルト法を用いて，60％の硝酸9.3kgを得るためには，少なくとも何kgのアンモニアが必要か。答は有効数字2桁まで求めよ。
ただし，原子量は，H＝1.0，N＝14，O＝16とする。

(信州大)

4 二酸化炭素の性質

次の文を読んで，問1～問4に答えよ。

二酸化炭素は，炭素や炭素化合物を空気中で完全に燃焼させることにより得られる。実験室では，(A)石灰石に塩酸を作用させてつくられる。水やアンモニアが極性分子であるのに対して，(B)二酸化炭素は無極性分子である。

二酸化炭素は，(C)水に溶けて弱い酸性を示し，水酸化カルシウムなどの塩基と反応して炭酸塩をつくる。高い圧力で二酸化炭素を水に溶かしたものが炭酸飲料水であり，(D)室温で炭酸飲料水の容器のふたを開けると，盛んに泡が発生するのが観察される。

ドライアイスとよばれる固体の二酸化炭素は，分子結晶であり昇華性をもつ。その昇華点は低く（$1.01×10^5 Pa = 1 atm$ の下で$-79℃$），冷却剤として用いられる。

問1 下線部(A)の反応を化学反応式で示せ。
問2 二酸化炭素の電子式を記し，下線部(B)となる理由を説明せよ。
問3 下線部(C)の理由を説明せよ。
問4 下線部(D)のように泡の出る理由を説明せよ。

(群馬大)

5 ケイ素とその化合物

次の文章を読み，問1～問4に答えよ。

ケイ素（シリコン）は今日，コンピューターや太陽光電池など幅広い分野で利用されている。この元素は周期表において，第　ア　族に含まれ，最外殻電子の数は　イ　個である。その単体は，室温でも(a)わずかに電気を流す性質をもつ。また，その結晶の構造は右図のように示され，炭素の同素体の一つである　ウ　はこれと同じ構造をとる。これらの物質において，一つの原子はその周囲の原子4個と(b)結合している。

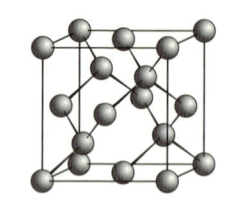

単体のケイ素はケイ砂（二酸化ケイ素）を原料として製造される。ケイ砂からケイ素を製造する反応は(c)炭素を用いた高温での還元反応であり，その後，精製プロセスと単結晶製造プロセスを経て，高い純度のケイ素の単結晶がつくられている。

問1 文中の空欄について　ア　，　イ　には適当な数字を，　ウ　には適当な物質の名称を，それぞれ記せ。
問2 下線部(a)に示したような，導体と絶縁体の中間的性質をもつ物質は一般に何と呼ばれているか，その名称を答えよ。
問3 下線部(b)の結合と類似の化学結合で形成されていると考えられる物質を，下記の化学式群から全て選び，化学式を記せ。

　　化学式群　$NaCl$，H_2，CH_4，KBr，$CaCl_2$，NH_3

問4　下線部(c)に相当する代表的反応では，二酸化ケイ素と炭素が反応し，ケイ素と一酸化炭素が生成する。この化学反応式を記せ。

(秋田大)

6 気体の製法と性質

次の反応で発生する8種類の気体(**A**～**H**)を捕集してその性質を調べた。下記の各問に答えよ。ただし，気体は十分に乾燥してあり，不純物を含まないものとする。

気体**A**：酸化マンガン(Ⅳ)に濃塩酸を加えて加熱する。
気体**B**：塩化ナトリウムに濃硫酸を加えて加熱する。
気体**C**：塩素酸カリウムと酸化マンガン(Ⅳ)を混ぜ合わせて加熱する。
気体**D**：硫化鉄(Ⅱ)に希硫酸を加える。
気体**E**：銅に濃硫酸を加えて加熱する。
気体**F**：水酸化カルシウムと塩化アンモニウムを混ぜ合わせて加熱する。
気体**G**：銅に濃硝酸を加える。
気体**H**：炭酸カルシウムに希塩酸を加える。

問1　気体**D**と**F**の乾燥剤として最適なものを下の中からそれぞれ1つずつ選び，記号で答えよ。
　(ア)　塩化カルシウム　　(イ)　ソーダ石灰　　(ウ)　十酸化四リン
　(エ)　濃硫酸　　　　　　(オ)　シリカゲル

問2　上方置換で捕集される気体は何か。気体の分子式で答えよ。
問3　触媒を用いた反応例はどれか。発生する気体の分子式で答えよ。
問4　気体分子が極性をもつものを3例選び，気体の分子式で答えよ。
問5　酸化還元反応によって生成する気体はどれか。すべて選びだし，気体の分子式で答えよ。
問6　ガラス容器内に封入した気体**G**を氷で冷却すると色が薄くなり，温めるとまたもとの濃い褐色に戻った。この変化を可逆反応式で示せ。
問7　硝酸銀水溶液に気体**B**を通じたところ白色沈殿を生じた。この懸濁液にさらに気体**F**を通じると沈殿は溶解した。この下線部の変化で生成した陽イオンの化学式と名称を示せ。
問8　気体**D**の水溶液に気体**E**を通じたところ白濁した。このときの変化を化学反応式で示せ。

(金沢大)

§16 金属元素とその化合物　基本まとめ

1 アルカリ金属元素
水素以外の1族元素（Li, Na, K, Rb, Cs, Fr）

(1) アルカリ金属元素の原子の最外殻の電子は1個で，イオン化エネルギーが小さく，1価の陽イオンになりやすい。

(2) アルカリ金属元素の単体は常温の水と反応して水素を発生させ，強塩基である水酸化物を生じる。

$$2M + 2H_2O \longrightarrow 2MOH + H_2$$

(3) 水酸化ナトリウム $NaOH$

水によく溶け，その水溶液は強い塩基性を示す。また，空気中に放置すると，空気中の水分を吸収して溶ける**潮解**という現象を示す。
工業的には食塩水の電気分解で製造される。

$$2NaCl + 2H_2O \longrightarrow Cl_2 + H_2 + 2NaOH$$

(4) 炭酸ナトリウム Na_2CO_3

アンモニアソーダ法（**ソルベー法**ともいう）で製造される。

$$NaCl + H_2O + CO_2 + NH_3 \longrightarrow NaHCO_3 + NH_4Cl$$
$$2NaHCO_3 \longrightarrow Na_2CO_3 + H_2O + CO_2$$

2 アルカリ土類金属元素
周期表の2族元素のうち Ca, Sr, Ba, Ra の4種類の元素をアルカリ土類金属元素とよぶ。

(1) アルカリ土類金属元素は2価の陽イオンになりやすく，常温の水と反応して水素を発生させ，強塩基である水酸化物を生じる。

$$M + 2H_2O \longrightarrow M(OH)_2 + H_2$$

(2) アルカリ土類金属元素の炭酸塩や硫酸塩はいずれも水に溶けにくい。

$$Ca^{2+} + CO_3^{2-} \longrightarrow CaCO_3$$

3 アルミニウム
アルミニウムは，地殻中に酸素，ケイ素についで多く含まれる。

〈製法〉 ボーキサイトを原料にして，酸化物の融解塩電解で製造される。

$$Al_2O_3 \cdot nH_2O \xrightarrow{NaOH} Na[Al(OH)_4] \longrightarrow Al(OH)_3 \longrightarrow Al_2O_3$$
$$Al_2O_3 \longrightarrow 2Al^{3+} + 3O^{2-} \quad (氷晶石の液体中で行う)$$
$$(+) \quad C + O^{2-} \longrightarrow CO + 2e^-$$
$$\text{または} \quad C + 2O^{2-} \longrightarrow CO_2 + 4e^-$$
$$(-) \quad Al^{3+} + 3e^- \longrightarrow Al$$

〈性質〉 アルミニウムは両性元素で，アルミニウムの単体は酸の水溶液にも

強塩基の水溶液にも溶ける。

$$2Al + 6HCl \longrightarrow 2AlCl_3 + 3H_2$$
$$2Al + 2NaOH + 6H_2O \longrightarrow 2Na[Al(OH)_4] + 3H_2$$

アルミニウムは，濃硝酸や濃硫酸には表面にち密な酸化被膜ができるので溶けにくい。このような状態を**不動態**という。

4 銅

銅は赤色をした展性・延性の大きな金属で，電気伝導性のすぐれた金属である。一方，銅(Ⅱ)イオンCu^{2+}の水溶液にアンモニア水を加えていくと，はじめ水酸化銅(Ⅱ)$Cu(OH)_2$の青白色の沈殿が生じるが，さらにアンモニア水を加えると沈殿は溶解してテトラアンミン銅(Ⅱ)イオン$[Cu(NH_3)_4]^{2+}$の深青色の溶液になる。

$$Cu^{2+} + 2OH^- \longrightarrow Cu(OH)_2$$
$$Cu(OH)_2 + 4NH_3 \longrightarrow [Cu(NH_3)_4]^{2+} + 2OH^-$$

5 鉄

鉄の単体は，赤鉄鉱Fe_2O_3や磁鉄鉱Fe_3O_4を，高炉内でコークスCから発生する一酸化炭素で還元してつくる。

$$Fe_2O_3 + 3CO \longrightarrow 2Fe + 3CO_2$$

鉄は酸と反応して水素を発生して溶解する。

$$Fe + 2H^+ \longrightarrow Fe^{2+} + H_2$$

濃硝酸や濃硫酸には不動態を形成するので，ほとんど反応しない。

鉄は酸化数+2と+3の化合物をつくり，イオンにはFe^{2+}とFe^{3+}が存在する。

6 金属イオンの分離

Ag^+，Ba^{2+}，Cu^{2+}，Fe^{3+}，Zn^{2+}を含む水溶液から，それぞれのイオンを分離するための操作の一例を以下に示す。

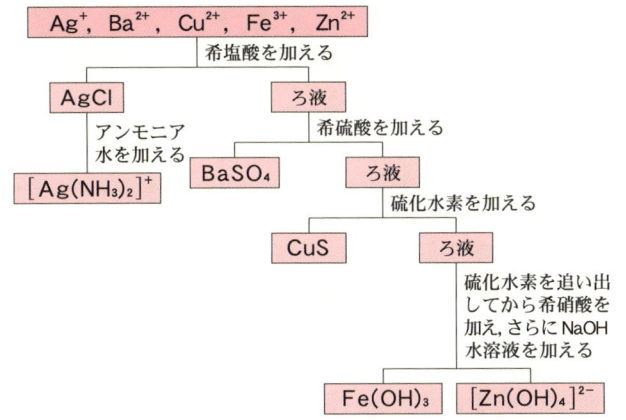

```
           Ag⁺, Ba²⁺, Cu²⁺, Fe³⁺, Zn²⁺
                      │ 希塩酸を加える
            ┌─────────┴─────────┐
          AgCl                 ろ液
            │                   │ 希硫酸を加える
    アンモニア水を加える   ┌─────┴─────┐
            │           BaSO₄       ろ液
     [Ag(NH₃)₂]⁺                     │ 硫化水素を加える
                              ┌──────┴──────┐
                             CuS           ろ液
                                            │ 硫化水素を追い出して
                                            │ から希硝酸を加え，
                                            │ さらにNaOH水溶液を加える
                                     ┌──────┴──────┐
                                  Fe(OH)₃      [Zn(OH)₄]²⁻
```

基本演習

1. 金属単体の性質

A～EはK, Mg, Zn, Cu, Auのいずれかである。㈐～㈜の文を読んで，A～Eにあてはまる金属の名称を記せ。

㈐ 単体の表面の色はA，C，Dは銀白色，Bは赤色，Eは黄色であった。
㈑ Aの単体は，常温の水と反応して水素を発生する。
㈒ Bの硫酸塩の水溶液にCの単体を加えると，Bの単体が析出する。
㈓ Cの単体は，塩酸にも濃い水酸化ナトリウム水溶液にも溶ける。
㈔ Dの単体を空気中で加熱すると，明るい光を発して燃える。

2. ナトリウムとカルシウム

次の文中のA～Eは下の化合物群のうちのいずれか1つである。下記の各問に答えよ。

〈化合物群〉 Na_2CO_3, $NaOH$, CaO, $Ca(OH)_2$, $CaCO_3$

金属ナトリウムを水に加えると激しく反応して化合物Aを生成する。㈐Aの水溶液に二酸化炭素を吸収させると化合物Bが生成する。
㈑金属カルシウムに水を加えると激しく反応して化合物Cの水溶液が得られる。この水溶液に二酸化炭素を通じると白色沈殿Dが生成し，㈒さらに通じ続けると沈殿Dは溶解する。
石灰石の主成分は化合物Dで，化合物Dを焼くと二酸化炭素を発生するとともに化合物Eが得られる。この㈓Eを水に加えると化合物Cの水溶液となる。

問1 化合物A～Eの名称を記せ。
問2 下線部㈐～㈓の変化を化学反応式で記せ。

3. 金属元素とその化合物

金属単体A～Cおよび金属酸化物D～Eは下の物質群のうちのいずれか1つである。次の文を読んで各問に答えよ。

物質群　〈金属単体〉　アルミニウム，鉄，銅
　　　　〈金属酸化物〉　酸化アルミニウム，酸化銅(Ⅱ)

(1) 金属単体Aは希塩酸や希硫酸には溶解しないが，濃硝酸には溶解する。
(2) 金属単体BおよびCは希塩酸や希硫酸には溶解するが，㈐濃硝酸には溶解しない。BおよびCを㈑濃い水酸化ナトリウム水溶液に加えると，Bは水素を発生しながら溶解するが，Cは溶解しない。
(3) 金属酸化物Dは白色粉末であり，Eは黒色粉末である。

(4) (ウ)**D**および**E**はいずれも希硫酸に溶解し，**D**は無色の溶液になり，**E**は青色の溶液となる。一方，これらの酸化物のうち濃い水酸化ナトリウム水溶液に溶解するものは**D**だけであった。

問1　金属単体**A**～**C**および金属酸化物**D**～**E**の化学式を記せ。
問2　下線部(ア)の理由を説明せよ。
問3　下線部(イ)の変化を化学反応式で記せ。
問4　下線部(ウ)で金属酸化物**E**が希硫酸に溶解する変化を化学反応式で記せ。

4. 金属単体と金属イオンの化学反応式

次の(1), (2)の変化を化学反応式で，(3)～(7)の変化をイオン反応式で記せ。
(1) アルミニウムを希塩酸に加えると，水素を発生しながら溶解する。
(2) 水酸化アルミニウムを加熱すると，酸化アルミニウムが生成する。
(3) 水酸化アルミニウムは水酸化ナトリウム水溶液に溶解する。
(4) 硫酸銅(Ⅱ)水溶液にアンモニア水を加えると，青白色の沈殿が生成する。
(5) (4)で生成した沈殿は，過剰のアンモニア水に錯イオンをつくって溶解する。
(6) 硫酸亜鉛の水溶液にアンモニア水を加えると，白色の沈殿が生成する。
(7) (6)で生成した沈殿は，水酸化ナトリウム水溶液に溶解する。

解答

1. A カリウム　　B 銅　　C 亜鉛　　D マグネシウム　　E 金
2. 問1　A 水酸化ナトリウム
　　　　B 炭酸ナトリウム
　　　　C 水酸化カルシウム
　　　　D 炭酸カルシウム
　　　　E 酸化カルシウム
   問2　(ア)　$2NaOH + CO_2 \longrightarrow Na_2CO_3 + H_2O$
   　　　(イ)　$Ca + 2H_2O \longrightarrow Ca(OH)_2 + H_2$
   　　　(ウ)　$CaCO_3 + H_2O + CO_2 \longrightarrow Ca(HCO_3)_2$
   　　　(エ)　$CaO + H_2O \longrightarrow Ca(OH)_2$
3. 問1　A Cu　　B Al　　C Fe　　D Al_2O_3　　E CuO
   問2　不動態を形成するために反応が進行しない。
   問3　$2Al + 2NaOH + 6H_2O \longrightarrow 2Na[Al(OH)_4] + 3H_2$
   問4　$CuO + H_2SO_4 \longrightarrow CuSO_4 + H_2O$
4. (1) $2Al + 6HCl \longrightarrow 2AlCl_3 + 3H_2$
   (2) $2Al(OH)_3 \longrightarrow Al_2O_3 + 3H_2O$
   (3) $Al(OH)_3 + OH^- \longrightarrow [Al(OH)_4]^-$
   (4) $Cu^{2+} + 2OH^- \longrightarrow Cu(OH)_2$
   (5) $Cu(OH)_2 + 4NH_3 \longrightarrow [Cu(NH_3)_4]^{2+} + 2OH^-$
   (6) $Zn^{2+} + 2OH^- \longrightarrow Zn(OH)_2$
   (7) $Zn(OH)_2 + 2OH^- \longrightarrow [Zn(OH)_4]^{2-}$

基本演習 解説

1. 金属単体の性質

(ア) ほとんどの金属の単体は銀白色であるが，銅の単体は赤色，金の単体は黄色である。

(イ) 常温の水と反応して水素を発生する単体は，カリウムである。

$$2K + 2H_2O \longrightarrow 2KOH + H_2$$

このように，アルカリ金属の単体は常温の水と反応して水素を発生する。

$$2M + 2H_2O \longrightarrow 2MOH + H_2$$

アルカリ金属のように沈殿を生成しないイオンの確認は**炎色反応**で行う。

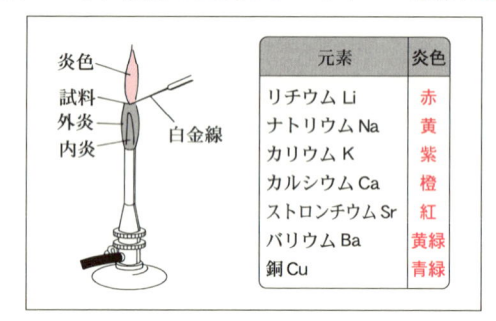

元素	炎色
リチウム Li	赤
ナトリウム Na	黄
カリウム K	紫
カルシウム Ca	橙
ストロンチウム Sr	紅
バリウム Ba	黄緑
銅 Cu	青緑

(炎色，試料，外炎，内炎，白金線)

(ウ) 硫酸銅(II)水溶液中に亜鉛の単体を加えると，亜鉛の表面に銅が析出する。

$$Cu^{2+} + Zn \longrightarrow Cu + Zn^{2+}$$

(エ) Cは両性元素の単体の亜鉛である。両性元素の単体は，酸にも強塩基にも溶け，いずれも水素を発生する。

$$Zn + 2HCl \longrightarrow ZnCl_2 + H_2$$
$$Zn + 2NaOH + 2H_2O \longrightarrow Na_2[Zn(OH)_4] + H_2$$

(オ) マグネシウムは空気中で強熱すると，明るい光を出して燃焼する。

$$2Mg + O_2 \longrightarrow 2MgO$$

2. ナトリウムとカルシウム

ナトリウムの単体は常温の水と反応して水素を発生し，強塩基である水酸化ナトリウムを生じる。

$$2Na + 2H_2O \longrightarrow 2NaOH + H_2$$

水酸化ナトリウム水溶液に二酸化炭素を通じると，はじめに炭酸ナトリウムが生成する。

$$2NaOH + CO_2 \longrightarrow Na_2CO_3 + H_2O$$

さらに二酸化炭素を通じていくと，炭酸ナトリウムは炭酸水素ナトリウムに変化する。

$$Na_2CO_3 + H_2O + CO_2 \longrightarrow 2NaHCO_3$$

カルシウムの単体は常温の水と反応して水素を発生し，強塩基である水酸化カルシウムを生じる。

$$Ca + 2H_2O \longrightarrow Ca(OH)_2 + H_2$$

水酸化カルシウム水溶液に二酸化炭素を通じると，はじめ白色の沈殿が生じるが，過剰に通じると沈殿は溶解する。

$$Ca(OH)_2 + CO_2 \longrightarrow CaCO_3 + H_2O$$
$$CaCO_3 + H_2O + CO_2 \rightleftarrows Ca(HCO_3)_2$$

炭酸カルシウムを強熱すると，酸化カルシウム(生石灰)に変化する。

$$CaCO_3 \longrightarrow CaO + CO_2$$

酸化カルシウムに水を加えると，水酸化カルシウム(消石灰)が生じる。

$$CaO + H_2O \longrightarrow Ca(OH)_2$$

この消石灰の水溶液を**石灰水**という。

3. 金属元素とその化合物

問1 (1) イオン化傾向が水素よりも小さい銅の単体は酸化力をもたない希塩酸や希硫酸には溶けないが，酸化力をもつ濃硝酸には溶ける。

$$Cu + 4HNO_3 \longrightarrow Cu(NO_3)_2 + 2H_2O + 2NO_2$$

酸化力をもつ酸には濃硝酸の他に濃硫酸と希硝酸があり，これらはいずれも単体の銅と反応する。

$$Cu + 2H_2SO_4 \longrightarrow CuSO_4 + 2H_2O + SO_2$$
$$3Cu + 8HNO_3 \longrightarrow 3Cu(NO_3)_2 + 4H_2O + 2NO$$

(2) アルミニウムと鉄は，希塩酸や希硫酸には溶解するが，濃硝酸には不動態を形成するので溶解しない。一方，アルミニウムは両性元素であるので，その単体は希塩酸にも水酸化ナトリウム水溶液にも溶ける。

$$2Al + 6HCl \longrightarrow 2AlCl_3 + 3H_2$$
$$2Al + 2NaOH + 6H_2O \longrightarrow 2Na[Al(OH)_4] + 3H_2$$

アルミニウムの単体は，原料鉱石のボーキサイト(主成分 $Al_2O_3 \cdot nH_2O$)を精製して得られるアルミナ Al_2O_3 の融解塩電解で製造されている。

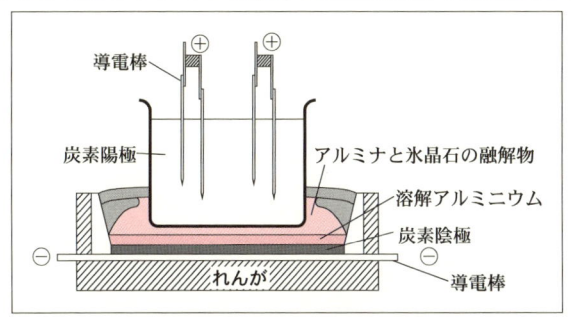

$$(+) \quad C + O^{2-} \longrightarrow CO + 2e^-$$
$$\text{または} \quad C + 2O^{2-} \longrightarrow CO_2 + 4e^-$$
$$(-) \quad Al^{3+} + 3e^- \longrightarrow Al$$

この電気分解は氷晶石 $Na_3[AlF_6]$ の液体中で行われる。

(3) 酸化アルミニウム Al_2O_3 は白色，酸化銅(Ⅱ) CuO は黒色である。

(4) 酸化アルミニウムは両性酸化物であるので，希塩酸にも水酸化ナトリウム水溶液にも溶解する。

$$Al_2O_3 + 6HCl \longrightarrow 2AlCl_3 + 3H_2O$$
$$Al_2O_3 + 2NaOH + 3H_2O \longrightarrow 2Na[Al(OH)_4]$$

問2 金属表面にち密な酸化被膜を生じ，金属の内部を保護する状態を不動態という。

問4 銅の単体は希硫酸に溶解しないが，銅の酸化物の酸化銅(Ⅱ)は塩基性酸化物であり，希硫酸に溶解する。

$$CuO + H_2SO_4 \longrightarrow CuSO_4 + H_2O$$

硫酸銅(Ⅱ)の希硫酸溶液に，不純物を含んだ銅(粗銅)を陽極に，純粋な銅を陰極にして電気分解すると，陰極に純度の高い銅が析出する。これを銅の電解精錬という。

$$(+) \quad Cu \longrightarrow Cu^{2+} + 2e^-$$
$$(-) \quad Cu^{2+} + 2e^- \longrightarrow Cu$$

粗銅中に含まれていた不純物のうち，銅よりもイオン化傾向の大きい金属はイオンとなって溶解し，電解液にとどまる。ただし，鉛は $PbSO_4$ として沈殿する。また，銅よりもイオン化傾向の小さい金属はイオンにならないで，陽極の下に単体のまま沈殿(陽極泥)する。

4. 金属単体と金属イオンの反応式

アルミニウムはイオン化傾向が水素よりも大きな金属なので，希塩酸と反応して水素を発生する。

$$2Al + 6HCl \longrightarrow 2AlCl_3 + 3H_2$$

水酸化アルミニウムを強熱すると，酸化アルミニウムに変化する。

$$2Al(OH)_3 \longrightarrow Al_2O_3 + 3H_2O$$

アルミニウムの水酸化物である水酸化アルミニウムは両性水酸化物なので，酸にも強塩基にも溶ける。

$$Al(OH)_3 + 3H^+ \longrightarrow Al^{3+} + 3H_2O$$
$$Al(OH)_3 + OH^- \longrightarrow [Al(OH)_4]^-$$
テトラヒドロキシドアルミン酸イオン

銅(Ⅱ)イオンを含む水溶液にアンモニア水を加えていくと，はじめ青白色の水酸化銅(Ⅱ)の沈殿が生じるが，アンモニア水をさらに加えるとこの沈殿は深

青色のテトラアンミン銅(Ⅱ)イオンとなって溶解する。

$$Cu^{2+} + 2OH^- \longrightarrow Cu(OH)_2$$
$$Cu(OH)_2 + 4NH_3 \longrightarrow [Cu(NH_3)_4]^{2+} + 2OH^-$$

このようにアンモニア水を加えるとはじめ沈殿が生じるが，さらにアンモニア水を加えるとその沈殿が溶解するイオンの例としてCu^{2+}の他にAg^+やZn^{2+}などがある。

Ag^+では，次のようになる。

$$2Ag^+ + 2OH^- \longrightarrow Ag_2O + H_2O$$
$$Ag_2O + H_2O + 4NH_3 \longrightarrow 2[Ag(NH_3)_2]^+ + 2OH^-$$

Zn^{2+}では，次のようになる。

$$Zn^{2+} + 2OH^- \longrightarrow Zn(OH)_2$$
$$Zn(OH)_2 + 4NH_3 \longrightarrow [Zn(NH_3)_4]^{2+} + 2OH^-$$

$[Cu(NH_3)_4]^{2+}$や$[Ag(NH_3)_2]^+$のようにCu^{2+}とNH_3，Ag^+とNH_3が配位結合して生成したイオンを錯イオンという。錯イオン中の配位結合している分子やイオンを配位子といい，配位子の数を配位数という。

次の表に主な錯イオンの名称，化学式，形，色を示す。

名　　称	化学式	形	色
ジアンミン銀(Ⅰ)イオン	$[Ag(NH_3)_2]^+$	直線形	無色
テトラアンミン銅(Ⅱ)イオン	$[Cu(NH_3)_4]^{2+}$	正方形	深青色
テトラアンミン亜鉛(Ⅱ)イオン	$[Zn(NH_3)_4]^{2+}$	正四面体形	無色
ヘキサシアニド鉄(Ⅲ)酸イオン	$[Fe(CN)_6]^{3-}$	正八面体形	黄色
ヘキサシアニド鉄(Ⅱ)酸イオン	$[Fe(CN)_6]^{4-}$	正八面体形	淡黄色

直線形

正方形

正四面体形

正八面体形

実戦演習

1 元素の性質とその用途

次の①～⑦の文章は、それぞれ元素(i)～(vii)について説明したものである。以下の各問に答えよ。

① 元素(i)は人類が最も古くから利用している金属の一つである。青銅はこの元素と銅との合金であり、はんだはこの元素と鉛との合金である。この元素の単体は室温では展性、延性に富む金属であり、(a)酸とも強塩基とも反応する性質を持っている。

② 元素(ii)の単体は、火山の噴火口で検出される。また、(ii)の単体には3種類の同素体が存在し、それらはいずれも、空気中で点火すると青い炎をあげて燃え、有毒なガスを生じる。

③ 金属元素(iii)の単体は、すべての金属の単体の中で電気伝導性と熱伝導性が最大である。この元素の1価陽イオンを含む水溶液に臭化物イオンを加えると、写真フィルムの感光剤として用いられ淡黄色の沈殿が生じる。

④ 元素(iv)は、地殻に最も多く存在する遷移金属元素であり、単体は灰白色の光沢のある金属である。2価陽イオンの水酸化物は緑白色の固体、3価陽イオンの水酸化物は赤褐色の固体である。

⑤ 元素(v)は、第4周期元素である。この元素の水酸化物の水溶液に二酸化炭素を通すと白色沈殿が生じ、(b)さらに二酸化炭素を通していくと白色沈殿は溶解する。最初に生じた白色沈殿を焼いて得られる酸化物は、紀元前から建築材料に利用されていた。

⑥ 金属元素(vi)の化合物の利用は古く、この元素の化合物が清浄剤として用いられていたことが旧約聖書に記されている。この元素は価電子を1個持ち、常温の水と激しく反応して水素を発生し、水酸化物になる。この元素の化合物の水溶液を炎の中に入れると、黄色の炎色反応を示す。

⑦ 元素(vii)は、地殻に最も多く存在する金属元素であり、雲母や粘土を構成する元素である。この元素の単体は銀白色の軽金属で、常温の水とほとんど反応しない。また、1855年のパリ万国博において「粘土から得た銀」として展示されている。この元素の英名は、この元素の化合物の一つである「ミョウバン」にちなんで名づけられた。

問1 元素(i)～(vii)の元素記号を記せ。

問2 下線部(a)で示した性質を持つ元素を一般に何と呼ぶか、名称を記せ。また、そのような性質を持つ元素を、元素(i)以外に元素記号で二つ記せ。

問3 下線部(b)で示した反応を、化学反応式で記せ。

問4 元素(iv)の3価酸化物と、元素(vii)の単体を混ぜて点火すると、多量の反応熱を出しながら反応する。この反応を化学反応式で記せ。

問5 問4とは逆に、元素(iv)の単体と、元素(vii)の3価酸化物を混ぜて点火しても、反応は進行しない。この理由を簡潔に記せ。

(名古屋市立大)

2 金属の性質と合金

次の文を読んで，下記の各問に答えよ。原子量は Al＝27，1 nm＝1×10⁻⁹ m，アボガドロ定数は 6.0×10²³/mol とする。

金属には，イオン結晶や共有結合の結晶と異なる共通の性質がある。電気や熱をよく導く性質や a)叩くと薄く広がる展性，引っ張ると長く延びる延性などである。複数の金属を溶かし合わせたものを合金と呼び，もとの金属には見られないすぐれた性質をもつ場合がある。b)アルミニウムや銅を主成分とした合金では，他成分の添加により，さびにくく丈夫な金属材料を得ることができる。c)さびを防ぐもう一つの方法に別の金属で被覆するメッキがある。

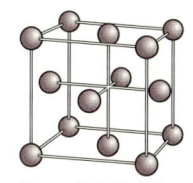

図1 結晶構造模型

問1 文中の下線部 a) に関して，金属がこのような性質をもつ理由を，原子の結合の特徴に基づいて50字以内で述べよ。

問2 文中の下線部 b) に関して，以下の問いに答えよ。

(1) 純アルミニウムや純銅は図1に示す結晶構造をとる。この構造の名称を書け。

(2) 純アルミニウムでは結晶単位の一辺の長さは0.40 nm である。純アルミニウムの密度を，〔g/cm³〕を単位としてその数値を有効数値2桁で答えよ。

図2 組成未知の合金を用いて行った化学処理

処理① 合金を濃硝酸に全て溶解し，乾固させた。これに水を加えて溶液Pを調製した。
→ 溶液P
処理② 溶液Pに希塩酸を加えたところ，白色沈殿Aを生じた。
→ ろ液Q，白色沈殿A
処理③ ろ液QにH₂Sを通じたところ，黒色沈殿Bを生じた。
処理④ ろ過した白色沈殿Aに熱水を加えても変化はなかったが，過剰のアンモニア水を加えると溶解し，無色の溶液となった。
→ 無色溶液
→ ろ液R，黒色沈殿B
処理⑤ ろ液Rを加熱してH₂Sを除いた後，アンモニア水を過剰に加えたところ，白色沈殿Cを生じた。
→ ろ液，白色沈殿C
処理⑥ ろ過した白色沈殿Cに水酸化ナトリウム水溶液を加えると溶解し，無色の溶液となった。
→ 無色溶液

(3) ある合金の成分を知るために，図2のように処理①〜処理⑥の操作を行い，3種類の沈殿物A〜Cを得た。それぞれの沈殿物を構成する主要な金属元素3種類を以下の金属から選び，それぞれ元素記号で書け。

　　アルミニウム　鉛　銀　銅　鉄　亜鉛

問3 文中の下線部 c) に関して，以下の問いに答えよ。

鉄板に亜鉛をメッキするとトタンに，スズをメッキするとブリキとなり，どちらも鉄板を保護できる。しかし，表面に傷がついて鉄が露出したとき，ブリキよりもトタンの方がさびにくい。その理由を50字以内で述べよ。

(東北大)

3 金属イオンの分離

5種類の金属イオン Cu^{2+}, Al^{3+}, Ag^+, Fe^{3+}, Cr^{3+} を含む水溶液がある。それぞれの金属イオンを分離・検出するために，次の操作1～7を行った。

操作1　水溶液に塩酸を加え，沈殿〔a〕とろ液〔b〕に分離した。
操作2　沈殿〔a〕にアンモニア水を加えたところ，沈殿〔a〕は溶けて無色の水溶液となった。
操作3　ろ液〔b〕に水酸化ナトリウム水溶液を過剰に加え，沈殿〔c〕とろ液〔d〕に分離した。
操作4　沈殿〔c〕にアンモニア水を過剰に加えたところ沈殿〔c〕の一部は溶解したので，沈殿〔e〕とろ液〔f〕に分離した。
操作5　沈殿〔e〕を塩酸に溶かし，試薬Xの水溶液を加えると濃青色の沈殿が生じた。
操作6　ろ液〔d〕に過酸化水素水を過剰に加え煮沸した。じゅうぶん煮沸して過剰の過酸化水素を除去したのち冷却し，(1)硝酸を加えて酸性にしたところ溶液の色が黄色から赤橙色に変化した。アンモニア水を加えて塩基性とし，沈殿〔g〕とろ液〔h〕に分離した。
操作7　ろ液〔h〕を酢酸で中和し，酢酸鉛(Ⅱ)水溶液を加えると沈殿が生じた。

問1　沈殿〔e〕，〔g〕の化学式を書け。
問2　操作2で起こる変化を化学反応式で示せ。
問3　ろ液〔f〕に含まれている錯イオンの名称と化学式を書け。
問4　試薬Xとして適切なものは何か，化学式を書け。
問5　操作7で生じた沈殿の化学式と色を書け。
問6　下線部(1)のイオン反応式を書け。

(神戸大)

4 イオンの反応 応用

下記の化合物名欄に記載されている化合物(イ)～(ヌ)のいずれか1つを含む10種類の水溶液A～Jがある。これらの水溶液について，1から14の実験結果を得た。下記の問1～問4に答えよ。

(化合物名)
- (イ)　塩化亜鉛
- (ロ)　水酸化カルシウム
- (ハ)　塩化銅(Ⅱ)
- (ニ)　酢酸鉛(Ⅱ)
- (ホ)　過マンガン酸カリウム
- (ヘ)　クロム酸カリウム
- (ト)　硫酸ニッケル
- (チ)　硫酸アンモニウム
- (リ)　硫酸鉄(Ⅱ)
- (ヌ)　硫酸カリウムアルミニウム

§16 金属元素とその化合物

〔実験結果〕
1　**A**, **C**, **D**, **G**, **J**に炎色反応を行ったところ, **A**, **C**, **G**は赤紫色, **D**は青緑色, **J**は橙赤色を示した。
2　**D**, **F**, **G**に水酸化ナトリウムの水溶液を加えると, **D**からは青白色の沈殿が生じ, **F**と**G**からは白色の沈殿が生じた。(1)<u>**G**の沈殿に水酸化ナトリウム水溶液を加えると溶解した。</u>
3　**D**, **F**に硝酸銀の水溶液を加えると白色沈殿が生じた。
4　**B**, **E**, **G**, **H**に塩化バリウムの水溶液を加えたところすべての水溶液から白色沈殿が生じた。
5　硫化鉄(II)に希硫酸を加えたときに発生する気体を, **B**, **D**, **F**, **I**に通すと**B**, **D**, **I**からは黒色沈殿, **F**からは白色沈殿(あ)が生じた。**B**に希硫酸を加え酸性にしておくと, 硫化鉄(II)に希硫酸を加えたときに発生する気体を通しても沈殿は生じなかった。
6　**C**に**I**を加えると黄色の沈殿(い)が生じた。
7　石灰石に希塩酸を加えたときに発生する気体を**J**に通すと白色の沈殿が生じた。そして, (2)<u>長く通していると</u>沈殿が溶解した。
8　**D**にアンモニア水を少量加えると青白色の沈殿が生じるが, (3)<u>この沈殿は多量のアンモニア水に溶解し, 深青色の溶液になった。</u>
9　(4)<u>黄色の**C**の溶液に希硫酸を加え, 酸性にすると赤橙色になった。</u>
10　**D**に鉄くぎを入れるとくぎの表面が赤色になり, しばらくすると試験管の底に赤色の沈殿物(う)が析出した。
11　**I**に希硫酸を加えると白色の沈殿(え)と, わずかに匂いのある化合物(お)が生成した。
12　**H**に水酸化ナトリウム水溶液を加えると, 刺激臭のある化合物(か)の気体が発生した。
13　**E**に硫酸を加え酸性としたところに赤紫色の**A**の溶液を加えると, **A**の赤紫色の色が消えた。
14　**E**にヘキサシアニド鉄(III)酸カリウム水溶液を加えたところ濃青色の沈殿が生じた。

問1　化合物(イ)〜(ヌ)の化学式を記せ。化学式には結晶水は書かなくてよい。
問2　**A**〜**J**の溶液に溶けている物質を(イ)〜(ヌ)の記号で記せ。
問3　沈殿(あ), (い), (う), (え)および化合物(お), (か)の化学式を記せ。
問4　下線部(1), (2), (3), (4)で起こる反応をイオン反応式で記せ。

(鹿児島大)

§17 脂肪族有機化合物 基本まとめ

1 有機化合物の分子式の決定

(1) 分子式の決定法

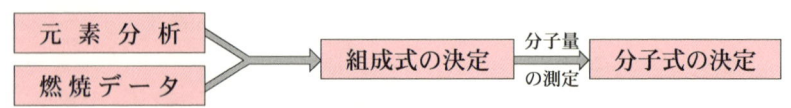

元素分析 ・ 燃焼データ → 組成式の決定 →（分子量の測定）→ 分子式の決定

(2) 異性体　構造異性体……連鎖異性体，官能基異性体，位置異性体
　　　　　　立体異性体……幾何異性体，光学異性体

2 脂肪族炭化水素

アルカン　C_nH_{2n+2}

燃焼反応　$C_nH_{2n+2} + \dfrac{3n+1}{2}O_2 \longrightarrow nCO_2 + (n+1)H_2O$

置換反応（塩素化）

$CH_4 \xrightarrow[\text{光}]{Cl_2} CH_3Cl \xrightarrow[\text{光}]{Cl_2} CH_2Cl_2 \xrightarrow[\text{光}]{Cl_2} CHCl_3 \xrightarrow[\text{光}]{Cl_2} CCl_4$

メタン　　クロロメタン　ジクロロメタン　トリクロロメタン　テトラクロロメタン
　　　　　　　　　　　　　　　　　　　　（クロロホルム）　（四塩化炭素）

石油は，アルカンなどの混合物である。

POINT　アルカンは置換反応，アルケンとアルキンは付加反応が中心なんだ！

アルケン　C_nH_{2n}

製法　アルコールの脱水

$\overset{|}{\underset{H}{C}}-\overset{|}{\underset{OH}{C}} \xrightarrow{H_2SO_4} \,>C=C<\, + H_2O$

反応　$>C=C<$ をもつために付加反応を受ける。

$>C=C<\, + X-Y \longrightarrow -\overset{|}{\underset{X}{C}}-\overset{|}{\underset{Y}{C}}-$ 　X—Y の例　$\begin{cases} Cl-Cl,\ H-OH \\ H-Cl \end{cases}$

アルキン　C_nH_{2n-2}

製法（アセチレンの製法）　炭化カルシウム（カーバイド）に水を加える。

$CaC_2 + 2H_2O \longrightarrow Ca(OH)_2 + CH\equiv CH$

反応　$-C\equiv C-$ をもつために付加反応を受ける。

$-C\equiv C- + X-Y \longrightarrow -\overset{|}{\underset{X}{C}}=\overset{|}{\underset{Y}{C}}-$ 　X—Y の例　$Cl-Cl,\ H-Cl$
　　　　　　　　　　　　　　　　　　　　　　　　　　　　$H-OH$

〈注〉$>C=\overset{|}{\underset{OH}{C}}-$ は不安定で，$>\overset{|}{\underset{H}{C}}-\overset{|}{\underset{O}{C}}-$ に変化する。

§17 脂肪族有機化合物

3 脂肪族化合物

アルコール R-OH

製法　アルケンに水を付加する。

$$\text{>C=C<} + \text{H-OH} \xrightarrow{H_2SO_4} -\overset{|}{\underset{H}{C}}-\overset{|}{\underset{OH}{C}}-$$

検出反応　アルコールに金属ナトリウムを加えると水素を発生する。

$$2ROH + 2Na \longrightarrow 2RONa + H_2$$

反応

脱水反応　$-\overset{|}{\underset{H}{C}}-\overset{|}{\underset{OH}{C}}- \xrightarrow{H_2SO_4} \text{>C=C<} + H_2O$

酸化

第一級アルコール ⟶ アルデヒド ⟶ カルボン酸

$$R-\overset{H}{\underset{H}{C}}-OH \quad\quad R-\overset{H}{C}=O \quad\quad R-\overset{OH}{C}=O$$

第二級アルコール ⟶ ケトン　　第三級アルコール ⟶ 酸化されない

$$R_1-\overset{R_2}{\underset{H}{C}}-OH \quad\quad R_1-\overset{R_2}{C}=O \quad\quad R_1-\overset{R_2}{\underset{R_3}{C}}-OH$$

> アルコールでは，酸化と脱水の理解が鍵になるよ。 **POINT**

カルボン酸 $R-\overset{O}{\overset{\|}{C}}-OH$

検出反応　炭酸水素ナトリウム水溶液を加えるとCO_2を発生する。

$$RCOOH + NaHCO_3 \longrightarrow RCOONa + H_2O + CO_2$$

反応

エステル化　アルコールとカルボン酸を濃硫酸とともに加熱する。

$$R'COOH + ROH \longrightarrow R'COOR + H_2O$$

エステル $R-\overset{O}{\overset{\|}{C}}-O-R'$ （RCOOR'またはR'OCOR）

加水分解　RCOOR' + H_2O ⇌ RCOOH + R'OH
けん化　　RCOOR' + NaOH ⟶ RCOONa + R'OH

油脂とセッケン

高級脂肪酸とグリセリンのエステルを油脂という。水酸化ナトリウムでけん化するとグリセリンと高級脂肪酸のナトリウム塩(セッケン)を生じる。

$$C_3H_5(OCOR)_3 + 3NaOH \longrightarrow C_3H_5(OH)_3 + 3RCOONa$$

131

基本演習

1. 酢酸の化学式
酢酸は炭素原子2個，水素原子4個，酸素原子2個からなる有機化合物である。酢酸の組成式，分子式，示性式および構造式を記せ。

2. 分子式の決定
次の問1および問2に答えよ。
問1 Aは，炭素40.0%，水素6.7%，酸素53.3%からなる有機化合物で，その分子量は180である。Aの組成式と分子式を記せ。
問2 分子量が44の炭化水素Bの0.440gを完全燃焼させると，二酸化炭素1.32gと水0.720gが生成した。この炭化水素Bの分子式を記せ。

3. アルカンの反応
次の(1)～(3)の変化を化学反応式で記せ。
(1) 酢酸ナトリウムにソーダ石灰（NaOH＋CaO）を加えて熱分解するとメタンが生成する。
(2) プロパン（C_3H_8）を完全燃焼させる。
(3) メタンと塩素の混合物に紫外線を照射するとクロロメタンが生成した。

4. エチレンの反応
次の(a)～(d)の反応で生成する化合物を解答群から選び，その名称を記せ。
(a) 臭素の四塩化炭素溶液にエチレンを通じる。
(b) 硫酸を触媒にしてエチレンに水を付加する。
(c) エチレンに塩化水素を付加する。
(d) 触媒の存在下エチレンに水素を付加する。

〔解答群〕
- (ア) CH_3-CH_3
- (イ) CH_3-CH_2-Cl
- (ウ) CH_3-Br
- (エ) CH_3-CH_2-OH
- (オ) $Br-CH_2-CH_2-Br$
- (カ) $CH_2=CH-Cl$

解答

1.

組成式	分子式	示性式	構造式
CH_2O	$C_2H_4O_2$	CH_3COOH	$H-\underset{\underset{H}{\mid}}{\overset{\overset{H}{\mid}}{C}}-\overset{O}{\overset{\parallel}{C}}-O-H$

2.
問1　組成式　CH_2O
　　　分子式　$C_6H_{12}O_6$
問2　C_3H_8

3.
(1) $CH_3COONa + NaOH \longrightarrow CH_4 + Na_2CO_3$
(2) $C_3H_8 + 5O_2 \longrightarrow 3CO_2 + 4H_2O$
(3) $CH_4 + Cl_2 \longrightarrow CH_3Cl + HCl$

4.
(a) (オ) 1, 2-ジブロモエタン　(b) (エ) エタノール
(c) (イ) クロロエタン　(d) (ア) エタン

§17 脂肪族有機化合物

5. アセチレンの反応
次の(a)～(d)の反応によって生成する化合物 ☐ の名称を解答群から選べ。
(a) CH≡CH + HCl ⟶ (a)☐　　　　（付加反応）
(b) CH≡CH + CH₃COOH ⟶ (b)☐　（付加反応）
(c) CH≡CH + H₂O ⟶ (c)☐　　　　（付加反応）
(d) 3CH≡CH ⟶ (d)☐　　　　　　　（三分子重合）

〔解答群〕　(ア) 酢酸ビニル　(イ) 塩化ビニル　(ウ) ビニルアルコール
　　　　　(エ) ベンゼン　　(オ) アセトアルデヒド　(カ) エタノール

6. 異性体
互いに(1),(2)の関係にある化合物を化合物群から選び，その組合せをすべて記せ。
(1) 構造異性体　　(2) 幾何異性体

〔化合物群〕
(ア) CH₃−CH₂−CH₂−CH₃　(イ) CH₃−CH₂−C−H　(ウ) CH₃   H
　　　　　　　　　　　　　　　　　　　　　∥　　　　　＼C=C＼
　　　　　　　　　　　　　　　　　　　　　O　　　　　H／　＼CH₃

(エ) CH₃−C−CH₃　(オ) CH₃　　　CH₃　(カ) CH₃−CH−CH₃
　　　　∥　　　　　　　＼C=C／　　　　　　　　｜
　　　　O　　　　　　　H／　　＼H　　　　　　CH₃

7. 光学異性体
次の(ア)～(オ)の分子のうち，光学異性体が存在するものを1つ選べ。
(ア) CH₃−CH₂−COOH　(イ) CH₂=CH−Cl　(ウ) CH₃−CHO
(エ) CH₃−CH−CH₃　　(オ) CH₃−CH₂−CH−CH₃
　　　　　｜　　　　　　　　　　　　　　　｜
　　　　 OH　　　　　　　　　　　　　　　OH

8. アルケンの反応
あるアルケン C_nH_{2n} に臭素を付加したところ，もとのアルケンの約4.8倍の分子量をもつ生成物 **A** が得られた。次の**問1**～**問3**に答えよ。　Br=80

問1 生成物 **A** の分子量を n を用いて表せ。
問2 もとのアルケンおよび生成物 **A** の分子式を記せ。
問3 生成物 **A** とその構造異性体の構造式をすべて記せ。

解答

5. (a) (イ)　(b) (ア)　(c) (オ)　(d) (エ)
6. (1) (ア)と(カ)，(イ)と(エ)　(2) (ウ)と(オ)　　7. (オ)
8. 問1　$14n+160$　問2　C_3H_6, $C_3H_6Br_2$

　　問3　A：CH₃−CH−CH₂　CH₂−CH₂−CH₂　CH₃−CH₂−CH　CH₃−C−CH₃
　　　　　　　｜　　｜　　　　｜　　　　　｜　　　　　　｜　　　　　　｜
　　　　　　 Br　 Br　　　 Br　　　　 Br　　　　　　Br　　　　　Br
　　　　　　　　　　　　　　　　　　　　　　　　　　　　　　Br　　　Br

133

9. エタノールの反応

次の文中のA〜Fに対応する化合物を下記の解答群から1つずつ選べ。

(1) エタノールに金属ナトリウムを加えると，金属ナトリウムは水素を発生しながら溶解し，溶液中にはAが生成する。

(2) エタノールに濃硫酸を加えて170℃に加熱すると気体Bが発生し，一方，140℃に加熱するとCが生成する。

(3) 硫酸で酸性にした二クロム酸カリウム水溶液にエタノールを加えて加熱すると，エタノールは酸化されてDが生成し，さらに反応が進むと，Dは酸化されてEに変化する。

(4) 酢酸とエタノールの混合物に濃硫酸を加えたのち，おだやかに加熱すると，エステル化が起こり，Fが生成する。

〔解答群〕

- (ア) CH_3CH_2OH
- (イ) $CH_3CH_2OCH_2CH_3$
- (ウ) CH_3COOH
- (エ) CH_3CH_2ONa
- (オ) $CH \equiv CH$
- (カ) CH_3COOCH_3
- (キ) $CH_2 = CH_2$
- (ク) $CH_3COOCH_2CH_3$
- (ケ) CH_3CHO

10. C_3H_8O の異性体

分子式がC_3H_8Oで示される有機化合物には3種類の化合物が存在する。それぞれの構造式と名称を記せ。

11. 検出反応

次の(1)〜(5)の変化を示す化合物を下記の化合物群からすべて選び，その記号を記せ。

(1) 臭素水に通じると，臭素水の赤褐色が消える。

(2) 金属ナトリウムを加えると，水素を発生する。

(3) アンモニア性硝酸銀水溶液とともに加熱すると，銀が析出する。

(4) 水酸化ナトリウム水溶液とヨウ素を加えて加熱すると，黄色の沈殿が生じる。

(5) 炭酸水素ナトリウム水溶液を加えると，二酸化炭素が発生する。

〔化合物群〕

- (ア) CH_3CH_2OH
- (イ) CH_3CH_2CHO
- (ウ) CH_3COOH
- (エ) CH_3COCH_3
- (オ) $CH_3COOCH_2CH_3$
- (カ) $CH_3CH_2OCH_2CH_3$
- (キ) $CH_3CH = CH_2$

解答

9. A (エ)　B (キ)　C (イ)　D (ケ)　E (ウ)　F (ク)

10. $CH_3-O-CH_2-CH_3$　　$CH_3-CH_2-CH_2-OH$　　$CH_3-CH(OH)-CH_3$
　　エチルメチルエーテル　　1-プロパノール　　2-プロパノール

11. (1) (キ)　(2) (ア), (ウ)　(3) (イ)　(4) (ア), (エ)　(5) (ウ)

12. 反応形式
次の化学変化の反応形式を解答群から1つ選び，その記号を記せ。

(1) $CH_3COOH + CH_3OH \longrightarrow CH_3COOCH_3 + H_2O$
(2) $CH_3CH_2CH_2OH \longrightarrow CH_3CH=CH_2 + H_2O$
(3) $CH_3COOCH_2CH_3 + NaOH \longrightarrow CH_3COONa + CH_3CH_2OH$
(4) $CH_3OH \xrightarrow{K_2Cr_2O_7} HCHO$
(5) $CH_2=CH_2 + H_2O \longrightarrow CH_3CH_2OH$

〔解答群〕
(ア) 付加反応　(イ) 酸化反応　(ウ) 還元反応　(エ) エステル化
(オ) 脱水反応　(カ) 中和反応　(キ) けん化

13. 油脂のけん化
ある油脂1.00gを完全にけん化するために水酸化カリウム189mgを要した。次の問1および問2に答えよ。ただし，KOHの式量は56.0とする。

問1　この油脂の示性式を$C_3H_5(OCOR)_3$としてこの油脂のけん化を化学反応式で記せ。
問2　この油脂の平均分子量を四捨五入により有効数字3桁まで求めよ。

14. セッケン
セッケン水は弱いアルカリ性を示す。その理由をイオン反応式を用いて簡潔に説明せよ。

解答
12. (1) (エ)　(2) (オ)　(3) (キ)　(4) (イ)　(5) (ア)
13. 問1　$C_3H_5(OCOR)_3 + 3KOH \longrightarrow C_3H_5(OH)_3 + 3RCOOK$
　　問2　889
14. セッケンは弱酸である脂肪酸のナトリウム塩であるから，水溶液中で
$$RCOO^- + H_2O \rightleftharpoons RCOOH + OH^-$$
のように加水分解して弱アルカリ性を示す。

基本演習 解説

1. 酢酸の化学式
組成式 化合物を構成する原子の種類と数を最も簡単な整数比で表す。元素分析や燃焼のデータなどから得られるので**実験式**ともいう。
分子式 分子を構成する原子の種類とその数を表したもの。
示性式 特定の原子や原子団を明示し、化合物の種類や性質を表す。
構造式 分子中での原子の結合のようすを価標を用いて表した化学式。

2. 分子式の決定

計算法

パターンⅠ：元素分析値から
炭素 a %, 水素 b %, 酸素 c %からなる化合物

$$\frac{a}{12} : \frac{b}{1} : \frac{c}{16} = k : l : m$$

計算法

パターンⅡ：燃焼のデータから
炭素, 水素, 酸素からなる有機化合物 W g を燃焼させたところ, CO_2 が x g, H_2O が y g 生成した。

炭素の質量　$W_C = x \times \dfrac{12}{44}$ 〔g〕

水素の質量　$W_H = y \times \dfrac{2}{18}$ 〔g〕

酸素の質量　$W_O = W - (W_C + W_H)$ 〔g〕

$$\frac{W_C}{12} : \frac{W_H}{1} : \frac{W_O}{16} = k : l : m$$

→ 組成式 $C_kH_lO_m$

組成式が決まれば, $n = \dfrac{\text{分子量}}{\text{組成式量}}$ の関係から, 分子式は $(C_kH_lO_m)_n$

問1 $\dfrac{40.0}{12} : \dfrac{6.7}{1} : \dfrac{53.3}{16} = 3.33 : 6.7 : 3.33 = 1 : 2 : 1$　　Aの組成式は CH_2O

分子量が180より, 分子式を $(CH_2O)_n$ とすると,

$n = \dfrac{180}{30} = 6$　　したがって, Aの分子式は $C_6H_{12}O_6$

問2 Bの0.440 g に含まれる炭素と水素を W_C g, W_H g とすると,

$W_C = 1.32 \times \dfrac{12}{44} = 0.360$ 〔g〕,　$W_H = 0.720 \times \dfrac{2}{18} = 0.0800$ 〔g〕

$\dfrac{0.360}{12} : \dfrac{0.0800}{1} = 3 : 8$　　よって, Bの組成式は C_3H_8

分子量が44より, 分子式も C_3H_8 と決まる。

3. アルカンの反応　解答参照。
4. エチレンの反応

アルケンは $>C=C<$ 結合をもつので，付加反応が中心になる。

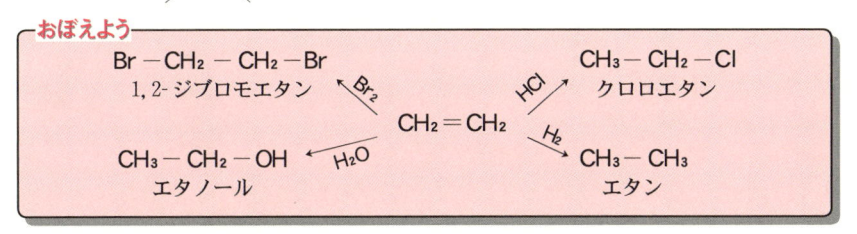

おぼえよう

```
Br-CH₂-CH₂-Br              CH₃-CH₂-Cl
1,2-ジブロモエタン  ←Br₂   HCl→  クロロエタン
                  CH₂=CH₂
CH₃-CH₂-OH  ←H₂O       H₂→  CH₃-CH₃
エタノール                    エタン
```

5. アセチレンの反応

アルキンは $-C≡C-$ 結合をもつので，付加反応を受けやすい。

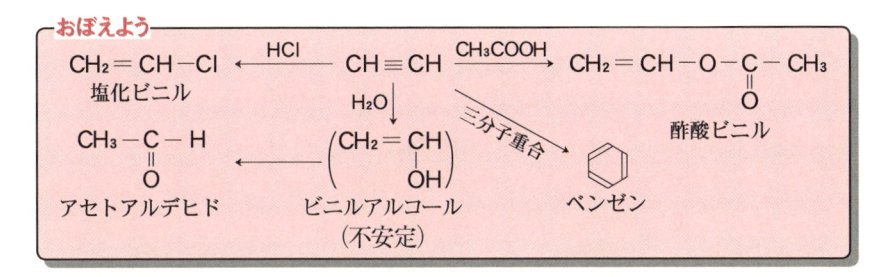

おぼえよう

```
CH₂=CH-Cl  ←HCl   CH≡CH   CH₃COOH→  CH₂=CH-O-C-CH₃
塩化ビニル              H₂O↓       三分子重合       ‖
                                               O
CH₃-C-H   ←   (CH₂=CH)              酢酸ビニル
    ‖           |
    O          OH
アセトアルデヒド   ビニルアルコール        ベンゼン
              （不安定）
```

6. 異性体

構造異性体
- 連鎖異性体　炭素原子のつながり方が異なる異性体。
- 官能基異性体　官能基が異なる異性体。アルコールとエーテルなどがある。
- 位置異性体　原子や原子団が結合している炭素原子の位置が異なる異性体。

立体異性体
- 幾何異性体　二重結合にもとづく異性体で，シス形とトランス形がある。
- 光学異性体　1つの炭素原子に異なった4つの原子あるいは原子団が結合した炭素原子を**不斉炭素原子**という。不斉炭素原子に基づく異性体で，光学異性体どうしの化学的性質は同じであるが，光学的性質が異なる。

不斉炭素原子は $CH_3-C^*H(OH)-COOH$ のように，不斉炭素原子に記号 $*$ をつけて区別する。

> 一般に，不斉炭素原子があれば，その化合物には，光学異性体が存在するといっていいんだね。
> **POINT**

7. 光学異性体

(オ)には右に示すような光学異性体が存在する。光学異性体はちょうど右手と左手の関係のように互いに重ね合わせることができない。（*印は不斉炭素原子を表す）

8. アルケンの反応

アルケンに臭素が付加すると，

$$C_nH_{2n} + Br_2 \longrightarrow C_nH_{2n}Br_2$$

生成物の分子量がもとのアルケンの4.8倍より $14n+160=4.8×14n$

∴ $n=3$　よって，このアルケンはC_3H_6である。

また，付加する原子はとなりあった炭素原子に付加するので生成物は1,2-ジブロモプロパン。

9. エタノールの反応

(1) エタノールはヒドロキシ基(-OH)をもつので金属ナトリウムと反応してH_2を発生する。この反応はアルコールの検出に用いられる。

$$2CH_3CH_2OH + 2Na \longrightarrow 2CH_3CH_2ONa + H_2$$

(2) エタノールに濃硫酸を加えて加熱すると脱水反応が起こり，170℃では，エチレンが，140℃では，ジエチルエーテルが生成する。

$$CH_3CH_2OH \longrightarrow CH_2=CH_2 + H_2O \quad （分子内脱水）$$
$$2CH_3CH_2OH \longrightarrow CH_3CH_2OCH_2CH_3 + H_2O \quad （分子間脱水）$$

(3) エタノールを$K_2Cr_2O_7$により酸化するとアセトアルデヒドが生じ，さらに酸化すると酢酸になる。

(4) 硫酸を触媒として，酢酸とエタノールとを反応させると，

$$CH_3CH_2OH + CH_3COOH \rightleftharpoons CH_3COOCH_2CH_3 + H_2O$$

この反応は可逆反応(右にも左にも進む反応)で，右向きの反応をエステル化，左向きの反応を加水分解という。

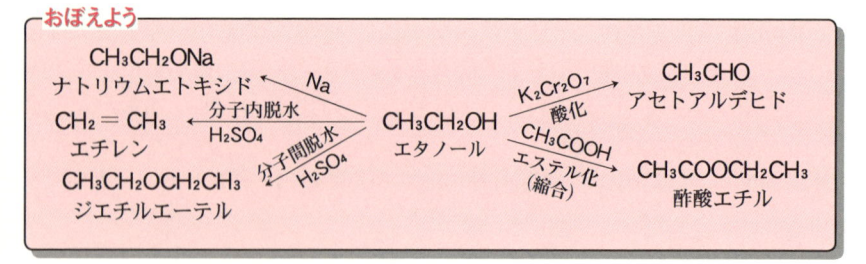

――おぼえよう――

CH₃CH₂ONa ナトリウムエトキシド ← Na ― CH₃CH₂OH エタノール → K₂Cr₂O₇ 酸化 → CH₃CHO アセトアルデヒド

CH₂=CH₂ エチレン ← 分子内脱水 H₂SO₄ ― CH₃CH₂OH ― CH₃COOH エステル化(縮合) → CH₃COOCH₂CH₃ 酢酸エチル

CH₃CH₂OCH₂CH₃ ジエチルエーテル ← 分子間脱水 H₂SO₄

10. C_3H_8Oの異性体

アルコールとエーテルとは官能基異性体の関係にある。

§17 脂肪族有機化合物

11. 検出反応
特有の反応性を利用して官能基を特定する方法として検出反応がある。
(1) 臭素水にアルケンを加えると，付加反応により臭素の赤褐色が消える。
(2) ヒドロキシ基($-OH$)の検出にはNaが用いられる。$-OH$をもつ化合物としてはアルコール(ア)とカルボン酸(ウ)がある。
(3) 銀鏡反応とよばれ，アルデヒド基($-CHO$)の検出に用いられる。
(4) ヨードホルム反応とよばれ，下の部分構造をもつ化合物が陽性を示す。

$$CH_3-\underset{O}{\overset{\parallel}{C}}-R \qquad CH_3-\underset{OH}{\overset{|}{C}H}-R \qquad \text{ただし，Rは炭化水素基あるいは水素原子}$$

(5) カルボン酸に$NaHCO_3$を加えるとCO_2が発生する。

$$RCOOH + NaHCO_3 \longrightarrow RCOONa + H_2O + CO_2$$

12. 反応形式
解答参照

> 検出反応や呈色反応は有機化合物の構造推定の鍵になるのよ。しっかり覚えてね。 **POINT**

13. 油脂のけん化
この油脂の平均分子量をMとすると，

$$C_3H_5(OCOR)_3 + 3KOH \longrightarrow C_3H_5(OH)_3 + 3RCOOK$$

$$\frac{1.00}{M} = \frac{189 \times 10^{-3}}{3 \times 56} \qquad \therefore\ M = 888.8 \fallingdotseq 889$$

14. セッケン
セッケンは，大きな疎水基(炭化水素基)と親水基(カルボン酸の塩)をもつために，水と油をなじみやすくする。このようなはたらきを示す物質を界面活性剤という。

セッケンは弱酸の塩であるために，水溶液中で加水分解して弱塩基性を示すため，動物性繊維(羊毛や絹)の洗浄には向かないし，硬水中でも使えない。

セッケン
$CH_3-CH_2-\cdots\cdots-COONa$
疎水基　　　　　　　親水基

合成洗剤
アルキルベンゼンスルホン酸ナトリウム
$CH_3-CH_2-\cdots-\langle\bigcirc\rangle-SO_3Na$

高級アルコール系洗剤
$CH_3-CH_2\cdots-OSO_3Na$

$$RCOO^- + H_2O \rightleftarrows RCOOH + OH^-$$

合成洗剤もセッケンと同じような構造をもつ界面活性剤である。合成洗剤にはアルキルベンゼンスルホン酸ナトリウムや高級アルコール系洗剤がある。
合成洗剤は強酸と強塩基の塩なので，その水溶液は中性である。

実戦演習

1 炭化水素の構造

炭化水素A～Cのうち，下記の(1)～(4)に該当する化合物の記号を記せ。

 A　エタン B　エチレン C　アセチレン

(1) 炭素原子間の結合距離が最も長い化合物。
(2) 水素原子と炭素原子がすべて一直線上にある分子。
(3) 炭素原子間の結合を軸にして2つの炭素原子が自由に回転できる分子。
(4) 炭素原子上の1つの水素原子をフッ素原子で置換し，他の炭素原子上のもう1つの水素原子を塩素原子で置換したとき，異性体が生じる化合物。

(名古屋大)

2 炭化水素の反応

次の文中の空欄に適切な語句あるいは数値を記し，また，E～Hの構造式を記せ。

C_4H_8の分子式で表される6種類の異性体A～Fのうち，AとBは互いに幾何異性体の関係にあり，　(ア)　を触媒として水素を付加させると，同一の化合物Gになる。また，AとBに臭素を付加させると，不斉炭素原子を　(イ)　個もつ化合物がそれぞれ得られる。さらに，異性体CとDにも臭素を付加させることができるが，Cの反応生成物Hのみが不斉炭素原子をもつ。異性体EとFはともに分子内に二重結合をもたないが，異性体Eのみがメチル基をもつ。

(名古屋大)

3 エチレンとエタノール

次の文中の空欄にあてはまる語句を記し，また，A～Dの名称と構造式を記せ。

エチレンは，エタノールと濃硫酸との混合物を160～170℃に加熱すると発生する無色の気体で，工業的には　(ア)　を熱分解してつくられる。エチレンに，白金やニッケルを触媒にして水素を作用させるとAになる。また，エチレンを臭素の四塩化炭素溶液に通じると，無色のBが生成し，臭素の四塩化炭素溶液の　(イ)　色は消える。このように，不飽和結合の原子に他の原子が結合する反応を　(ウ)　という。エチレンは，ある条件下，多数の分子間で　(ウ)　が起こり，　(エ)　になる。このように，次々に　(ウ)　が起こって分子量の大きい化合物が生じる反応を　(オ)　という。エタノールは，エチレンに硫酸を触媒にして水を作用させて製造する。このエタノールに，濃硫酸を加えて，約130℃に熱すると，麻酔作用のあるCが生成する。エタノールは，酸化されることによってDを生成し，さらに，酸化されると酢酸になる。

(鳥取大)

§17 脂肪族有機化合物

4 C₃H₈O の構造決定
次の文を読み，**問1**および**問2**に答えよ。

分子式が C₃H₈O で表される3つの化合物A，BおよびCがある。化合物AとBは，単体のナトリウムと反応し水素を発生したが，化合物Cはそれと反応しなかった。二クロム酸カリウムの希硫酸水溶液を用いて酸化すると，化合物Aから化合物Dが，化合物Bから化合物Eがそれぞれ生成した。化合物Dはフェーリング液を還元し赤色沈殿を生成させたが，化合物Eにはそのような作用はなかった。

問1 化合物A〜Eを，それらの官能基別に分類される化合物の一般名で書け。

問2 化合物A〜Eの構造式を書け。

(東京農工大)

5 エステルの合成実験
次の図に示す装置を用い，以下の実験を行った。下記の**問1**〜**問6**に答えよ。

枝つきフラスコに濃硫酸1mLと沸騰石数粒，滴下漏斗にエタノール(沸点78℃)10gと酢酸(沸点118℃)20gからなる混合溶液を入れ，油浴中で枝つきフラスコを約130℃に加熱し，滴下漏斗内の混合溶液をゆっくりと滴下した。この間に留出した液体を三角フラスコに受けた。この液体に①炭酸水素ナトリウム飽和水溶液を発泡が見られなくなるまで加えた。溶液が二層に分離したので，水層と②有機層に分液漏斗で分離した。有機層の化合物は沸点77℃であった。

問1 枝つきフラスコ内で起こる反応を化学反応式で示し，反応の名称を書け。

問2 三角フラスコに留出してきた液体の中には何が含まれているか。考えられる化合物をすべて示性式で示せ。

問3 下線部①で起こる反応を化学反応式で示せ。

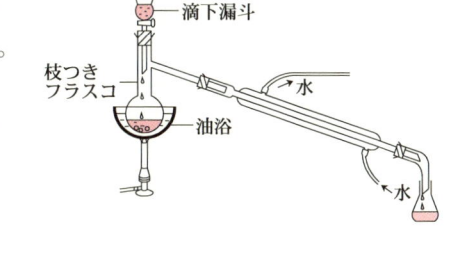

問4 下線部②の有機層はどのような化合物か。構造式と名称を書け。

問5 下線部②の有機層に希硫酸を加えて温めると，どのような変化が起こるか。化学反応式で示せ。また，この反応の名称を書け。

問6 下線部②の有機層に水酸化ナトリウム水溶液を加えて温めると，どのような変化が起こるか。化学反応式で示せ。また，この反応の名称を書け。

(千葉大)

6 油脂

ある油脂を水酸化ナトリウムでけん化したところ，グリセリンの他にステアリン酸ナトリウム（$C_{17}H_{35}COONa$），オレイン酸ナトリウム（$C_{17}H_{33}COONa$），リノール酸ナトリウム（$C_{17}H_{31}COONa$）が同じ物質量で得られた。次の問1～問3に答えよ。

問1　この油脂の分子式を書け。

問2　油脂1gのけん化に要する水酸化カリウムの量をミリグラム単位で表した数値をけん化価という。この油脂のけん化価はいくらか。整数で記せ。

問3　植物油に水素を付加した硬化油はマーガリンなどに用いられている。この油脂100gに含まれる炭素原子間の二重結合に水素を完全に付加させるには標準状態で水素は何L必要か。有効数字2桁で記せ。

（東海大）

7 セッケン

セッケンは，疎水性（親油性）の炭化水素基と親水性の原子団-COONaからできている。①セッケンを水に溶かすと，セッケン分子が集合し，球状の会合体となる。これをミセルという。油脂や石油などは水に溶けないが，セッケン水に入れて振ると，微粒子となって分散する。セッケンのこのような作用を乳化作用という。②セッケンの洗浄作用はこの乳化作用で説明されている。次の問1～問3に答えよ。

問1　右に示してあるセッケン分子のモデル図を用い，下線部①のミセルを図示せよ。

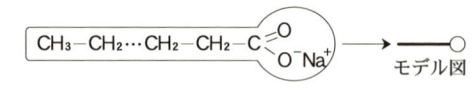

問2　下線部②に関し，油脂を●で表した場合，セッケン水中に存在する油脂は，どのような状態で存在しているか。セッケン分子のモデル図を用いて図示せよ。

問3　Ca^{2+}やMg^{2+}などの金属イオンを多く含む水，いわゆる硬水中では，セッケンの洗浄効果が低下する。その理由を40字以内で書け。

（岩手大）

8 化合物の構造推定　応用

同一の分子式をもつ化合物A～Dがある。これらの化合物に関して，次の問1～問6に答えよ。ただし，構造式は右の例にならって記すものとする。

問1　化合物Aの組成は，C；64.81％，H；13.60％，O；21.59％であり，分子量は80以下である。化合物Aの分子式を記せ。

問2　化合物A～Dはいずれも金属ナトリウムと反応して水素を発生する。Aの示性式を記せ。

§17 脂肪族有機化合物

問3　化合物A～Dのうち，光学活性な化合物は何組あるか。ただし，一対の光学異性体は1組として数えるものとする。

問4　化合物Aはアルカリ水溶液中でヨウ素とともに加熱すると，特有のにおいを有する黄色の固体Eを生成する。Eの分子式と化合物名を記せ。

問5　化合物Aを酸性の二クロム酸カリウム水溶液で酸化すると化合物Fとなるが，化合物Bは酸化されにくい。Fはアンモニア性硝酸銀水溶液を還元しない。また，Aを濃硫酸とともに加熱すると，互いに幾何異性体であるアルケンGとHとが生成する。化合物A，B，F，G，Hの構造式を記せ。

問6　化合物CとDは酸性の二クロム酸カリウム水溶液で酸化され，その酸化生成物はいずれもアンモニア性硝酸銀水溶液を還元する。また，Dに濃硫酸を加えて加熱するとアルケンIが生成した。このIはBの脱水によっても得られる。C，Dの構造式を記せ。

(徳島大　類題)

9 カルボン酸 [応用]

ある種の果実の成分であり，分子式が$C_4H_6O_5$である鎖状化合物Aは，ヒドロキシ基をもつカルボン酸である。化合物Aを，1～3％の塩化水素を含むエタノール中で加熱すると，分子式が$C_8H_{14}O_5$のヒドロキシ基をもつエステルBが得られた。化合物AとBはともに旋光性を示した。化合物Aを150℃で加熱すると，脱水反応を起こして融点300℃のカルボン酸Cが生成し，旋光性は失われた。化合物Cは臭素と反応して臭素の色が消えた。また，Cは300～350℃程度に加熱しても変化しなかった。しかし，Cの立体異性体である融点133℃の化合物Dは，融点以上に加熱すると分子内脱水反応を起こし，酸無水物Eに変化した。

問1　化合物Aには1組の光学異性体が考えられる。□内に適当な原子あるいは原子団を書き入れ，光学異性体の立体構造を完成させよ。

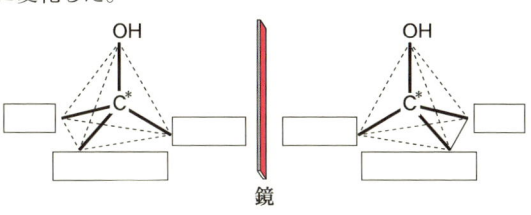

問2　化合物Bを示性式で示せ。

問3　化合物C～Eを構造式で示せ。

(岡山大)

§18 芳香族有機化合物　基本まとめ

1 芳香族炭化水素の特性と反応
　ベンゼンは正六角形の平面分子で，不飽和炭化水素にも関わらず，付加反応よりも置換反応を受けやすい。

置換反応……ニトロ化，スルホン化，塩素化
付加反応……水素の付加，塩素の付加
酸化反応……環の酸化と側鎖の酸化⇨カルボン酸の生成

2 フェノール
　製法　クメンの酸化によって製造される（クメン法）。
　性質　ヒドロキシ基をもつのでアルコールに似た性質とフェノール類独特の性質を示す。

アルコールと類似の性質……Naとの反応，エステルの生成
フェノール類独特の性質……酸性を示す，$FeCl_3$で呈色，置換反応

3 アニリン
　アミノ基をもつので塩基性を示し，さらし粉水溶液で赤紫色を呈する。
　アニリンを二クロム酸カリウムで酸化すると，黒色染料アニリンブラックが得られる。

― おぼえよう ―

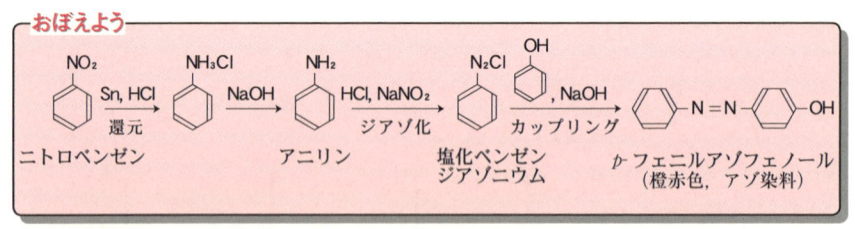

ニトロベンゼン →（Sn, HCl　還元）→ アニリン →（NaOH）→ アニリン →（HCl, NaNO₂　ジアゾ化）→ 塩化ベンゼンジアゾニウム →（フェノール, NaOH　カップリング）→ p-フェニルアゾフェノール（橙赤色，アゾ染料）

4 芳香族カルボン酸
　芳香族炭化水素の酸化でつくられ，脂肪族カルボン酸と似た性質を示す。

― おぼえよう ―

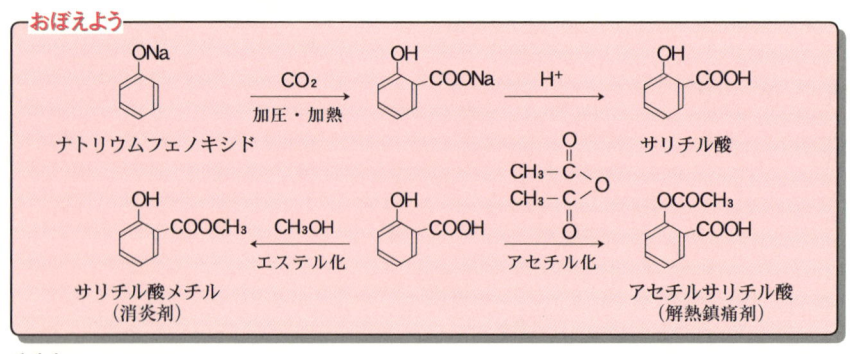

ナトリウムフェノキシド →（CO_2　加圧・加熱）→ サリチル酸ナトリウム →（H^+）→ サリチル酸

サリチル酸 →（CH_3OH　エステル化）→ サリチル酸メチル（消炎剤）

サリチル酸 →（（CH_3CO）$_2O$　アセチル化）→ アセチルサリチル酸（解熱鎮痛剤）

§18 芳香族有機化合物

基本演習

1. ベンゼンの反応
次の文中の化合物A〜Dを解答群から1つずつ選び，その記号を記せ。
(1) ベンゼンに濃硫酸を加えて加熱すると，化合物Aが生成する。
(2) 鉄を触媒にしてベンゼンと塩素とを反応させると，化合物Bが生成する。
(3) V_2O_5を触媒としてナフタレンを空気酸化すると，化合物Cが生じる。
(4) ニッケル触媒でベンゼンに水素を付加すると，化合物Dが生成する。

〔解答群〕 (ア) クロロベンゼン　(イ) ベンゼンスルホン酸
　　　　　(ウ) 安息香酸　(エ) 無水フタル酸　(オ) シクロヘキサン

2. フェノールの性質と反応
フェノールについての次の記述のうち，誤りを含むものをすべて選べ。
(1) 金属ナトリウムと反応して水素を発生する。
(2) 水に溶けやすい液体で，その水溶液は中性を示す。
(3) 塩化鉄(Ⅲ)水溶液を加えると青紫色を呈する。
(4) 炭酸水素ナトリウム水溶液に加えると二酸化炭素を発生して溶解する。

3. p-フェニルアゾフェノールの合成
次の図は，ベンゼンからp-フェニルアゾフェノール(p-ヒドロキシアゾベンゼン)を製造するときの経路を示したものである。(ア)〜(エ)の反応操作と反応形式を1つずつ選べ。

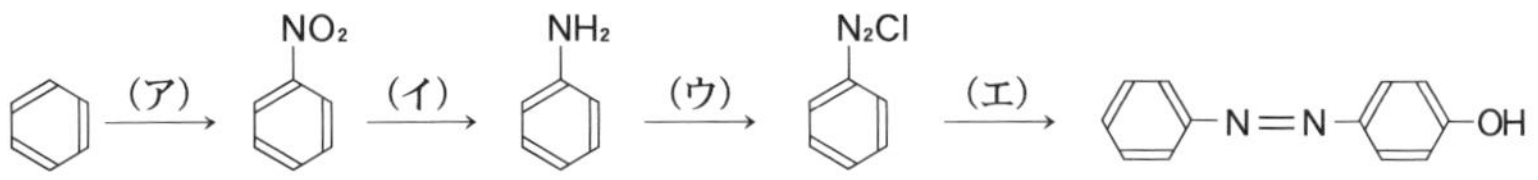

ベンゼン →(ア)→ ニトロベンゼン(NO_2) →(イ)→ アニリン(NH_2) →(ウ)→ 塩化ベンゼンジアゾニウム(N_2Cl) →(エ)→ C₆H₅-N=N-C₆H₄-OH

反応操作
① スズと濃塩酸を加えて加熱したのち，水酸化ナトリウム水溶液を加える。
② 希塩酸に溶かしたのち，氷冷しながら亜硝酸ナトリウム水溶液を加える。
③ 濃硫酸と濃硝酸とを加えて加熱する。
④ フェノールを溶かした水酸化ナトリウム水溶液を加えて加熱する。

反応形式
(a) 還元　(b) ニトロ化　(c) 塩素化　(d) ジアゾ化　(e) カップリング

解答
1. A (イ)　B (ア)　C (エ)　D (オ)
2. (2), (4)

3.
	(ア)	(イ)	(ウ)	(エ)
反応操作	③	①	②	④
反応形式	(b)	(a)	(d)	(e)

145

基本演習 解説

1. ベンゼンの反応

ベンゼンは不飽和炭化水素であるが，付加反応よりも置換反応を受けやすい。

置換反応

ニトロ化　　○ + HNO₃ ⟶ ○-NO₂ + H₂O
　　　　　　　　　　　　　ニトロベンゼン

スルホン化　○ + H₂SO₄ ⟶ ○-SO₃H + H₂O
　　　　　　　　　　　　　ベンゼンスルホン酸

塩素化　　　○ + Cl₂ ⟶ ○-Cl + HCl
　　　　　　　　　　　　クロロベンゼン

付加反応　ベンゼンに水素や塩素を付加するとシクロヘキサンやヘキサクロロシクロヘキサンを生成する。

> ベンゼンって特殊だぞ！
> 不飽和なのに付加反応より置換反応をするんだ。　**POINT**

酸化反応　芳香族炭化水素の酸化には，環の酸化と側鎖の酸化がある。

環の酸化　酸化バナジウム(V) V_2O_5 を触媒としての空気酸化

ベンゼン →(O_2, V_2O_5)→ 無水マレイン酸 →(H_2O)→ マレイン酸

ナフタレン →(O_2, V_2O_5)→ 無水フタル酸 →(H_2O)→ フタル酸

側鎖の酸化　過マンガン酸カリウム水溶液とともに加熱する。

トルエン →($KMnO_4$)→ 安息香酸

o-キシレン →($KMnO_4$)→ フタル酸

2. フェノールの性質と反応

・フェノールは次のようにしてつくられる。

クメンの酸化（クメン法）

ベンゼン →（$CH_3-CH=CH_2$ 付加）→ クメン →（O_2 空気酸化）→ クメンヒドロペルオキシド →（分解）→ フェノール ＋ アセトン（$CH_3-CO-CH_3$）

ベンゼンスルホン酸のアルカリ融解

ベンゼン →（H_2SO_4）→ ベンゼンスルホン酸（SO_3H）→（NaOH(固体) アルカリ融解）→ ONa体 →（H^+）→ フェノール（OH）

・フェノールの性質と反応

アルコールと類似の性質

Naと反応して水素を発生する。

2 C₆H₅OH ＋ 2Na ⟶ 2 C₆H₅ONa ＋ H₂

エステルをつくる（アセチル化）。

C₆H₅OH ＋ (CH₃CO)₂O ⟶ 酢酸フェニル（C₆H₅OCOCH₃） ＋ CH₃COOH

> フェノールは −OH をもつので
> アルコールと似たところがあるわけね！
> POINT

フェノール類独特の性質

塩化鉄(Ⅲ)水溶液を加えると青紫色を呈する→フェノール類の検出反応。また、アルコールと異なり酸性を示す。

C₆H₅OH ＋ NaOH ⟶ C₆H₅ONa ＋ H₂O

フェノールは炭酸より弱い酸なので、$NaHCO_3$ とは反応しないが、ナトリウムフェノキシドに CO_2 を通じるとフェノールが遊離する。

C_6H_5ONa ＋ H_2O ＋ CO_2 ⟶ C_6H_5OH ＋ $NaHCO_3$
　弱い酸の塩　　　　　強い酸　　　　　弱い酸　　強い酸の塩

3. p-フェニルアゾフェノール（p-ヒドロキシアゾベンゼン）の合成 → p.144参照

実戦演習

1 ベンゼンの反応

次の文を読み，下記の**問1**～**問4**に答えよ。

(a)ベンゼンと臭素の混合物に鉄粉を加えると，ベンゼンの臭素化が起こり，(b)ベンゼンに濃硝酸と濃硫酸との混合物を加えて約60℃で反応させると，ベンゼンのニトロ化が起こる。また，(c)ベンゼンに濃硫酸を加えて加熱すると，ベンゼンのスルホン化が起こる。一方，(d)ベンゼンに白金またはニッケルを触媒として，加圧した水素を反応させると，シクロヘキサンを生じ，(e)ベンゼンと塩素の混合物に紫外線を照射すると，ヘキサクロロシクロヘキサンを生じる。

問1 下線部(a)，(b)，(c)の反応を総称して何反応というか。
問2 下線部(d)，(e)の反応を総称して何反応というか。
問3 下線部(a)～(c)の反応式を示性式で示せ。
問4 下線部(e)の反応式を構造式で示せ。

(愛知工業大)

2 ニトロベンゼンとアニリン

次の文を読み，下記の**問1**～**問4**に答えよ。

(ア)ベンゼンに濃硫酸と濃硝酸の混合物を作用させると**A**が得られる。このような反応を ____(1)____ という。**A**をスズと塩酸を用いて還元した後，アルカリ性にすると**B**が得られる。**B**は水にわずかしか溶けない。しかし，塩酸と反応すると**C**となり，水に溶けるようになる。

Bに酢酸を加えて加熱すると**D**が生じる。**D**の分子内に生じた結合を ____(2)____ 結合といい，このような結合をもつ化合物を ____(2)____ という。また，(イ)**B**の希塩酸溶液に亜硝酸ナトリウム水溶液を加えると，塩化ベンゼンジアゾニウムが生じる。このような反応を ____(3)____ という。その塩化ベンゼンジアゾニウムの水溶液に，ナトリウムフェノキシドの水溶液を加えると，赤橙色の化合物**E**が生じる。このような反応を ____(4)____ といい，生じる赤橙色の化合物を ____(5)____ 化合物という。

問1 文中の**A**～**E**にあてはまる化合物の構造式を記せ。
問2 空欄(1)～(5)に最も適した語句を記せ。
問3 ベンゼンの代わりにトルエンを用いて，下線部(ア)の反応を高温で行った。この反応によって得られる主な生成物の構造式を記せ。
問4 下線部(イ)の2つの反応を化学反応式を用いて示せ。

(富山大)

3 フェノールの性質と反応

次の文を読み，下記の**問1**～**問3**に答えよ。

フェノールはベンゼンにヒドロキシ基が結合した化合物である。フェノールのヒドロキシ基は，アルコール類のそれとは異なり，水溶液中で一部が電離するため，[(ア)]を示す。フェノールを水酸化ナトリウム水溶液に加えると[(イ)]となって溶ける。この溶液に二酸化炭素を通じると[(ウ)]が遊離する。(1)フェノールに塩化鉄(Ⅲ)水溶液を加えると紫色に呈色する。また，フェノールに濃硫酸と濃硝酸の混合物を作用させると，爆発性のある[(エ)]が生じる。クレゾールはフェノール類の1つで(2)3種類の構造異性体が存在する。

問1 文中の[(ア)]～[(エ)]にあてはまる語句あるいは化合物名を記せ。

問2 下線部(1)と同様の呈色反応を示す化合物を下の(a)～(f)から選び，記号で答えよ。
 (a) ナフタレン　　(b) フタル酸　　(c) 安息香酸　　(d) サリチル酸
 (e) クロロベンゼン　　(f) トルエン

問3 下線部(2)の3種類の構造異性体の名称と構造式を記せ。

(新潟大)

4 芳香族炭化水素の酸化

次の文を読み，**問1**～**問3**に答えよ。

ベンゼン環を含み，C_8H_{10}の分子式をもつ化合物**A**，**B**，**C**がある。これらの化合物を酸化すると，いずれからも酸が得られる。化合物**A**および**B**は，ベンゼン環の置換基の位置の違いによる[(a)]である。

化合物**A**と**B**を，過マンガン酸カリウムの硫酸酸性溶液で酸化すると，**A**からは化合物**D**が得られ，**B**からは芳香族カルボン酸であるテレフタル酸が得られる。**D**を加熱すると，分子内で[(b)]反応が起こり，化合物**E**が得られる。一方，**B**から得られたテレフタル酸を，エチレングリコールと縮合重合させると，脱水反応を繰り返し，多数の[(c)]結合をもった高分子化合物**F**が得られ，これは合成繊維やペットボトルの製造に用いられる。化合物**C**は脱水素することにより，化合物**G**となり，それを付加重合させると，包装用の発泡体として多く使われている高分子化合物**H**となる。

問1 文中の[(a)]～[(c)]にあてはまる最も適当な語句を記せ。

問2 化合物**A**，**B**，**C**，**D**，**E**および**G**の構造式を右の例にならって記せ。

問3 高分子化合物**F**および**H**の化合物名を記せ。

(甲南大)

5 芳香族化合物の系統図

次の文を読み，**問1**～**問6**に答えよ。

次の図は，ベンゼンから誘導されるいくつかの化合物**A**～**L**の合成経路を示すもので，矢印の右および上側には主な試薬を，左および下側には反応名を記してある。

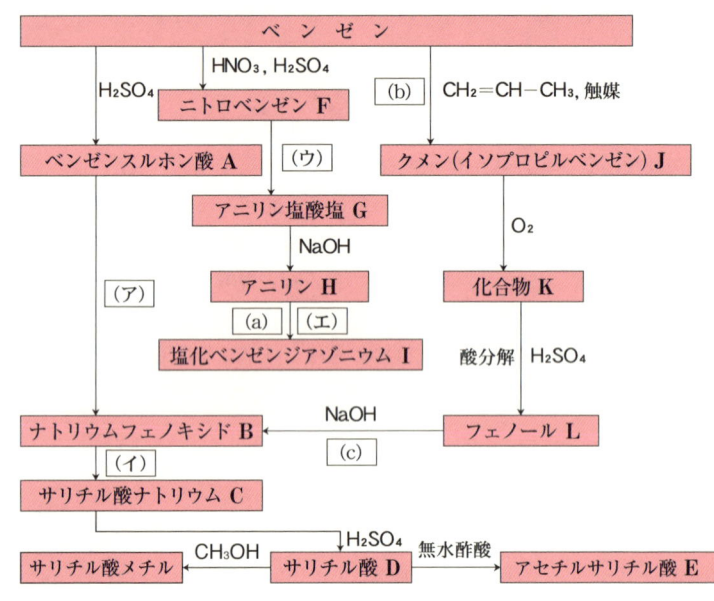

```
                          ベンゼン
          ┌──────────────────┼──────────────────┐
       H₂SO₄      HNO₃,H₂SO₄  (b)   CH₂=CH-CH₃,触媒
          ↓          ↓                 ↓
   ベンゼンスルホン酸A  ニトロベンゼンF     クメン(イソプロピルベンゼン)J
                        ↓(ウ)              ↓ O₂
                     アニリン塩酸塩G         化合物K
                        ↓ NaOH              ↓
      (ア)            アニリンH         酸分解 H₂SO₄
          ↓           (a)↓(エ)              ↓
   ナトリウムフェノキシドB ← 塩化ベンゼンジアゾニウムI
                        NaOH(c)        フェノールL
          ↓(イ)
   サリチル酸ナトリウムC
                   ↓ H₂SO₄
   サリチル酸メチル ← サリチル酸D → アセチルサリチル酸E
          CH₃OH              無水酢酸
```

問1 図中の (ア) ～ (エ) に最も適当な試薬を，下の(1)～(5)のうちから選び，その番号を記せ。

(1) 過マンガン酸カリウム (2) 二酸化炭素(高圧下) (3) スズ，塩酸
(4) 水酸化ナトリウム(アルカリ融解) (5) 亜硝酸ナトリウム，塩酸

問2 図中の (a) ～ (c) に最も適当な反応名を，下の(1)～(5)のうちから選び，その番号を記せ。

(1) ジアゾ化 (2) アルキル化 (3) 塩素化 (4) アセチル化 (5) 中和

問3 図中の化合物**K**の構造式を記せ。

問4 図中の化合物**B**と化合物**I**を反応させて得られる化合物の構造式と名称を記せ。

問5 図中の化合物**I**の水溶液を加熱したときに生成する化合物を，図中の化合物**A**～**L**のうちから選べ。

問6 図中の化合物**D**から化合物**E**を合成する際の反応式を構造式で記せ。

(広島大)

6 合成実験

次の文は分子量93の化合物Aと酢酸から化合物Bを合成する方法を示したものである。下記の問1～問5に答えよ。

さらし粉溶液を加えると赤紫色を呈する化合物A 3.1 gを(a)乾いた丸底フラスコにはかりとる。これに酢酸4.0 gを加え，ときどき振り混ぜながら約60分間加熱したのち，反応溶液を50 mLの冷水に注ぐ。しばらく放置するとわずかに褐色を示す化合物Bの粗結晶が析出する。この粗結晶をろ過し，ビーカーに入れ，少量の水を加えて加熱しながら結晶を溶解する。結晶が溶解したら，加熱を止め，(b)少量の活性炭を加えてよくかき混ぜる。直ちにあらかじめ用意した保温ロート(注)でろ過する。ろ液を十分冷却して白色結晶を析出させ，再びろ過し，80℃で約30分間乾燥する。

〔注〕 二重壁をもつロートで，二重壁の間に水を入れ加熱しながらろ過する装置。

問1 化合物A，Bの構造式を書け。
問2 上の反応で，化合物Bの理論収量を計算せよ。
問3 化合物Bを合成するとき，酢酸の代わりに利用できる化合物は何か。
問4 下線部(a)で，乾燥したガラス器具を使用する理由を書け。
問5 下線部(b)で，活性炭を加える理由を書け。

(山梨大 改)

7 芳香族エステルの構造決定 [応用]

次の文を読み，下記の問1～問5に答えよ。ただし，分子量は整数で答えよ。

(1) 炭素，水素，酸素からなる3種のエステルA，B，Cがある。どれも同じ分子式で，分子内にベンゼン環をもち，分子量は136である。

(2) 化合物Aの元素分析値は，炭素：70.58%，水素：5.88%である。Aを加水分解して得たカルボン酸Dは銀鏡反応を示すが，アルコールは塩化鉄(Ⅲ)水溶液による呈色反応を示さない。

(3) 化合物Bを加水分解して得たカルボン酸Eの1.21 gを水に溶かして正確に250 mLの水溶液とした。この溶液25.0 mLをとり，フェノールフタレインを指示薬にして，0.100 mol/Lの水酸化ナトリウム水溶液で中和滴定したところ，20.1 mLを要した。

(4) 化合物Cを加水分解して得たカルボン酸Fは，トルエンを硫酸酸性の過マンガン酸カリウム水溶液とともに加熱したとき生成する化合物と一致した。

問1 化合物Aの分子式を求めよ。
問2 カルボン酸Dの名称と構造式を記せ。
問3 カルボン酸Eの分子量を求めよ。また，この分子量から推定されるカルボン酸Eの名称と構造式を記せ。
問4 カルボン酸Fの名称と構造式を記せ。
問5 化合物A，B，Cの構造式を記せ。

(静岡大)

§19 有機化合物総合問題　基本まとめ

1 有機化合物の分離

有機化合物の分離は，次のような性質を利用して行われる。
① 有機化合物の多くは水に溶けにくく，有機溶媒に溶けやすい。
② 有機化合物は塩になると有機溶媒よりも水に溶けやすくなる。

おぼえよう

酸性の強さ　　RSO_3H ＞ $RCOOH$ ＞ (H_2O+CO_2) ＞ ⌬-OH
　　　　　　　スルホン酸　カルボン酸　　炭酸　　　　フェノール類

塩基性の強さ　$NaOH$ ＞ $R-NH_2$（アミン）

2 有機化合物の反応

置換反応……アルカンの塩素化，芳香族のニトロ化，スルホン化など
付加反応……アルケンやアルキンへの水素，ハロゲン，水などの付加
脱離反応……アルコールの分子内脱水，アルケン生成
縮合反応……アルコールの分子間脱水，エステルの生成など
酸　　化……アルコールの酸化，芳香族化合物の酸化
還　　元……アルデヒドやケトンの還元，ニトロベンゼンの還元

3 有機化合物の検出反応

部分構造，化合物	試　薬	観察される現象
＞C=C＜　　-C≡C-	臭素水	赤褐色が消える
-CHO（-C(=O)-H）	アンモニア性硝酸銀	銀が析出する*
	フェーリング液	赤色沈殿が生じる
-COOH（-C(=O)-OH）	炭酸水素ナトリウム	CO_2が発生する
$CH_3-C(=O)-$　　$CH_3-CH(OH)-$	ヨウ素と水酸化ナトリウム	黄色結晶が生じる**
フェノール性-OH	塩化鉄(Ⅲ)	青紫色～赤紫色を示す
⌬-NH₂	さらし粉溶液	赤紫色を示す

＊銀鏡反応という。　＊＊ヨードホルム反応という。

> 検出反応は構造を推定するときの鍵になるよ！　しっかり覚えて。　**POINT**

第5章　有機化合物

152

§19 有機化合物総合問題

基本演習

1. 有機化合物の分離
4種類の化合物(ア)～(エ)を含むエーテル溶液がある。この溶液に(1)～(3)の操作を別々に行った。それぞれのエーテル溶液中に残っている化合物の記号をすべて記せ。
　(ア) 安息香酸　　(イ) アニリン　　(ウ) ニトロベンゼン　　(エ) フェノール
(1) この溶液を水酸化ナトリウム水溶液とともに振り混ぜた。
(2) この溶液を希塩酸とともに振り混ぜた。
(3) この溶液を炭酸水素ナトリウム水溶液とともに振り混ぜた。

2. 反応形式
次の(1)～(4)の変化と同じ形式の反応を選択肢から1つずつ選べ。
(1) 1-ブタノールに濃硫酸を加えて加熱すると，1-ブテンが生成する。
(2) ベンゼンを濃硫酸とともに加熱すると，ベンゼンスルホン酸が生成する。
(3) スチレンに臭素の四塩化炭素溶液を滴下すると，臭素の色が消える。
(4) サリチル酸をメタノールに溶かし，濃硫酸を加えて加熱する。
〔選択肢〕
(ア) $CH_3COOH + CH_3CH_2OH \longrightarrow CH_3COOCH_2CH_3 + H_2O$
(イ) $C_6H_6 + Br_2 \longrightarrow C_6H_5Br + HBr$
(ウ) $CH_2=CH_2 + H_2O \longrightarrow CH_3CH_2OH$
(エ) $C_6H_5CH_2CH_2OH \longrightarrow C_6H_5CH=CH_2 + H_2O$

3. 検出反応
次の化合物のうち，(1)～(5)の変化を示すものをすべて選べ。
(a) ホルムアルデヒド　　(b) アセトン　　(c) 酢酸　　(d) フェノール
(e) アニリン　　(f) サリチル酸　　(g) サリチル酸メチル
(1) フェーリング液を加えて加熱すると，赤色の沈殿をつくる。(1種類)
(2) ヨウ素と水酸化ナトリウムを加えて加熱すると，特異臭のある黄色の結晶を生じる。(1種類)
(3) 炭酸水素ナトリウム水溶液を加えると，気体を発生する。(2種類)
(4) 塩化鉄(Ⅲ)水溶液を加えると，紫色を呈する。(3種類)
(5) さらし粉水溶液を加えると，赤紫色を呈する。(1種類)

──解答──
1. (1) (イ), (ウ)　(2) (ア), (ウ), (エ)　(3) (イ), (ウ), (エ)
2. (1) (エ)　(2) (イ)　(3) (ウ)　(4) (ア)
3. (1) (a)　(2) (b)　(3) (c), (f)　(4) (d), (f), (g)　(5) (e)

153

基本演習 解説

1. 有機化合物の分離

化合物(ア)〜(エ)は，酸性物質(安息香酸，フェノール)，塩基性物質(アニリン)および中性物質(ニトロベンゼン)に分類できる。

(1) これらの化合物のエーテル溶液に NaOH を加えると，酸性物質は次のように反応して，塩となり水に溶解する。

$$C_6H_5COOH + NaOH \longrightarrow C_6H_5COONa + H_2O$$

$$C_6H_5OH + NaOH \longrightarrow C_6H_5ONa + H_2O$$

塩基性物質や中性物質は NaOH と反応せず，エーテル溶液中に残る。

(2) エーテル溶液を希塩酸とともに振り混ぜると，塩基性であるアニリンのみが塩となり水に溶解する。

$$C_6H_5-NH_2 + HCl \longrightarrow C_6H_5-NH_3Cl$$

(3) 炭酸より強い酸であるカルボン酸は $NaHCO_3$ と反応するが，炭酸より弱いフェノールは反応しない。したがって安息香酸のみが塩になり水に溶解する。

$$C_6H_5-COOH + NaHCO_3 \longrightarrow C_6H_5-COONa + H_2O + CO_2$$

一般に，有機化合物は水より有機溶媒に溶けやすいが，塩になると水に溶解するようになる。この性質を利用して有機化合物の分離が行われる。

> **おぼえよう**
> NaOH水溶液に溶ける ………スルホン酸，カルボン酸，フェノール類
> $NaHCO_3$水溶液に溶ける……スルホン酸，カルボン酸
> 希塩酸や希硫酸に溶ける ……アミン

2. 反応形式

有機化合物の代表的な反応形式を分類すると次のようになる。

置換反応……原子や原子団が他の官能基によって置き換わる反応
　　　　　　脂肪族の置換反応……アルカンの塩素化
　　　　　　芳香族置換反応………塩素化，ニトロ化，スルホン化など
付加反応……二重結合や三重結合が切れ，原子や原子団が付加する反応
　　　　　　アルケンやアルキンへのハロゲンや水などの付加
脱離反応……分子から小さな分子がとれて二重結合や三重結合が形成される。
　　　　　　アルコールの脱水など

縮合反応……水などの分子がとれることによって、2つの分子が結びつく。
　　　　　エタノールの分子間脱水やエステル化など
酸化反応……アルコールの酸化，芳香族化合物の酸化など
還元反応……アルデヒドやケトンの還元，ニトロベンゼンの還元など

(1)～(4)の変化と選択肢(ア)～(エ)との対応を示す。

(1) アルコールの脱水(脱離反応)……(エ) アルコールの脱水

$CH_3CH_2CH_2CH_2OH \longrightarrow CH_3CH_2CH=CH_2 + H_2O$

(2) ベンゼンのスルホン化(置換反応)……(イ) ベンゼンの臭素化

○ + $H_2SO_4 \longrightarrow$ ○-SO_3H + H_2O

(3) スチレンへの臭素付加(付加反応)……(ウ) エチレンへの水の付加

○-$CH=CH_2$ + $Br_2 \longrightarrow$ ○-$CH-CH_2$
　　　　　　　　　　　　　　　　　　$\;\;\;\;\;\;\;\;\;\;\;\;\;$ Br Br

(4) サリチル酸のエステル化(縮合反応)……(ア) 酢酸のエステル化

(サリチル酸) + $CH_3OH \longrightarrow$ (サリチル酸メチル) + H_2O

3. 検出反応

検出反応を用いると特定の官能基の存在を明らかにすることができる。
(a)～(g)の化合物を構造式で示すと，以下のようになる。

(a) H-C(=O)-H　(b) CH_3-C(=O)-CH_3　(c) CH_3-C(=O)-OH　(d) ○-OH

(e) ○-NH_2　(f) サリチル酸　(g) サリチル酸メチル

(1) アルデヒド基の検出反応。アルデヒドは還元性を示し，フェーリング液を還元し，**Cu_2O の赤色沈殿**を生じる。
(2) ヨードホルム反応という。右のような構造をもつ化合物に**NaOH**と**I_2**を加えて加熱すると，黄色の結晶ヨードホルム**CHI_3**が生じる。

　　CH_3-C(=O)-R　CH_3-CH(OH)-R
　　Rは炭化水素基または水素原子

(3) カルボキシ基の検出反応。**$NaHCO_3$**水溶液に加えると**CO_2**を発生。
$RCOOH + NaHCO_3 \longrightarrow RCOONa + H_2O + CO_2$
(4) フェノール類の検出反応。**$FeCl_3$**水溶液を加えると紫色を呈する。
(5) アニリンの検出反応。アニリンにさらし粉水溶液を加えると赤紫色を示す。

実戦演習

1 反応形式

次の操作で起こる変化について，反応の種類を(ア)～(ケ)より1つ選び，その記号とともに生成する有機化合物の名称も記せ。

(1) フタル酸を230℃に加熱する。
(2) エチレンに臭素を作用させる。
(3) プロピオン酸とメタノールとの混合物に濃硫酸を加えて加熱する。
(4) ニトロベンゼンにスズと塩酸を加えて加熱する。
(5) トルエンに硫酸酸性の過マンガン酸カリウム水溶液を加えて加熱する。
(6) アニリンに無水酢酸を作用させる。

反応の種類
  (ア) 酸化   (イ) 還元   (ウ) 付加   (エ) 中和   (オ) 分子内脱水
  (カ) エステル化   (キ) アセチル化   (ク) ジアゾ化   (ケ) スルホン化

(奈良女子大)

2 有機化合物の識別

A群の(1)～(7)に示す各化合物(a)と(b)を識別したい。識別するために適切な操作をB群から，その際起こる変化をC群からそれぞれ1つずつ選び，記号で示せ。また，その操作において変化を示す化合物は(a)，(b)のいずれかを記号で示せ。なお，B群およびC群の選択項目は何度選択してもよい。

〔A群〕 (1) (a) スチレン (b) トルエン   (2) (a) メタノール (b) フェノール
    (3) (a) ギ酸 (b) 酢酸   (4) (a) アニリン (b) アセトアニリド
    (5) (a) 安息香酸 (b) サリチル酸   (6) (a) メタノール (b) エタノール
    (7) (a) アセトアルデヒド (b) アセトン

〔B群〕 (ア) 塩化鉄(Ⅲ)水溶液を加える。   (イ) さらし粉の水溶液を加える。
    (ウ) アンモニア性硝酸銀水溶液を加えて温める。
    (エ) 臭素の四塩化炭素溶液と振り混ぜる。
    (オ) 金属ナトリウムの小片を加える。   (カ) 希塩酸を加える。
    (キ) 水酸化ナトリウム水溶液とヨウ素を加えて温める。

〔C群〕 (A) 水素が発生する。   (B) 紫色(あるいは赤紫色)を呈する。
    (C) 橙色を呈する。   (D) 銀鏡が生じる。   (E) 赤褐色が消える。
    (F) 黄色の沈殿が生じる。   (G) 赤色の沈殿が生じる。

(北海道大)

3 化合物の性質

次の(a)～(e)にあてはまる化合物を A～E の中から 1 つずつ選べ。

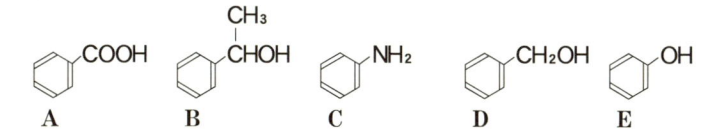

A: C₆H₅-COOH （安息香酸）
B: C₆H₅-CH(OH)-CH₃
C: C₆H₅-NH₂
D: C₆H₅-CH₂OH
E: C₆H₅-OH

(a) 希塩酸に溶解する。
(b) 炭酸水素ナトリウム水溶液に溶解する。
(c) 炭酸水素ナトリウム水溶液に溶解しないが希水酸化ナトリウム水溶液に溶解する。
(d) 二クロム酸カリウムで酸化すると最終的に A が生成する。
(e) 光学異性体が存在する。

（お茶の水女子大）

4 有機化合物の分離

アニリン，安息香酸，フェノール，トルエンを含んだジエチルエーテル（エーテル）溶液がある。これら 4 種類の化合物を性質の違いを利用して，下のように分離した。分離が完全に行われたとして下記の**問 1 ～ 問 4** に答えよ。

混合溶液
└ 分液漏斗中で希水酸化ナトリウム水溶液と振り混ぜた後，分離する
  ├ 水層
  │ └ CO₂ ガスを十分吹き込み，エーテルを加えて振り混ぜた後，分離する
  │   ├ 上層 (A)
  │   └ 下層 (B)
  └ エーテル層
     └ 希塩酸を加え，振り混ぜた後，分離する
        ├ 水層 (C)
        └ エーテル層 (D)

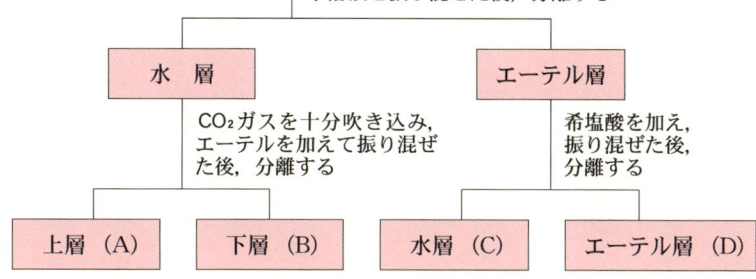

問 1 上層(A)に含まれる有機化合物の構造式を書け。構造式は（例）にならって書くこと（以下同じ）。
（例）C₆H₄(COOH)(OH)

問 2 下層(B)に含まれる有機化合物の状態を構造式で書け。

問 3 水層(C)に水酸化ナトリウム水溶液を加えてアルカリ性にすると，油状物質が分離した。この化合物の構造式を書け。

問 4 エーテル層(D)には 4 種類の化合物のうちの 1 つが溶けているが，これをエーテルと分離するにはどのような方法が適当か。1 つだけ書け。

（東邦大）

5 アルケンのオゾン分解 [応用]

各種オレフィンは，オゾンと反応して，ケトンやアルデヒドを与える。

$$\underset{R_2}{\overset{R_1}{>}}C=C\underset{R_4}{\overset{R_3}{<}} \xrightarrow{O_3} \underset{R_2}{\overset{R_1}{>}}C=O \ + \ O=C\underset{R_4}{\overset{R_3}{<}}$$

ここで，R_1〜R_4はアルキル基または水素原子を表す。次の文を読んで，**A**〜**I**の構造式と□□□には適当な語句を書け。

炭素数5の三置換オレフィン**A**をオゾン分解したところ，アルデヒド**B**とケトン**C**が得られた。ここで，三置換オレフィンとは3つの原子団が置換したエチレン誘導体をいう。**B**を酸化すると**D**が生成した。**C**を還元すると**E**が生成した。**D**と**E**の混合物に少量の濃硫酸を加えて加熱すると，良い香りのする化合物**F**が生成した。化合物**A**に臭素を付加させると，化合物**G**が得られた。

シクロヘキセンをオゾン分解すると化合物**H**が得られた。**H**を酸化すると化合物**I**が生成した。**I**とヘキサメチレンジアミンとを反応させると，水分子が遊離し，高分子化合物□□□が生成する。

（岡山大）

6 エステルとカルボン酸

次の文を読み，**問1**〜**問3**に答えよ。

A〜**F**は炭素，水素，酸素だけからなり，同じ分子式をもつ。**A**の0.1molを完全燃焼させると，標準状態で11.2Lの酸素が消費され，二酸化炭素17.6gと水7.2gが生成した。**A**と**B**は酸性物質，**C**, **D**, **E**, **F**は中性物質であった。また，**C**と**D**は還元性を示したが，**E**と**F**は示さなかった。**A**は直鎖状の炭素骨格をもつアルコールを過マンガン酸カリウムで強く酸化して得られた。一方，**B**は分枝した炭素骨格をもつアルコールを強く酸化すると得られた。**C**をけん化したときに生じたアルコールを，酸性にした二クロム酸カリウムでおだやかに酸化すると，空気酸化されやすい化合物に変化したが，**D**のけん化によって得られたアルコールはおだやかな酸化により安定な中性物質**G**になった。**G**は，水酸化ナトリウム水溶液中でヨウ素と反応させたのち，塩酸で酸性にすると，芳香をもつ黄色物質**H**と有機酸**I**を生じた。**E**はただ1種類のアルコールを出発原料にして，アルコールと，それを酸化して得られた酸に少量の硫酸を加え，加熱してつくられた。これに対し，**F**は2種類のアルコールの一方を酸化して得られた酸と，もう一方のアルコールとを同じように反応させてつくられた。

問1 **A**の分子式を書け。

問2 **B**, **C**, **D**, **E**の構造式および**G**, **H**, **I**の化合物名を書け。

問3 **F**を水酸化ナトリウム水溶液と加熱したとき起こる変化を化学反応式で書け。

（三重大）

§19 有機化合物総合問題

7 有機化合物の性質と反応 [応用]

次の文を読み，**問1〜問4**の答を記せ。ただし，構造式は(例)にならい簡略化して記せ。

(例) 〈benzene〉-CH$_2$-CH(OH)-C(=O)-OH

7種類の有機化合物**A〜G**が，それぞれ1種類ずつ7個の試薬ビンに分かれて入っている。これらの化合物が何であるかを決定するために，以下の実験1〜7を行った。なお，この7種類の有機化合物は，次に示した9種類の有機化合物のうちのいずれかであることはすでにわかっているものとする。

アセチルサリチル酸，アニリン，イソプレン，エチレングリコール，エタノール，*p*-キシレン，*p*-クレゾール，ジエチルエーテル，スチレン

実験1　室温(25℃)では，**A**と**B**は固体であり，**C〜G**は液体であった。それぞれの化合物を試験管に一部とり，その7つの試験管を水浴につけた。水浴を加熱していったところ，まず**B**が融解し，**E**と**F**はすぐに沸騰した。水浴が沸騰する前に**C**も沸騰したが，**A**，**D**，**G**はまったく変化しなかった。

実験2　**A**と**B**はあまり水に溶けなかったが，**B**は希水酸化ナトリウム水溶液にはよく溶けた。**C**，**D**は水によく溶け均一な溶液になったが，**E**，**F**，**G**はほとんど水には溶けなかった。

実験3　**C**，**D**にそれぞれ金属ナトリウムを加えると，いずれも水素が発生した。

実験4　**A**に希硫酸を加えて加熱すると，酢酸の臭いがした。

実験5　1.0gの**F**を含むクロロホルム溶液に臭素を少しずつ加えて振り混ぜた。はじめは加えた臭素の色が消失したが，臭素を全部で4.7g加えたときに，臭素の色がちょうど消えなくなった。

実験6　**B**に塩化鉄(Ⅲ)水溶液を加えると，ただちに青色になった。

実験7　**C**，**D**にヨウ素と水酸化ナトリウム水溶液を加えて温めたところ，**C**からは黄色沈殿が生じたが，**D**からは沈殿は生じなかった。

問1　化合物**B**，**E**，**F**の構造式を例にならって記せ。

問2　実験4で起こる反応の化学反応式を記せ。

問3　実験2および実験3で**C**と**D**は同様の結果を与えることから，**C**と**D**は類似した性質をもつ化合物であると推定できる。実験7の結果で，**C**と**D**を区別できるが，実験1の結果は**C**より**D**のほうがかなり沸点が高いことを示していた。そこで，**C**と**D**の沸点を測定したところ，**C**は78℃，**D**は198℃であった。**C**より**D**のほうが沸点が高い理由を，構造上の特徴に着目して100字程度で記せ。

問4　化合物**G**は独特の臭いからアニリンではないかと推定された。実験室で手軽にできるアニリンの化学的な確認方法(発色試験など)を30字程度で記せ。

(広島大)

§20 天然高分子化合物　基本まとめ

1 糖類

単糖類 $C_6H_{12}O_6$　鎖式構造と環状構造があり，鎖式構造が還元性を示す。

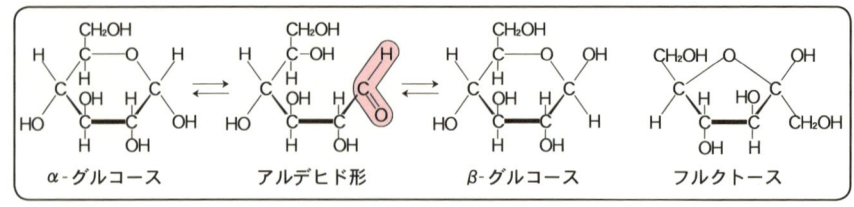

α-グルコース ⇌ アルデヒド形 ⇌ β-グルコース　　フルクトース

二糖類 $C_{12}H_{22}O_{11}$　2個の単糖類が縮合した構造をもつ。

多糖類 $(C_6H_{10}O_5)_n$　多数のグルコースが縮重合した構造をもつ。

糖の加水分解

デンプン　→（アミラーゼ）→　マルトース　→（マルターゼ）→　グルコース
（アミロース, アミロペクチン）

セルロース　→（セルラーゼ）→　セロビオース　→（セロビアーゼ）→　グルコース

スクロース　→（インベルターゼ）→　グルコース，フルクトース

ラクトース　→（ラクターゼ）→　グルコース，ガラクトース

> 糖とその加水分解酵素には ～ose（オース）と ～ase（アーゼ）の関係があるんだ！　**POINT**

検出反応　フェーリング液の還元や銀鏡反応，ヨウ素デンプン反応など。

2 アミノ酸とタンパク質

α-アミノ酸　塩基性のアミノ基と酸性のカルボキシ基とをもち，分子内で塩を形成している。
　グリシン以外のα-アミノ酸は不斉炭素原子をもつので光学異性体が存在する。

R－C*H－COOH
　　｜
　　NH₂
α-アミノ酸（不斉炭素原子）

おぼえよう

α-アミノ酸は，溶液のpHにより電荷が変化する。

R－CH－COOH　⇌　R－CH－COO⁻　⇌　R－CH－COO⁻
　　｜　　　　　　　　｜　　　　　　　　｜
　　NH₃⁺　　　　　　　NH₃⁺　　　　　　　NH₂
　酸性（陽イオン）　　中性（双性イオン）　塩基性（陰イオン）

タンパク質　α-アミノ酸がペプチド結合により結びついた構造をもち，酸や塩基の水溶液により加水分解される。

検出反応　キサントプロテイン反応，ビウレット反応など。

－C－N－
 ‖　｜
 O　H
ペプチド結合

基本演習

1. グルコースの構造
グルコースの水溶液にフェーリング液を加えて加熱すると赤色の沈殿を生じる。この原因となるグルコースの鎖式構造を記せ。

2. マルトースの加水分解
マルトースを希硫酸とともに加熱したとき起こる変化を化学反応式で記せ。

3. 糖
次のA～Cに最も適する化合物を下記の解答群から1つずつ選べ。
(1) Aは単糖類で，フェーリング液を加えて加熱すると赤色沈殿を生じる。
(2) Bは二糖類で，加水分解するとグルコースとフルクトースを生じる。
(3) Cの水溶液にヨウ素・ヨウ化カリウム水溶液を加えると青紫色を呈した。

〔解答群〕
　(ア) アミロース　　(イ) スクロース　　(ウ) マルトース　　(エ) グルコース

4. α-アミノ酸
アラニンをpH1の希塩酸に溶かしたときの構造式を記せ。

5. タンパク質
次の(1)～(3)の文中に誤りがあるものを1つ選べ。
(1) タンパク質はα-アミノ酸がペプチド結合した構造をもつ。
(2) タンパク質は加熱により凝固する。これをタンパク質の変性という。
(3) タンパク質の水溶液に水酸化ナトリウムと硫酸銅(Ⅱ)の水溶液を加えると赤紫色を示す。この反応をキサントプロテイン反応という。

6. 核酸
次の(1)～(4)の文中に誤りがあるものを1つ選べ。
(1) 核酸は，窒素を含む有機塩基，五炭糖，リン酸が結合したヌクレオチドを構成単位としている。
(2) DNAの五炭糖はデオキシリボース，有機塩基はアデニン，グアニン，シトシン，チミンである。
(3) DNAは，ポリヌクレオチド2本が，アデニンとグアニン，シトシンとチミンのところで水素結合して，二重らせん構造を形成している。
(4) ヌクレオチド中の五炭糖とリン酸はエステル結合している。

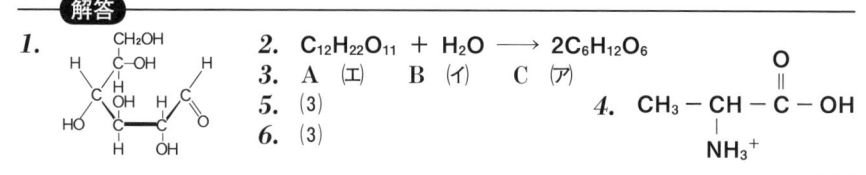

解答
1. （グルコース鎖式構造）
2. $C_{12}H_{22}O_{11} + H_2O \longrightarrow 2C_6H_{12}O_6$
3. A (エ)　B (イ)　C (ア)
4. $CH_3-\underset{NH_3^+}{CH}-\overset{O}{\underset{}{C}}-OH$
5. (3)
6. (3)

基本演習 解説

1. グルコースの構造
グルコースは，水溶液中では環状構造の α 形と β 形，アルデヒド形の 3 つの構造が平衡状態になっている。→p.160 参照

2. マルトースの加水分解
希硫酸を加えて加熱するか，マルターゼを作用させると，マルトースは加水分解を受けて 2 分子のグルコースを生じる。

$$C_{12}H_{22}O_{11} + H_2O \longrightarrow 2C_6H_{12}O_6$$

3. 糖
単糖類のグルコース鎖式構造でフルクトースはアルデヒド形の構造をとり得るので還元性をもち，フェーリング液を還元したり，銀鏡反応を示す。また，二糖類のうち，マルトースは図のようにグルコースと同様の構造をもつので還元性を示す。一方，スクロースはアルデヒド形の構造になることができないので還元性を示さない。なお，多糖類は還元性を示さない。

また，フルクトースは鎖式構造 −C(=O)−CH₂−OH の構造をもち，還元性を示す。

　…還元性を示す部分構造

(1) 単糖類はフェーリング液を還元し，酸化銅(I)の赤色沈殿を生成する。したがって，**A** はグルコース。

(2) スクロースとマルトースはともに二糖類である。これらを加水分解すると，スクロースはグルコースとフルクトースを，マルトースは 2 分子のグルコースを生成する。したがって，**B** はスクロース。

(3) デンプンの水溶液にヨウ素・ヨウ化カリウム水溶液（ヨウ素溶液）を加えると，青紫色を呈する。これをヨウ素デンプン反応とよぶ。しかし，加熱するとその色は消える。したがって，**C** はアミロース。

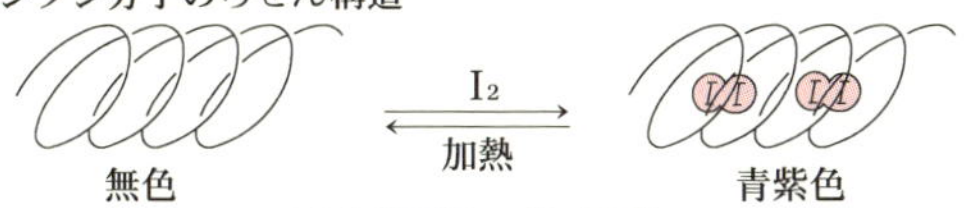

§20 天然高分子化合物

ヨウ素デンプン反応

4. α-アミノ酸

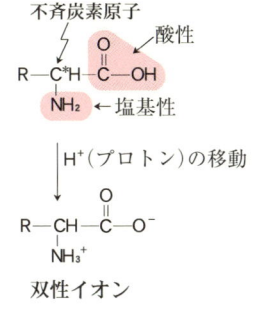

カルボキシ基とアミノ基とが同一の炭素原子に結合しているアミノ酸をα-アミノ酸という。

分子内に酸性を示すカルボキシ基と塩基性を示すアミノ基をもつので，結晶や水溶液中でα-アミノ酸は分子内塩の形（**双性イオン**）として存在している。しかし，強酸性の溶液中では陽イオン，強塩基性の溶液中では陰イオンとなっている。→p.160参照

5. タンパク質

(1) タンパク質は多数のα-アミノ酸がペプチド結合で結びついた構造をもつ。

(2) タンパク質は水素結合やジスルフィド結合（-S-S-）により，特定の立体構造をつくっている。タンパク質を加熱すると，この水素結合が切断されて立体構造が崩れ，タンパク質は凝固する。これを**変性**という。熱以外では，酸や塩基などによっても起こる。

(3) タンパク質の検出反応

ビウレット反応 水酸化ナトリウムと硫酸銅(Ⅱ)の水溶液を加えると赤紫色を呈する。これは2個の**ペプチド結合**がCu^{2+}に配位結合して起こる。

キサントプロテイン反応 濃硝酸を加えて加熱すると黄色に変化し，これを塩基性にすると橙黄色になる。この変化はタンパク質中の**ベンゼン環がニトロ化**されて起こる。

硫黄の検出 水酸化ナトリウム水溶液とともに加熱したのち，中和し，酢酸鉛(Ⅱ)水溶液を加えると褐色〜黒色を呈する。この変化は**硫化鉛(Ⅱ)**が生成するために起こる。

ニンヒドリン ニンヒドリンを加えると，呈色する。アミノ基の検出反応である。

> タンパク質の検出反応はとっても大切なの。しっかり覚えてね！ POINT

6. 核酸

核酸にはDNAとRNAがあり，これらはそれぞれ以下のような窒素を含む**有機塩基，五炭糖およびリン酸が結合したヌクレオチドを構成単位**としており，ヌクレオチドが縮合重合したポリヌクレオチドである。よって(1)は誤り。

	有機塩基	五炭糖
DNA	アデニン(A), グアニン(G), シトシン(C), チミン(T)	デオキシリボース
RNA	アデニン(A), グアニン(G), シトシン(C), ウラシル(U)	リボース

　有機塩基(図1)と五炭糖(図2)が脱水縮合したものをヌクレオシドといい, ヌクレオシドの五炭糖の-OHとリン酸の-OHからH_2Oがとれて, エステル結合(注)したものをヌクレオチドという。(図3)

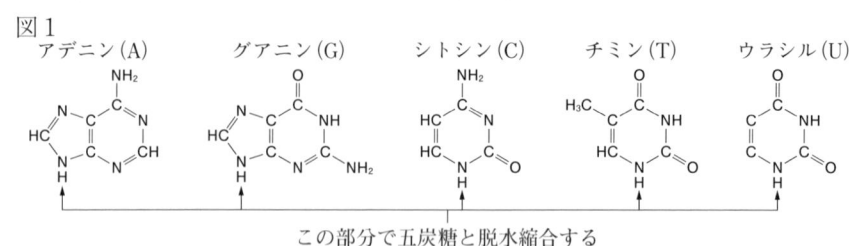

図1

図2

図3　ヌクレオチドの例

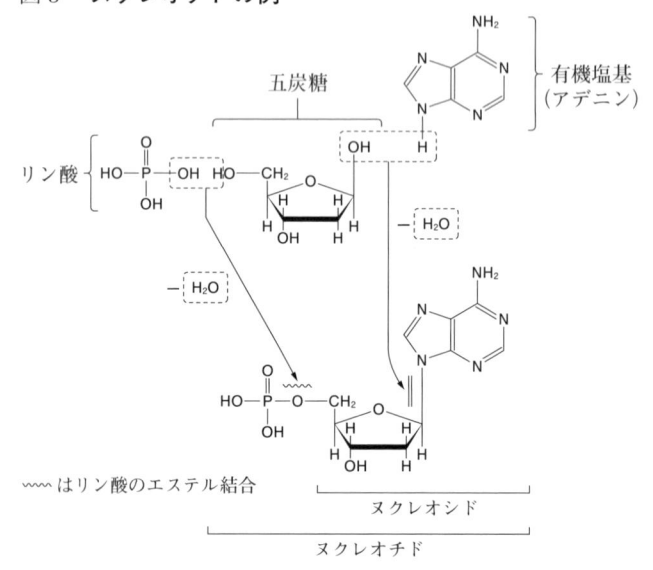

～はリン酸のエステル結合

§20 天然高分子化合物

ヌクレオチドの五炭糖の–OHと，別のヌクレオチドのリン酸の–OHからH_2Oがとれて次々と縮合重合してポリヌクレオチドが形成される。(図4)
DNAは，ポリヌクレオチド鎖2本が，**一方の鎖のアデニンと他方の鎖のチミンの間で2本の**，また同様に**グアニンとシトシンの間で3本の水素結合で結ばれ**，塩基対をつくっている。(図5)このように塩基対を作る塩基が決まっていることを，相補性という。

DNAはポリヌクレオチド鎖2本で**二重らせん構造**をとっている。(図5)細胞が分裂するとき，2本鎖がほどけ，それぞれが新しいポリヌクレオチドを形成し，二重らせんが複製されることにより，遺伝情報が伝達される。

DNA中の塩基配列により，アミノ酸の配列順序が決定されてタンパク質の合成が始まる。

RNAもポリヌクレオチドであるが，**通常1本鎖**として存在する。塩基対は，グアニン—シトシン対と**アデニン—ウラシル対**がある。

RNAは，DNAの塩基配列を写し取りながら合成され，タンパク質の合成に重要な役割をしており，伝令RNA，運搬RNA(転位RNA)，リボソームRNAがある。

したがって(2)～(4)は正しい。

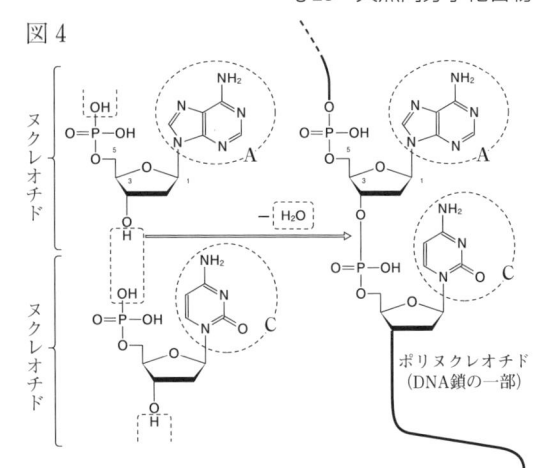

図4

図5　DNAの二重らせん構造

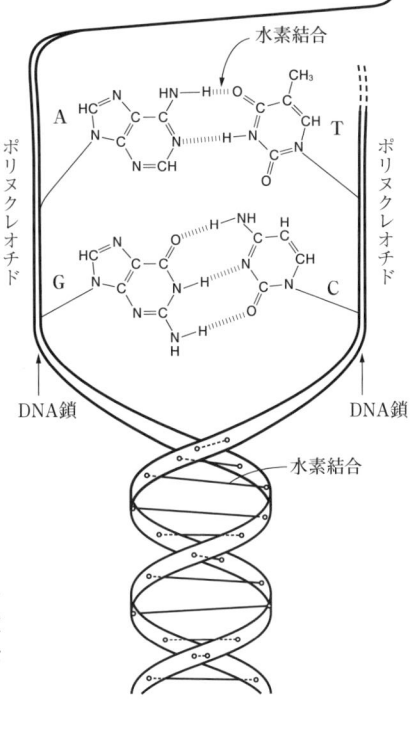

(注)リン酸のエステル化　R–OH ＋ HO–P(=O)(OH)–OH → R–O–P(=O)(OH)–OH ＋ H_2O

165

実戦演習

1 グルコースの構造

右図にα-グルコース(ブドウ糖)の構造式を示す。これをもとに問1および問2に答えよ。

問1 グルコースは水溶液中で還元性を示す。このことは、この分子が水溶液中でどのような構造をとるためか。構造式を記し、還元性を示す官能基を□で囲め。

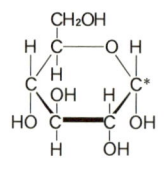

問2 α-グルコース中には、右図中＊で示した炭素原子を含めて、何個の不斉炭素原子が存在するか。また、そのために理論上、何種類の光学異性体が考えられるか。

(広島大)

2 デンプン

次の文を読み、問1および問2に答えよ。

デンプンは代表的な [(a)] 類の1つで、グルコース分子がグリコシド結合という一種の [(b)] 結合によって [(c)] 重合したものといえる。デンプンはグルコースが直鎖状にα-1,4結合した [(d)] と多数に枝分かれした [(e)] から成り、冷水には溶けないが、加熱すると [(f)] 溶液になって溶ける。また、[(g)] という酵素により加水分解され、[(h)] を経て [(i)] に、さらに [(j)] という酵素によりグルコースに分解される。グルコースや [(i)] の水溶液はフェーリング液を [(k)] するが、[(i)] と同じ分子式をもつスクロースの水溶液はフェーリング液を [(k)] しない。

問1 文中の□に最も適当な語句を記せ。

問2 下線部の理由を、スクロースの構造の特徴に基づき30字以内で述べよ。

(広島大)

3 糖の性質

次の文を読んで、問1～問5に答えよ。

A, B, C, Dの4種類の糖類を用いて以下の実験を行い、次の結果を得た。

実験1：水を加えた。AとBはすぐに溶けた。Cは冷水にはほとんど溶けなかったが、加熱すると溶けてコロイド溶液となった。Dは冷水、熱水ともに溶けなかった。

実験2：アンモニア性硝酸銀水溶液を加え、おだやかに加熱した。Aの溶液からは銀が析出したが、B, C, Dには変化がなかった。

実験3：希硫酸を加えて煮沸し、冷却後、無水炭酸ナトリウムを発泡しなくなるまで加えた。その後に実験2を行うと、B, C, Dの各溶液からも銀が析出した。

実験4：ヨウ素溶液を加えたところ、Cの溶液は青紫色を呈した。

§20 天然高分子化合物

問1 A, B, C, Dに相当する糖を，(ア)〜(エ)の中から選び，記号で書け。
(ア) デンプン　(イ) グルコース　(ウ) セルロース　(エ) スクロース
問2 実験2で銀が析出するのは，Aのどの官能基のどのような性質によるものか。
問3 実験2を実験3の後に行うと，Dからも銀が析出する理由を説明せよ。
問4 実験4の呈色反応の名を書け。
問5 スクロースの水溶液に酵素インベルターゼを加えると，どのような反応が起こるか，その化学反応式を書け。また，反応生成物の名称を書け。

(宮崎大)

4 タンパク質

次のタンパク質に関する文を読み，下記の**問1**および**問2**に答えよ。

タンパク質を希硫酸あるいは希塩酸で加水分解すると ☐1☐ が得られる。☐1☐ は1つの分子内に ☐2☐ と ☐3☐ などの官能基をもつ化合物である。☐1☐ の縮合によって生じたアミド結合は，とくに ☐4☐ とよばれる。

タンパク質は熱，重金属イオン，アルコール，酸などによって凝固するなどの変化を受けやすい。これをタンパク質の ☐5☐ という。タンパク質ではその固有の構造を保つために ☐4☐ やその他の官能基の間にできている弱い結合が重要な役割をはたしている。この結合が一般の化学結合に比べて弱いために，タンパク質は ☐5☐ を受けやすい。生物体の細胞内でつくられ，生物体内の特定の化学反応の触媒として作用する物質を ☐6☐ という。それぞれの ☐6☐ は，☐7☐ の影響を受け，最適の条件下で触媒作用を示す。☐6☐ は ☐5☐ によってその触媒作用が失われやすい。

問1 ☐1☐ から ☐6☐ までに相当する語句を答えよ。
問2 ☐7☐ にはいくつかあるが，そのうちの1つを答えよ。

(琉球大)

5 タンパク質の検出反応

卵白に関する実験(a)〜(d)について，その設問に答えよ。
(a) 卵白を濃い水酸化ナトリウム水溶液と加熱すると，刺激臭の気体が発生した。発生した気体は何か。化学式で示せ。
(b) 卵白水溶液に少量の水酸化ナトリウムを加えて加熱し，さらに酢酸鉛(Ⅱ)水溶液を加えると，黒色沈殿を生じた。この黒色沈殿の化学式を記せ。
(c) 卵白水溶液に濃硝酸を少量加えて加熱し，冷却してからアンモニア水を加えると橙色になった。この呈色反応の名称と，この変化から推定されることを記せ。
(d) 卵白水溶液に水酸化ナトリウム水溶液と硫酸銅(Ⅱ)水溶液とを加えると赤紫色になった。この呈色反応の名称と，この変化から推定されることを記せ。

(埼玉大)

6 α-アミノ酸

次の問1および問2に答えよ。

問1 α-アミノ酸の双性イオンは，右のように表すことができる。置換基Rがメチル基(−CH₃)であるアラニンは，酸性溶液中および塩基性溶液中でどのようなイオンで存在するか。構造式で示せ。

$$\text{H}_3\text{N}^+ - \overset{\text{R}}{\underset{|}{\text{CH}}} - \text{COO}^-$$

問2 3種類のα-アミノ酸(アラニン，アミノ酸Xおよびアミノ酸Y)からなるポリペプチドを合成した。(a)〜(c)に答えよ。

(a) アミノ酸Xは光学活性をもたなかった。このアミノ酸の名称を答えよ。

(b) このポリペプチド水溶液に濃硝酸を加えて加熱すると黄色になった。この反応の名称を答えよ。

(c) アミノ酸Yの分子式は$C_9H_{11}NO_2$であり，メチル基は存在しなかった。このアミノ酸の構造式を示せ。

(福井大)

7 アミノ酸の電離平衡 [応用]

アミノ酸に関する次の文(Ⅰ)〜(Ⅲ)を読み，下記の**問1**〜**問4**に答えよ。

(Ⅰ) グリシンは水溶液では ［(ア)］ イオン(**A**)の構造をとる。しかし，強酸性水溶液中では陽イオン(**B**)に，強塩基性水溶液中では陰イオン(**C**)になる。水溶液におけるグリシンの電離平衡は次式で示される。

$$\text{B} \underset{}{\overset{K_1}{\rightleftarrows}} \text{A} + \text{H}^+ \quad (1) \qquad \text{A} \underset{}{\overset{K_2}{\rightleftarrows}} \text{C} + \text{H}^+ \quad (2)$$

これらの電離定数は各成分のモル濃度[**A**]，[**B**]，[**C**]，[H⁺]を用いて$K_1=$ ［(a)］，$K_2=$ ［(b)］ と表される。その数値は$K_1 = 5 \times 10^{-3}$ mol/L，$K_2 = 2 \times 10^{-10}$ mol/Lとなる。

(Ⅱ) グリシンの水溶液に塩酸を加えてpHを4.5に調整する。そのとき，濃度比$\dfrac{[\textbf{B}]}{[\textbf{C}]}$は ［(c)］ となる。したがってpH 4.5の緩衝液中で電気泳動させると，グリシンは全体として ［(イ)］ 極へ向かって移動する。一方，pH 8.0の緩衝液中では逆の挙動をする。

(Ⅲ) $\dfrac{[\textbf{B}]}{[\textbf{C}]}=1$ となるとき，グリシンのもつ電荷は全体として0となる。このときpHは ［(d)］ となり，このpHをグリシンの等電点という。

問1 ［(ア)］，［(イ)］ に最も適当な語句を記せ。

問2 **A**〜**C**の構造式を記せ。

問3 ［(a)］，［(b)］ に適する式を記せ。

問4 [c], [d] に適する整数値を記せ。

(東邦大)

8 酵素のはたらき 応用

アミラーゼはだ液に含まれるデンプンの分解酵素である。(1)〜(6)の問に答えよ。

(1) デンプン液を作り、これにだ液を加え、その反応を調べることにした。デンプンが分解されて□□□ができたことを調べるためには、次のどの溶液を用いればよいか。記号を書け。また、□□□に適する化合物名を書け。

　(a) ニンヒドリン水溶液　(b) フェーリング液　(c) 硫酸銅(Ⅱ)水溶液

(2) この溶液を使用する理由を書け。

(3) こむぎデンプン0.1gを水100mLに加えてよく混ぜ、それを50mLずつに分け、

　(a) そのままのもの
　(b) この液を沸騰水に入れて加熱した後、室温に冷やしたもの

とした。(a)と(b)にそれぞれだ液アミラーゼを加え、37℃で30分間おいた。

　これに(1)の溶液を加えて反応させたところ、(b)が強く発色した。この結果が得られた理由を説明せよ。

(4) デンプンのり0.1gを水50mLでといてうすめてデンプン溶液とした。pH4.5、5.5、6.5の3種類の緩衝液をそれぞれ1mLずつ試験管にとり、これにデンプン溶液1mLと、希釈しただ液溶液0.1mLを加えて、37℃で反応させた。

　30分後に(1)の溶液を加えて発色させたところ、pH5.5の緩衝液を用いたものが最も強く発色し、pH4.5のものはその$\frac{1}{3}$、pH6.5のものは$\frac{1}{2}$の強さであった。この実験結果はだ液アミラーゼのどのような性質によるものか説明せよ。

(5) だ液を5本の試験管にとり、それぞれに次の(a)〜(e)の処理をした。

　(a) 酵素トリプシンを加えて、室温で1時間おいたもの。
　(b) 酵素リパーゼを加えて、室温で1時間おいたもの。
　(c) 酵素マルターゼを加えて、室温で1時間おいたもの。
　(d) 沸騰水に5分間入れてから、室温にしたもの。
　(e) 何も処理をしないもの

これらの処理をしただ液0.1mLを採り、(4)のデンプン溶液1mLとpH5.5の緩衝液1mLとを入れた5本の試験管にそれぞれ加え、37℃で30分間の反応を行った。

　これに(1)の溶液を加えて発色反応を行ったところ、発色しないものがあった。

　(a)〜(e)のうち発色しないものすべてを記号で答えよ。

(6) (5)の実験結果は酵素アミラーゼのどのような性質によるのか説明せよ。

(金沢大 改)

9 核酸

次の文を読み，下の**問1**～**問5**に答えよ。

核酸はヌクレオチドと呼ばれる構造単位からなり，ヌクレオチドはさらに，リン酸・糖・塩基の3つの部分から構成されている。核酸のうち，DNAを構成するヌクレオチドは糖部分に ア を，RNAを構成するヌクレオチドは糖部分にリボースを含む。 ア は，(A)リボースのヒドロキシ基–OHの1つが–Hに置換された化合物である。一方，塩基部分を構成する元素は炭素，水素，酸素および イ である。DNAは4種のヌクレオチドで構成され，それぞれ塩基としてアデニン， ウ ，シトシン，チミンのいずれかを含む。RNAの場合には，これらのうちチミンの代わりに エ が含まれる。

DNAおよびRNAは，ヌクレオチドどうしが糖部分のヒドロキシ基とリン酸部分のヒドロキシ基との間で脱水縮合した鎖状の高分子化合物である。DNAの場合は，向かい合った2本の分子鎖が，アデニンとチミン，シトシンと ウ の間で オ 結合による塩基対をつくり， カ 構造を形成している。らせん1回転分のDNAは10個の塩基対を含み，長さ 3.4×10^{-9} m である。ヒトの細胞1個には，合計 1.2×10^{10} 個のヌクレオチドで構成されたDNAが含まれている。それは1つの二重らせんではなく，46本の染色体に分かれて存在している。

問1 文中の空欄 ア に適する化合物名を答えよ。

問2 文中の空欄 イ ～ カ に適するものを次の(1)～(11)から選び，番号で答えよ。

(1) 水素　　(2) 窒素　　(3) リン　　(4) 硫黄
(5) 塩素　　(6) アラニン　(7) ウラシル　(8) グアニン
(9) グリシン　(10) 二重らせん　(11) 平面

問3 RNAを構成するリボースの構造(右図)中で文中の下線部(A)に当てはまるヒドロキシ基を(1)～(4)から選び，番号で答えよ。

問4 ある生物由来の2本鎖DNA分子の塩基組成を調べたところ，アデニンの割合は30%であった。このDNAの ウ ，シトシン，チミンの割合はそれぞれ何%か求めよ。

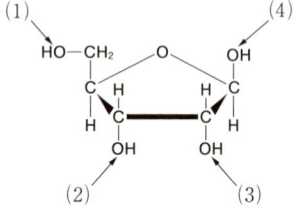

問5 **問4**の2本鎖DNA分子は，2.0×10^6 塩基対から構成されていた。アデニン， ウ ，シトシン，チミンの塩基を含むヌクレオチドの分子量を，それぞれ300，320，280，290とした場合，この2本鎖DNAの分子量を有効数字2桁で求めよ。ただし，ここで与えたヌクレオチドの分子量は，DNA鎖を構成している各ヌクレオチド単位のものとする。

(福岡大，香川大)

10 セルロースと染料

次の文を読み，下の問1～問5に答えよ。なお，セルロースの分子量は十分に大きいものとする。

セルロースは， ア －グルコースが縮合重合した イ 状の立体構造をしており，酵素セルラーゼにより， ウ に，さらに酵素セロビアーゼにより， エ まで加水分解される。

セルロースは，天然繊維の主成分であるだけでなく，化学繊維の原料としても用いられる。セルロースを原料とする化学繊維は， オ 繊維と カ 繊維に分けられる。 オ 繊維の主なものにアセテートがある。アセテートの合成過程では，まず，(a)セルロースに無水酢酸と氷酢酸および少量の濃硫酸を作用させ，アセチル化する。生成物のエステル結合の一部を加水分解し，繊維状としたものがアセテートである。一方， カ 繊維の代表がレーヨンである。レーヨンは製法により，(b)2種類のレーヨンに大別される。

また，セルロースに濃硝酸と濃硫酸の混合物と完全に キ 化反応させると，化合物Aが生成する。化合物Aは，強綿薬ともよばれ，無煙火薬の原料となる。

白色光を当てると特定の波長の光を吸収して色を示す化合物を ク という。このような化合物のうち，繊維と結合して容易には取れないような ク は，染料として用いられる。染料には， ケ のように天然の材料から得られるものと，おもに石油を原料に化学的に合成されるものとがある。

繊維を染色するには，染料が繊維に強く結合して離れなくすることが必要である。繊維と染料は，それぞれが持つ官能基のところで結合する。たとえば羊毛や絹などを塩基性の染料で染色する場合は，主成分であるタンパク質分子の中にある コ 基が染料と塩を形成する。また，綿の染色では，その主成分であるセルロースのヒドロキシ基が染料と サ 結合によって結びつく。そのため，繊維の性質によって使用する染料と染色方法を変える必要がある。

(c)セルロースのヒドロキシ基を酢酸エステルにしたアセテートの染色では，水に溶けない染料を界面活性剤で水中に微粒子状に分散させて染色する。

問1 文中の空欄 ア ～ サ に最も適する語句を次の(1)～(20)から選び，番号で答えよ。

(1) α　(2) β　(3) グルコース　(4) フルクトース　(5) マルトース
(6) スクロース　(7) セロビオース　(8) 再生　(9) 半合成　(10) ニトロ
(11) エステル　(12) 色素　(13) アミノ　(14) カルボキシ　(15) イオン
(16) 共有　(17) 水素　(18) インジゴ　(19) 枝分かれ　(20) 直鎖状

問2 下線部(a)で起こる化学反応の反応式の右辺を記せ。

$$[C_6H_7O_2(OH)_3]_n \ + \ 3n(CH_3CO)_2O \ \xrightarrow{\text{アセチル化}} \ \boxed{} \ + \ \boxed{}$$

問3 下線部(b)の2種類のレーヨンの名称を記せ。

問4 化合物Aの名称を記せ。また，59.4gの化合物Aを合成するには，理論上，何gのセルロースを必要とするか。有効数字3桁で答えよ。

問5 下線部(c)について，セルロースのヒドロキシ基の一部を酢酸エステルにした半合成繊維であるアセテートを合成した。45gのセルロースから66gのアセテートが得られた。このとき，ヒドロキシ基の何％がエステル化されているかを計算し，有効数字2桁で記せ。

（岡山大・福岡大）

11 ペプチド構造決定 応用

次の文章を読んで，答を記せ。

α-アミノ酸は，図1に示すようにアミノ基，カルボキシ基，および各α-アミノ酸固有の置換基Rが同一炭素に結合している有機化合物である。ペプチド結合は，一つのアミノ酸分子のアミノ基と別のアミノ酸分子のカルボキシ基が縮合して水が1分子とれることによって形成される。n個のα-アミノ酸が縮合して生成したペプチドの一般式は図2のようになり，末端にアミノ基がある方をN末端，カルボキシ基がある方をC末端と呼ぶ（なお，$R_1 \sim R_n$は各アミノ酸固有の置換基を示す）。

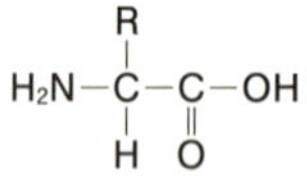

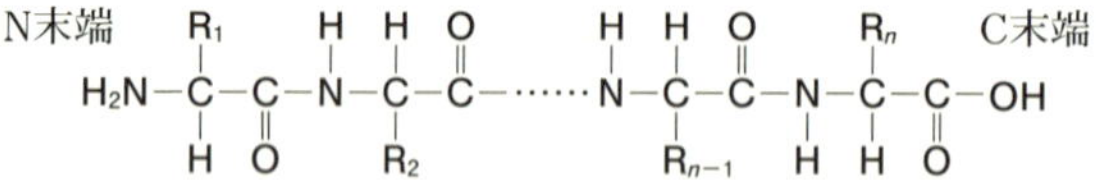

図1 α-アミノ酸の一般式　図2 n個のα-アミノ酸からなるペプチドの一般式

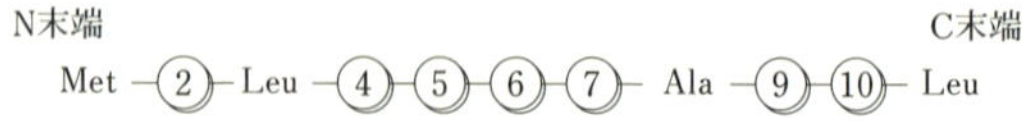

N末端 Met ―②― Leu ―④―⑤―⑥―⑦― Ala ―⑨―⑩― Leu C末端

図3 ペプチドAの構造

ペプチドAは，11個のα-アミノ酸が直鎖状につながった鎖状ペプチドであり，その一次構造の一部が図3に示されている（図3中の番号はN末端側から数えたときのα-アミノ酸の位置を表す）。ペプチドAの一次構造を調べた結果，表1に示す7種類のアミノ酸が含まれており，(a)～(c)のことが分かった。これらの結果に基づいてペプチドAの一次構造を推定し，N末端から数えて2，7，10番目に位置するα-アミノ酸を表1中の略号で答えよ。

表1　ペプチドAに含まれるα-アミノ酸の名称，略号，
固有の置換基Rの構造式および含まれている個数

名称	略号	置換基R	個数
メチオニン	Met	$-(CH_2)_2-S-CH_3$	1
グルタミン酸	Glu	$-(CH_2)_2-COOH$	1
チロシン	Tyr	$-CH_2-\langle\bigcirc\rangle-OH$	1
ロイシン	Leu	$-CH_2-CH(CH_3)_2$	3
リシン	Lys	$-(CH_2)_4-NH_2$	3
アラニン	Ala	$-CH_3$	1
フェニルアラニン	Phe	$-CH_2-\langle\bigcirc\rangle$	1

(a) 芳香族アミノ酸のカルボキシ基側のペプチド結合のみを切断する加水分解酵素をペプチドAに作用させると，分解生成物として3種類の鎖状ペプチドを与えた。そのうちの2つは，4個のアミノ酸からなるペプチドであった。

(b) N末端から数えて2，6，9番目に位置するアミノ酸中の置換基R_2，R_6，R_9には，ニンヒドリンと反応する官能基が含まれていた。

(c) N末端から数えて4，5番目に位置するアミノ酸中の置換基R_4，R_5には，水溶液中で水素イオンが電離して弱酸性を示す官能基が含まれていた。

(群馬大)

§21 合成高分子化合物　基本まとめ

1 重合形式と重合度
重合形式
- 付加重合　ビニル化合物が付加反応を繰り返して重合する。2種類の化合物が付加重合することを，とくに，**共重合**という。
- 縮合重合　単量体が縮合を繰り返して重合する。

重合度　高分子化合物の繰り返し単位の数を重合度という。
重合度(n)と高分子の分子量(M)との関係は，

$$n(\text{重合度}) = \frac{M(\text{高分子化合物の分子量})}{m(\text{繰り返し単位の式量})}$$

2 ポリビニル系高分子

$$n\,CH_2{=}CH{-}X \xrightarrow{\text{付加重合}} {-}[CH_2{-}CH(X)]_n{-}$$

3 ポリエステルとポリアミド

ポリエステル(エステル結合)

$n\,HO{-}CH_2{-}CH_2{-}OH + n\,HOOC{-}\langle\bigcirc\rangle{-}COOH$
　エチレングリコール　　　　テレフタル酸

$\xrightarrow{\text{縮合重合}} {-}[O{-}CH_2{-}CH_2{-}O{-}CO{-}\langle\bigcirc\rangle{-}CO]_n{-} + 2n\,H_2O$
　　　　　　　　ポリエチレンテレフタラート(PET)

ポリアミド(アミド結合)

$n\,H_2N{-}(CH_2)_6{-}NH_2 + n\,HOOC{-}(CH_2)_4{-}COOH$
　ヘキサメチレンジアミン　　　アジピン酸

$\xrightarrow{\text{縮合重合}} {-}[HN{-}(CH_2)_6{-}NH{-}CO{-}(CH_2)_4{-}CO]_n{-} + 2n\,H_2O$
　　　　　　　　ナイロン66

n ε-カプロラクタム $\xrightarrow{\text{開環重合}} {-}[HN{-}(CH_2)_5{-}CO]_n{-}$
　　　　　　　　　　　　　　　　ナイロン6

4 その他の合成高分子
- **熱硬化性樹脂**　フェノール樹脂，尿素樹脂，メラミン樹脂など
- **合成ゴム**　　　ブタジエンゴム，イソプレンゴム，クロロプレンゴムなど
- **イオン交換樹脂**　陽イオン交換樹脂，陰イオン交換樹脂

5 熱可塑性と熱硬化性
加熱すると軟化する樹脂を**熱可塑性樹脂**，立体網目構造をもち，加熱しても軟らかくならない樹脂を**熱硬化性樹脂**という。

§21 合成高分子化合物

基本演習

1. 天然繊維と合成繊維
次の文中の□に最も適する語句を記せ。

天然繊維である綿や羊毛の主成分は，それぞれ，(ア)と(イ)である。一方，合成繊維として用いられる高分子化合物にはナイロン66やポリエチレンテレフタラートなどがある。前者はヘキサメチレンジアミンと(ウ)の(エ)重合でつくられ，後者はエチレングリコールと(オ)の縮合重合でつくられる。

2. 合成高分子化合物
次の表は合成高分子の原料単体とその重合形式である。表を完成せよ。

高分子化合物	原料単体	重合形式
ポリスチレン	(ア)	(ウ)
(イ)	塩化ビニル	
(エ)	ε-カプロラクタム	(オ)
尿素樹脂	尿素と(カ)	付加縮合
スチレンブタジエンゴム	スチレンと(キ)	(ク)

3. 高分子化合物の用途
次の文中のA～Cに最も適する高分子化合物を解答群から1つずつ選べ。
(1) ポリ酢酸ビニルのけん化によって得られるAは水に溶ける。
(2) フェノールとホルムアルデヒドの付加縮合で得られるBは熱硬化性樹脂で，耐熱性がある。
(3) Cは弾力性があるので合成ゴムとして用いられる。

〔解答群〕(ア) ポリクロロプレン　(イ) フェノール樹脂　(ウ) ポリエチレン　(エ) ポリビニルアルコール　(オ) ポリメタクリル酸メチル

4. 重合度
分子量7.75×10^5のポリ塩化ビニルの重合度を有効数字3桁で求めよ。ただし，塩化ビニルの分子量を62.5とする。

解答

1. (ア) セルロース　(イ) タンパク質　(ウ) アジピン酸　(エ) 縮合　(オ) テレフタル酸
2. (ア) スチレン　(イ) ポリ塩化ビニル　(ウ) 付加重合　(エ) ナイロン6　(オ) 開環重合　(カ) ホルムアルデヒド　(キ) ブタジエン　(ク) 共重合
3. A (エ)　B (イ)　C (ア)　　　4. 1.24×10^4

175

基本演習 解説

1. 天然繊維と合成繊維

無機高分子……石英，水ガラス，シリカゲル
有機高分子 { **天然高分子**……タンパク質，セルロース，天然ゴム
              合成高分子……ポリエチレン，ポリエステル，ナイロンなど

植物性繊維である綿や麻はセルロースからできており，動物性繊維である絹や羊毛はタンパク質からできている。**合成繊維**はこれらの代用品として合成され，ポリエステル，ナイロン，アクリル繊維などがある。

天然ゴムはゴムの木の樹液からつくられ，イソプレンが付加重合した構造をもつ。天然ゴムの構造にならって合成されたものが**合成ゴム**である。さらに，木材や金属の代用品として開発されたものが**合成樹脂**（プラスチック）である。

2. 合成高分子化合物

(1) **ポリビニル系高分子** ビニル化合物などの付加重合によって合成される。

物 質	単 量 体	用 途
ポリエチレン	エチレン $CH_2=CH_2$	プラスチック，フィルム，絶縁材料
ポリスチレン	スチレン $CH_2=CH-C_6H_5$	容器，包装材，プラスチック，絶縁材料
ポリ酢酸ビニル	酢酸ビニル $CH_2=CH-OCOCH_3$	塗料，接着剤，チューインガム，ビニロンの原料
ポリ塩化ビニル	塩化ビニル $CH_2=CH-Cl$	電線の被覆，シート，パイプ
ポリアクリロニトリル	アクリロニトリル $CH_2=CH-CN$	合成繊維
ポリメタクリル酸メチル	メタクリル酸メチル $CH_2=C(CH_3)-COOCH_3$	有機ガラス

(2) **ポリエステルとポリアミド**

ポリエステル……ポリエチレンテレフタラート
ポリアミド　……ナイロン66，ナイロン6 (p.174参照)

(3) **合成ゴム** ブタジエンなどのジエン化合物の付加重合により合成される。

§21 合成高分子化合物

名　称	単　量　体	構　造
ブタジエンゴム	CH₂=CH−CH=CH₂ ブタジエン	⟦CH₂−CH=CH−CH₂⟧ₙ
クロロプレンゴム	CH₂=C−CH=CH₂ 　　　| 　　　Cl クロロプレン	⟦CH₂−C=CH−CH₂⟧ₙ 　　　　| 　　　　Cl
イソプレンゴム	CH₂=C−CH=CH₂ 　　　| 　　　CH₃ イソプレン	⟦CH₂−C=CH−CH₂⟧ₙ 　　　　| 　　　　CH₃

他に, スチレンブタジエンゴムやアクリロニトリルブタジエンゴムがある。

(4) **熱硬化性樹脂**

　フェノール樹脂　　フェノールとホルムアルデヒドを付加縮合させて合成。
　尿素樹脂　　　　　尿素とホルムアルデヒドを付加縮合させて合成。
　メラミン樹脂　　　メラミンと尿素を付加縮合させて合成。

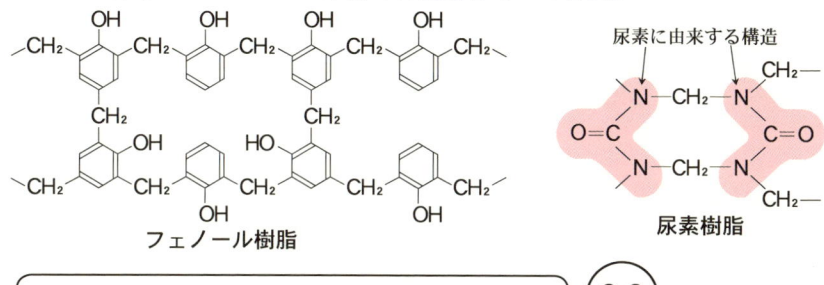

フェノール樹脂

尿素樹脂

高分子化合物とその原料の単量体を覚えよう！　POINT

3. 高分子化合物の用途

(1) ポリビニルアルコールはポリ酢酸ビニルを加水分解することによって得られ, 水に溶けてコロイド溶液になる。

$$\left[\begin{array}{c}CH_2-CH\\ OCOCH_3\end{array}\right]_n + n\,NaOH \longrightarrow \left[\begin{array}{c}CH_2-CH\\ OH\end{array}\right]_n + n\,CH_3COONa$$

(2) フェノール樹脂は熱硬化性樹脂で, 耐熱性に優れている。
(3) 合成ゴムの弾力性は高分子の鎖中にシス形の C=C 結合をもつことによる。

4. 重合度

塩化ビニルの分子量が62.5より, 重合度を n とすると,

$$n = \frac{(高分子化合物の分子量)}{(繰り返し単位の式量)} = \frac{7.75 \times 10^5}{62.5} = 1.240 \times 10^4$$

177

実戦演習

1 合成高分子化合物
次の文を読み，問1～問4に答えよ。

高分子化合物はその構造によって性質が異なり，加熱すると軟らかくなる樹脂を（ 1 ）樹脂とよび，一方，加熱によって硬くなる樹脂を（ 2 ）樹脂とよぶ。

（ 1 ）樹脂の代表的なものには，ポリ塩化ビニル，ナイロン66(6，6-ナイロン)およびポリエチレンテレフタラートがある。ポリ塩化ビニルは（ a ）の（ 3 ）重合により，ナイロン66は（ b ）と（ c ）の（ 4 ）重合により，ポリエチレンテレフタラートは（ d ）と（ e ）の（ 4 ）重合により合成される。一方，（ 2 ）樹脂の代表的なものにはフェノール樹脂および尿素樹脂があり，フェノール樹脂は（ f ）と（ g ）の（ 5 ）により，尿素樹脂は（ h ）と（ g ）の（ 5 ）により合成される。

問1 （ 1 ）～（ 5 ）にあてはまる語句を記せ。
問2 （ a ）～（ h ）に適当な名称と構造式を(例)にならって記せ。
問3 文中の合成高分子化合物の中でポリアミドはどれか。
問4 アミド結合をもつ高分子化合物の中で，その原料単量体のアミド結合が開いて重合し，得られる高分子化合物の名称を記せ。

(例) 安息香酸 C₆H₅-C(=O)-OH

（山形大）

2 高分子化合物の構造
次の(1)～(3)にあてはまるものをa～fから1つずつ選べ。

a : ―[C(=O)(CH₂)₄CNH(CH₂)₆NH]ₙ―
b : ―[O(CH₂)₂OC(=O)C₆H₄C(=O)]ₙ―
c : ―[CH₂―CH(OCOCH₃)]ₙ―
d : ―[CH₂C=CHCH₂(CH₃)]ₙ―
e : ―[CH₂―C(CH₃)(COOCH₃)]ₙ―
f : ―[CH₂―C₆H₂(OH)(CH₂―)(CH₂―)]ₙ―

(1) 合成ゴムとして用いられる高分子の繰り返し構造を示したものはどれか。
(2) 合成繊維ビニロンの原料となる高分子の繰り返し構造を示したものはどれか。
(3) 熱硬化性樹脂とよばれる高分子の繰り返し構造を示したものはどれか。

（東海大）

3 天然ゴム
天然ゴムを熱分解すると，二重結合を2つもつ分子，イソプレン C_5H_8 が得られる。天然ゴムは高温では軟らかく，低温では硬くなって使いにくいが，硫黄を加えて反応させると，硫黄原子による架橋によって網目状構造をつくり，適当な硬さと弾力をもつようになる。この操作をゴムの [　　] という。問1～問3に答えよ。

§21 合成高分子化合物

問1 ＿＿にあてはまる語句を記せ。
問2 下線部の天然ゴム分子の構造式を記せ。
問3 天然ゴムの分子量を17万とした場合，重合度を有効数字2桁で求めよ。

(東京都立大)

4 アクリル繊維

アクリロニトリルと塩化ビニルを共重合させてポリマーを合成した。このポリマーの塩素を定量したところ，3.4質量パーセントであった。問1〜問3に答えよ。
問1 アクリロニトリルおよび塩化ビニルの構造式を書け。
問2 このポリマー中の塩化ビニル単量体単位のモルパーセントはいくらか。
問3 このポリマー中の窒素の質量パーセントはいくらか。

(工学院大)

5 ビニロン

ビニロンは次の方法でアセチレンから合成できる。下の問1および問2に答えよ。
①：アセチレンに酢酸を付加させる。
②：①で得られた物質を付加重合させる。
③：②で得られたポリマーを過剰の水酸化ナトリウム水溶液と反応させる。
④：③で得られたポリマーとホルムアルデヒド水溶液とを反応させる。
問1 ①，②，③の反応を化学反応式で示せ。
問2 反応④で，ポリマーの$-OH$基の$\frac{2}{3}$がホルムアルデヒドと反応せずに残った。反応④での質量増加は，もとのポリマーの何%にあたるか，有効数字2桁で求めよ。

(千葉大)

6 イオン交換樹脂 [応用]

スチレンC_8H_8とp-ジビニルベンゼン$C_{10}H_{10}$とを，モル比で8.0：1.0の割合で混合して共重合させたところ，平均分子量8.0×10^4の高分子化合物Ⅰが得られた。Ⅰを濃硫酸と反応させたところ，Ⅰの構造に含まれるベンゼン環1個につき平均して0.20個のスルホ基が導入された陽イオン交換機能をもつ高分子化合物Ⅱが得られた。
次の問1および問2に有効数字2桁で答えよ。
問1 高分子化合物Ⅰの1分子中には，平均して何個のベンゼン環が存在するか。
問2 高分子化合物Ⅱを用いることによって，塩化ナトリウム水溶液からナトリウムイオンを除去することができる。3.0gのⅠから合成されたⅡの全量を用いて，0.10mol/Lの塩化ナトリウム水溶液からナトリウムイオンを除去する場合，理論的には最大限何mLまで処理できるか。

(横浜国立大)

§1 原子の構造，元素の性質

1 [解答] 問1　ア　正　　イ　負　　ウ　陽子　　エ　中性子
　　　　　オ　$2n^2$　　カ　炭素　　キ　ケイ素　　ク　大きい
　　　　　ケ　大きい　　コ　電子親和力
　　問2　4種類
　　問3　(ア) 8　(イ) 8　(ウ) 1　(エ) 8　(オ) 18　(カ) 8
　　　　　(キ) 5　(ク) 0　(ケ) 0　(コ) 8　(サ) 8　(シ) 2
　　問4　$Ca^{2+} < K^+ < Cl^- < S^{2-}$
　　　　理由　同じ電子配置のイオンでは，原子番号が大きい方が原子核中の正電荷が大きくなり，電子がより強く原子核に引きつけられるため。

[解説] 原子は，陽子，中性子，電子から構成されている。ただし，質量数1の水素原子 ^1_1H には中性子が存在しない。

原子 { 原子核 { 陽子 …… 正の電荷を帯びた粒子
　　　　　　　中性子 …… 電荷をもたない粒子
　　　電子 ………… 負の電荷を帯びた粒子

　　原子番号＝陽子の数
　　質量数＝陽子の数＋中性子の数

同じ種類の元素でも，質量数が異なるものがあり，これらを**同位体**という。
　元素を原子番号の順に配列した表を**周期表**という。原子番号36までの元素記号と周期表の位置は覚えよう。

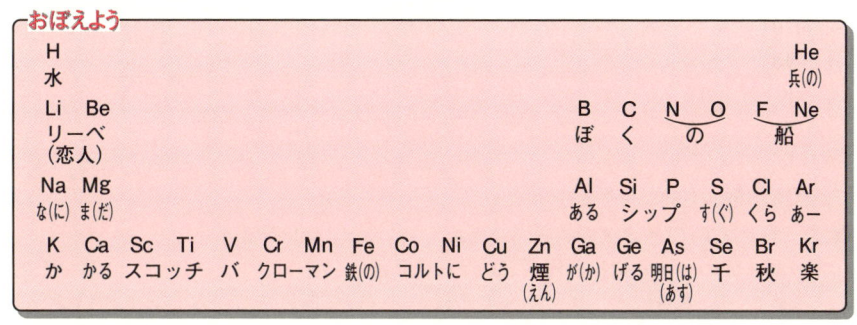

┌─ おぼえよう ──────────────────────────────┐
│ H　　　　　　　　　　　　　　　　　　　　　　　　　　　　　　　He │
│ 水　　　　　　　　　　　　　　　　　　　　　　　　　　　　　　兵(の) │
│ Li Be　　　　　　　　　　　　　　　　　B　C　N　O　F　Ne │
│ リーベ　　　　　　　　　　　　　　　　　ぼ　く　の　　船 │
│ (恋人) │
│ Na Mg　　　　　　　　　　　　　　　　Al Si P S Cl Ar │
│ な(に) ま(だ)　　　　　　　　　　　　　ある シップ すぐ くら あー │
│ K Ca Sc Ti V Cr Mn Fe Co Ni Cu Zn Ga Ge As Se Br Kr │
│ か かる スコッチ バ クローマン 鉄(の) コルトに どう 煙 が(か) げる 明日(は) 千 秋 楽 │
│ 　　　　　　　　　　　　　　　　　　　えん　　　　　あす │
└──────────────────────────────────────┘

電子配置　電子は，電子殻に収容され，内側から n 番目の電子殻には，最大 $2n^2$ 個の電子を収容できる。最外殻はその元素が属する周期によって決まり，第1周期ではK殻，第2周期ではL殻，第3周期ではM殻，第4周期ではN殻，……となる。また，Heを除いた典型元素では，最外殻電子の数は族番号の一の位と一致する。最外殻電子は，原子がイオンになったり，結合したりするときに重要なはたらきをし，**価電子**という。ただし，希ガスの原子はイオンになりにくく，他の原子とも結合しにくいので，価電子の数は0とする。例えば，L殻に4個の価電子をもつ原子は第

1

§1 原子の構造, 元素の性質

2周期14族の炭素Cであり, M殻に4個の価電子をもつ原子は第3周期14族のケイ素Siである。

イオン化エネルギー 原子から電子1個を取り去るのに必要なエネルギーであり, この値が小さいほど, 1価の陽イオンになりやすい。一般に, 周期表の右上にある元素の原子ほど, 大きくなる傾向にある。

原子半径 イオン化エネルギーの大きい原子ほど, 最外殻電子は放出されにくく, このことは, 最外殻電子が原子核から受ける電気的引力が大きいためと解釈できる。最外殻が同じ原子を比較した場合, この電気的引力が大きいほど, 電子がより強く原子核に引きつけられ, 原子半径は小さい。

同一周期では, 陽性が強い, すなわち, 周期表の左にある元素の原子ほど原子番号が小さく, 最外殻電子が原子核から受ける電気的引力が小さいので, 原子半径は大きい。また, 同族では, 周期表の下にある元素の原子ほど, 最外殻が原子核から遠い位置にあるので, 原子半径は大きい。

電子親和力 原子が電子1個を受け取るときに放出するエネルギーであり, この値が大きいほど, 1価の陰イオンになりやすい。同一周期では, ハロゲンの電子親和力が最も大きく, 1価の陰イオンになりやすい。

問2 H原子には ^{1}H と ^{2}H が, Cl原子には ^{35}Cl と ^{37}Cl があり, HCl分子は2種類のH原子と2種類のCl原子の組合せを考えればよい。

^{1}H—^{35}Cl (質量数の和36)　　^{2}H—^{35}Cl (質量数の和37)
^{1}H—^{37}Cl (質量数の和38)　　^{2}H—^{37}Cl (質量数の和39)

問3 上の記述をもとに, 周期, 族を考えると, 最外殻電子は簡単にわかる。

原子	原子番号	周期	族	K	L	M	N
He	2	1	18	2	0	0	0
Ne	10	2	18	2	8	0	0
K	19	4	1	2	8	8	1
Kr	36	4	18	2	8	18	8
N	7	2	15	2	5	0	0
Ca	20	4	2	2	8	8	2

問4 イオン半径(イオンの大きさ)には, 次のような傾向がある。

① 同じ族のイオンでは, 周期表の下にある原子のイオンほど大きい。これは, 周期表の下にあるほど, 最外殻が原子核から遠い位置にあるからである。

② 同じ電子配置のイオンでは, 原子番号が大きい原子のイオンほど小さい。これは, 原子番号が大きいほど原子核中の正電荷が大きく, 最外殻電子が原子核により強く引きつけられるからである。

$_{16}$S^{2-}, $_{17}$Cl$^-$, $_{19}$K$^+$, $_{20}$Ca^{2+} の電子配置は, すべてK殻2個, L殻8個, M殻8個である。よって, 原子番号が大きい原子のイオンほど小さく, イオン半径は, Ca^{2+}<K$^+$<Cl$^-$<S^{2-} となる。

2 解答 (1) (カ)　(2) (エ)　(3) (ア)

解説 (1) 原子番号2, 10, 18の値が存在していないのが特徴であり,これは,希ガスは定義されていない電気陰性度を表している。電気陰性度は,周期表の右上にある元素ほど大きく,Fが最大値をとる。

(2) 原子番号2, 10, 18で極大点になり,同一周期では原子番号が大きくなるにつれ,直線的に値が大きくなっている。よって,Heを除いて族番号の一の位と等しくなる最外殻電子を表している。

なお,価電子数は希ガスでは0とするので,次のようなグラフとなる。最外殻電子数と価電子数は希ガス以外では同じ値をとるので,注意しよう！

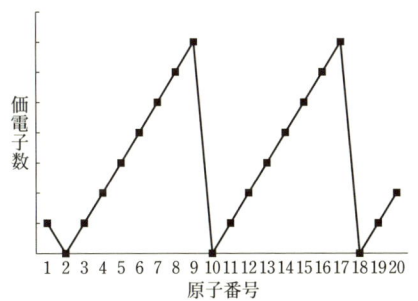

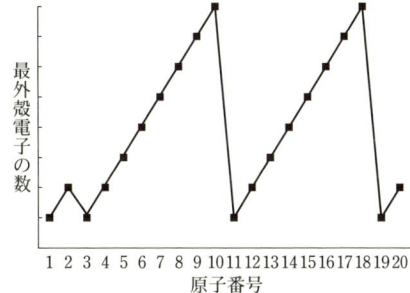

(3) 原子番号2, 10, 18で極大点になり,同一周期では原子番号が大きくなるほど,値が大きくなる傾向にある。また,原子番号2のHeが最大の値をとる。よって,第一イオン化エネルギーを表している。

※ 単体の融点は,共有結合の結晶である14族のCとSiが高くなり,次のように表される。

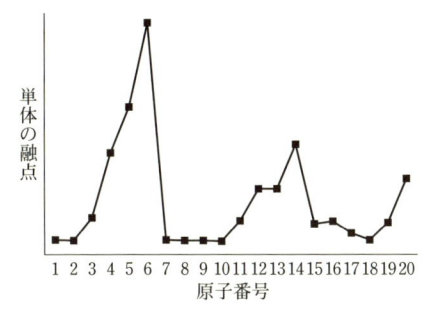

§1　原子の構造，元素の性質

3　解答　17190年前

解説　原子が壊れて半分の量になる時間を半減期といい，^{14}Cの半減期は5730年である。したがって，5730年経つと^{14}Cの存在比は$\frac{1}{2}$倍に，5730×2年経つと^{14}Cの存在比は$\frac{1}{2}\times\frac{1}{2}=\left(\frac{1}{2}\right)^2$倍になる。一般には，5730×$n$年経つと^{14}Cの存在比は$\left(\frac{1}{2}\right)^n$倍になる。

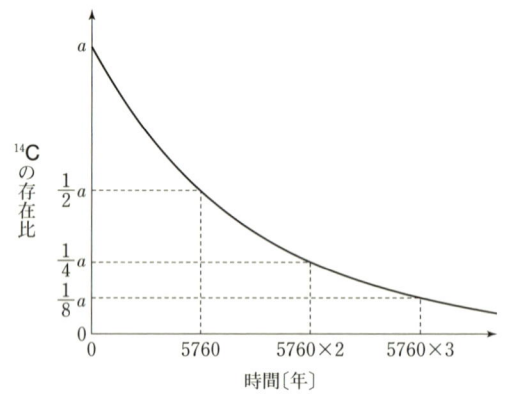

生物が生きている間は，生物や大気の間でC原子の吸収・放出が繰り返され，生物内の^{14}Cの存在比と大気中の^{14}Cの存在比は同じとなる。しかし，生物が死滅すると，外界とのC原子の吸収・放出が起こらなくなり，時間とともに^{14}Cの存在比が低下する。したがって，年代を調べたいものの中の^{14}Cの存在比と大気中の^{14}Cの存在比を比較すると，それが何年前のものかを推定することができる。

掘り出した木片中の^{14}Cの存在比が大気中の存在比の$\frac{1}{8}=\left(\frac{1}{2}\right)^3$倍であったので，5730×3＝17190年前のものであると推定される。

§2 化学結合，結晶

1 [解答] 問1 ア 3　　イ ネオン　　ウ ヘリウム　　エ ネオン
　　　　　　　オ イオン化エネルギー　　カ 電子親和力
　　　　　　　キ 静電気力（クーロン力）　　ク イオン
　　　　　　　ケ 1　　コ 金属　　サ 自由電子

問2 (1) H:N̈:H　　(2) 配位結合　$\begin{bmatrix} H \\ H:N:H \\ H \end{bmatrix}^+$
　　　　　Ḧ

[解説] 問1 結合に関与する電子を価電子（希ガス以外では最外殻電子のこと）といい，それを黒点で表したものを電子式という。価電子には対になったものと不対電子とがある。
　次に代表的な原子の電子式とその不対電子数をあげておく。

　　　　　H・　Mg・　·Al·　·Ċ·　·N̈·　·Ö:　·F̈:
不対電子数　1　　2　　3　　4　　3　　2　　1

　窒素原子は，第2周期15族の元素であり，不対電子を3つもつ。窒素分子 N_2 では，2個の窒素原子が不対電子を出し合って電子対をつくり，これを共有して結びつく。このような結合を**共有結合**という。

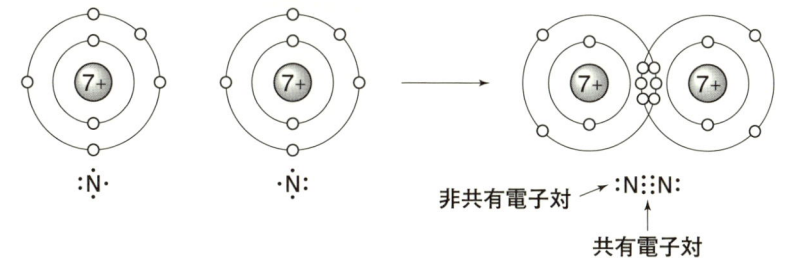

　　　　　　　　　　　　　　　　　　　　　　非共有電子対 → :N:::N:
　　　　　　　　　　　　　　　　　　　　　　　　　　　　　　　↑
　　　　　　　　　　　　　　　　　　　　　　　　　　　　　共有電子対

　このとき，各窒素原子の最外殻には8個の電子が存在し，ネオン（K殻2個，L殻8個）と同じ電子配置となる。
　アンモニア分子 NH_3 は，窒素原子1個と水素原子3個からなる分子である。

　このとき，窒素原子はネオンと，水素原子はヘリウム（K殻2個）と同じ電子配置となる。
　ナトリウム原子はイオン化エネルギーが小さく，陽イオンになりやすい。また，塩素原子は電子親和力が大きく，陰イオンになりやすい。塩化ナトリウム NaCl の結晶では，多数のナトリウムイオン Na^+ と塩化物イオン Cl^- が**静電気力（クーロン力）**により結びついており，これを**イオン結合**という。

§2 化学結合，結晶

　金属の単体では，各原子の最外殻が重なり合い，最外殻電子は特定の原子に固定されず，すべての原子の間を自由に動きまわっている。このような電子を**自由電子**といい，自由電子がすべての原子に共有されてできる結合を**金属結合**という。ナトリウムの最外殻電子の数は1個なので，ナトリウムの単体では，各原子から供給された1個ずつの最外殻電子をすべての原子で共有している。

問2 アンモニウムイオンNH_4^+は，NH_3と水素イオンH^+から，次のように形成される。

$$H^+ \frown \begin{matrix} H \\ :N:H \\ H \end{matrix} \longrightarrow \begin{bmatrix} H \\ H:N:H \\ H \end{bmatrix}^+$$

このように電子対が一方の原子から提供され，これを共有して結びつく結合を**配位結合**という。配位結合は，共有結合とでき方が異なるだけで，結合すると，NH_4^+中の4個のN−H結合のどれが配位結合かは区別できない。

2 解答
問1 ア 電気陰性度　　イ ハロゲン　　ウ 同族
問2 最大 ④　　最小 ⑤
問3 極性分子　塩化水素　H:Cl:　直線形
　　　　　　　　水　　　　H:O:H　折れ線形
　　　　　　　　アンモニア　H:N:H　三角錐形
　　　　　　　　　　　　　　　H
　　　　無極性分子　窒素　　　:N::N:　直線形
　　　　　　　　　　二酸化炭素　O::C::O　直線形
　　　　　　　　　　　　　　　　H
　　　　　　　　　　メタン　　H:C:H　正四面体形
　　　　　　　　　　　　　　　　H
問4 (ア)

解説 問1 原子が結合に関与する電子を引きつける強さを**電気陰性度**といい，これが大きい原子ほど電子を引きつけやすい。たとえば，FはHより電気陰性度が大きいので，HF分子中のF原子はやや負に，H原子はやや正に帯電する。このような異種の原子の結合における電荷のかたよりを結合の**極性**という。

　結合に極性があっても，分子の形状により極性が打ち消され分子全体として電荷のかたよりがなくなる場合がある。このような分子を**無極性分子**という。一方，分子全体として電荷のかたよりが残る分子を**極性分子**という。

問2 電気陰性度はF＞O＞N＞C＞Hとなるので，電気陰性度の差は，
　　　　F−H ＞ O−H ＞ N−H ＞ C−H ＞ F−F
となる。また，電気陰性度の差が大きいほど極性は大きい。

問3　次の表にあげる分子の電子式，形，極性は確実に押さえておこう。

分子	電子式	形	極性
窒素	:N∷N:	直線形	無極性分子
塩化水素	H:C̈l:	直線形	極性分子
水	H:Ö:H	折れ線形	極性分子
二酸化炭素	Ö∷C∷Ö	直線形	無極性分子
アンモニア	H:N̈:H 　H	三角錐形	極性分子
メタン	H H:C:H 　H	正四面体形	無極性分子

問4　一般に，極性のあるもの同士は混ざりやすいが，極性のあるものとないものは混ざりにくい。水は極性分子であり，極性分子は水に溶けやすいが，極性がないまたは極性が小さい分子は水に溶けにくい。
　　エタノール CH_3CH_2OH は極性分子であり，水に溶けやすい。ヘキサン C_6H_{14} は極性が小さく，ヨウ素 I_2 は極性がないため，水には溶けにくい。

〔参考〕　電子式の書き方と分子の形
電子式の書き方　原子が結合をつくると，その原子は希ガスに似た電子配置になる。

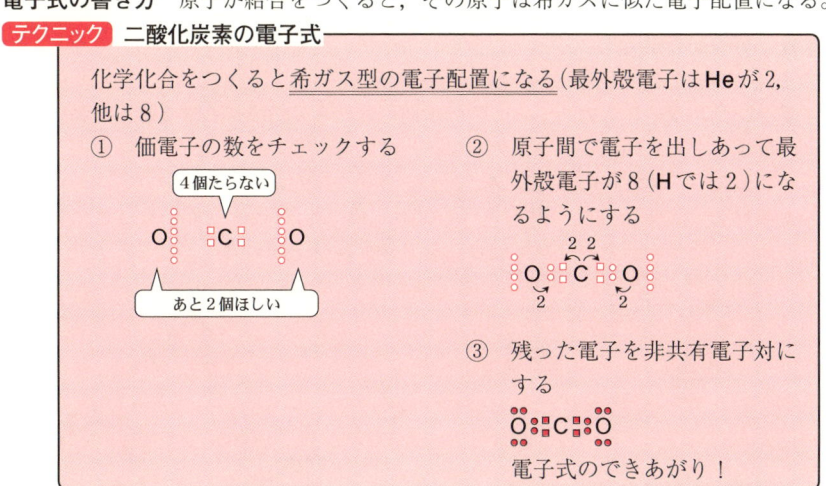

テクニック 二酸化炭素の電子式

化学化合をつくると希ガス型の電子配置になる（最外殻電子はHeが2，他は8）

① 価電子の数をチェックする

　　　4個たりない
　O　　C　　O
　　あと2個ほしい

② 原子間で電子を出しあって最外殻電子が8（Hでは2）になるようにする

　O　C　O

③ 残った電子を非共有電子対にする

　Ö∷C∷Ö
　電子式のできあがり！

電子対の方向性　分子中の結合の方向は，中心の原子のまわりの電子対の配置で決まる。すなわち，電子対をたがいに遠ざけ，その反発を最小にする方向に配置される。二重結合や三重結合は1つの電子対として考える。

§2 化学結合，結晶

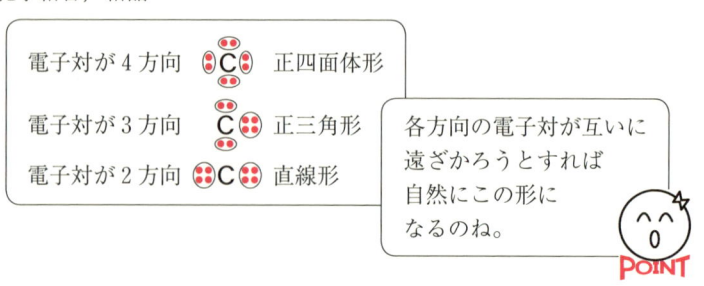

電子対が4方向	C	正四面体形
電子対が3方向	C	正三角形
電子対が2方向	C	直線形

各方向の電子対が互いに遠ざかろうとすれば自然にこの形になるのね。

POINT

分子の形 中心原子のまわりの電子対の数から考えるとよい。アンモニアの場合，電子対の方向性が正四面体形でも，結合しているHは3個なので三角錐形になる。

メタン	水	アンモニア	二酸化炭素
H:C:H (H上下)	H:Ö:H	H:N:H (H下)	Ö::C::Ö
正四面体形	折れ線形	三角錐形	直線形

3 **解答** (1) **分子量が大きいほど，ファンデルワールス力が大きくなるから。**
(2) **水は分子間に水素結合を形成するから。**

解説 分子間力が大きいほど，結合を切るのに必要なエネルギーが大きくなり，物質の沸点は高くなる。分子間力には，次の2つがある。

・**ファンデルワールス力** すべての分子間にはたらく。類似の構造をもつ物質では，分子量が大きいほどファンデルワールス力は大きい。また，分子量が同じ程度の物質では，極性がある方がファンデルワールス力は大きい。

・**水素結合** 電気陰性度の大きい原子であるF，O，Nが水素原子をはさんで生じる結合。結合の強さは「**水素結合＞ファンデルワールス力**」となる。
　　HF，H_2O，NH_3などの分子間には水素結合が形成される。

(1) 14族の水素化合物の分子量は $CH_4 < SiH_4 < GeH_4 < SnH_4$ なので，ファンデルワールス力も $CH_4 < SiH_4 < GeH_4 < SnH_4$ となる。よって，この順に沸点は高くなる。

(2) 16族の水素化合物の分子量は $H_2O < H_2S < H_2Se < H_2Te$ なので，ファンデルワールス力も $H_2O < H_2S < H_2Se < H_2Te$ となる。ただし，H_2Oは分子間に水素結合を形成するので，沸点は分子量から予測される値より異常に高くなる。よって，沸点は $H_2S < H_2Se < H_2Te < H_2O$ となっている。

4 解答 (1) (イ), (カ)　(2) (イ)　(3) (ウ), (ク)
　　　　(4) (エ), (オ)　(5) (ア), (キ)

解説　結晶は，粒子どうしを結びつけている結合の種類により，次のように分類される。

	共有結合の結晶	イオン結晶	金属結晶	分子結晶
構成粒子	原子	陽イオンと陰イオン	原子	分子
結合	共有結合	イオン結合	金属結合	ファンデルワールス力　または水素結合
融点	極めて高い	高い	高いものが多い	低い
機械的性質	極めて硬い	硬いが，割れやすい(劈開)	展性・延性を示す	軟らかい
電気伝導性	なし	なし(水溶液や融解液はあり)	あり	なし

電気伝導性について，金属結晶には自由電子があるので，電気を通す。イオン結晶は電気を通さないが，水溶液や融解液になるとイオンが自由に移動できるようになるので，電気を通す。なお，黒鉛は共有結合の結晶に分類されるが，黒鉛を構成する平面層に沿って電子が移動するので，電気を通す。

また，分子結晶のうち，ヨウ素I_2，ドライアイスCO_2，ナフタレン$C_{10}H_8$は昇華しやすい物質の代表例として覚えておこう。

(ア)SiO_2と(キ)Cは共有結合の結晶，(エ)NaClと(オ)CaOはイオン結晶，(ウ)Cuと(ク)Naは金属結晶，(イ)I_2と(カ)H_2Oは分子結晶に分類される。(分類のポイントは**基本演習5**の解説を確認しておこう。)

5 解答 問1　(a) **面心立方格子**　(b) **体心立方格子**　(c) **六方最密構造**
　　　　問2　(a) **12**　(b) **8**
　　　　問3　(a) $r=\dfrac{\sqrt{2}}{4}a$　(b) $r=\dfrac{\sqrt{3}}{4}a$
　　　　問4　原子の数 **4**　　密度 **8.89 g/cm³**

解説　問1　結晶格子の形と名称は正確に覚えておこう。
問2　(a)　単位格子の右側面の中心にある原子(**図1**の●)に着目する。この原子は**図1**のように単位格子の右側面の頂点にある原子4個，上面，下面，前面，後面の中心にある原子各1個と接している。また，この原子はその右となりにある単位格子にも属しているのでその上面，下面，前面，後面の中心にある原子各1個と接している。よって，計12個と接していることになる。なお，1個の原子に接している原子の数を**配位数**という。

9

§2 化学結合, 結晶

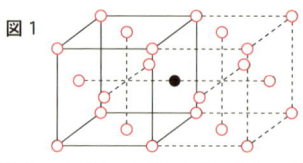

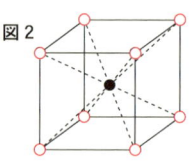

(b) 単位格子の中心にある原子(図2の●)に着目する。この原子は単位格子の頂点にある原子8個と接している。

問3 (a) 図3のように立方体の面の対角線上で原子が接しているので，
$$4r = \sqrt{2}\,a \text{ より } r = \frac{\sqrt{2}}{4}a$$

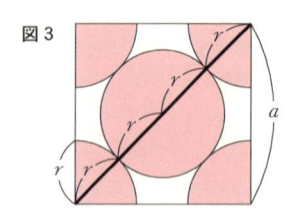

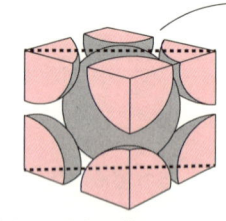

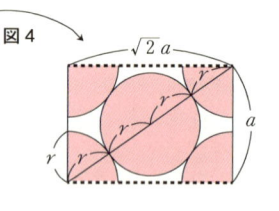

(b) 図4のように立方体の対角線上で原子が接している。三平方の定理より
$$(4r)^2 = a^2 + (\sqrt{2}a)^2 \quad \therefore \quad r = \frac{\sqrt{3}}{4}a$$

問4 右図のように，立方体の頂点に位置する原子は立方体に$\frac{1}{8}$個だけ，面の中心に位置する原子は$\frac{1}{2}$個だけ含まれている。

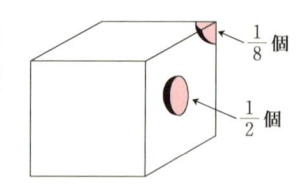

面心立方格子では，原子は頂点と面の中心に位置しているので，単位格子1個に含まれている原子の数は
$$\frac{1}{8} \times 8 + \frac{1}{2} \times 6 = 4 〔個〕$$

〔補足〕体心立方格子では，原子は頂点と立方体の中心に位置しているので
$$\frac{1}{8} \times 8 + 1 = 2 \text{ 個}。$$

原子量にgをつけた質量は原子1mol(アボガドロ数個)の質量〔g〕にあたる。よって，原子1個の質量は，原子量をアボガドロ数で割ればよい。

$$密度 = \frac{単位格子の質量}{単位格子の体積} = \frac{\frac{原子量}{アボガドロ数} \times \left(\begin{array}{c}単位格子に含\\まれる原子数\end{array}\right)}{(単位格子一辺の長さ)^3}$$

$$\therefore \quad \frac{\frac{63.5}{6.02 \times 10^{23}} \times 4 〔g〕}{(3.62 \times 10^{-8})^3 〔cm^3〕} = 8.894 \fallingdotseq 8.89 〔g/cm^3〕$$

> 結晶の密度は，単位格子1個に着目して計算するといいんだね！ **POINT**

6 解答
問1 面心立方格子
問2 $\dfrac{4(M_A+M_X)}{a^3 N_A}\times 10^{21}$ 〔g/cm³〕
問3 $a=2(r_A+r_X)$
問4 6

解説 問1 図の●の原子のみに着目するとよい。また，○の原子に着目しても同じ配列になっている。

問2 ●も○も面心立方格子の配列になっているので，単位格子中に4個ずつ含まれている。また，$1\,\text{nm}=10^{-9}\,\text{m}=10^{-9}\times 10^2\,\text{cm}=10^{-7}\,\text{cm}$ なので，密度は，

$$D\,〔\text{g/cm}^3〕=\dfrac{\dfrac{M_A}{N_A}\times 4+\dfrac{M_X}{N_A}\times 4}{(a\times 10^{-7})^3}=\dfrac{4(M_A+M_X)}{a^3 N_A}\times 10^{21}$$

問3 右図は単位格子を右側から見たものである。●と○は実際は接しているので，
$a=2(r_A+r_X)$

問4 ●はその上下，左右，前後に位置する○と接しているので6個。同様の配列で○に接している●も6個である。

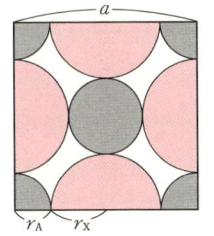

7 解答
問1 $\dfrac{a^3 d N_A}{8}$ **問2** $\dfrac{\sqrt{3}\,a}{4}$

解説 問1 単位格子中に含まれる原子の数は，
$\dfrac{1}{8}\times 8+\dfrac{1}{2}\times 6+1\times 4=8$〔個〕

原子量をMとすると，$d\,〔\text{g/cm}^3〕=\dfrac{\dfrac{M}{N_A}\times 8}{a^3}$ ∴ $M=\dfrac{a^3 d N_A}{8}$

問2 単位格子を8等分した立方体の対角線に着目する。

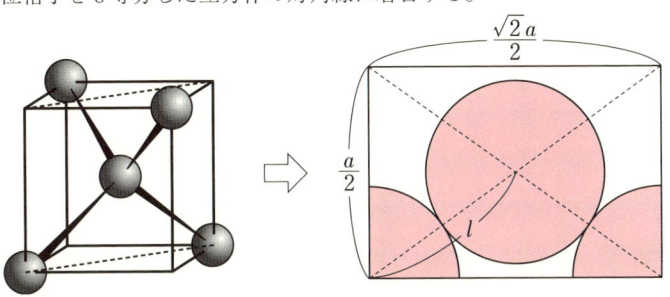

原子間結合の長さとは，原子の中心間の距離を意味する。これをlとすると，

$(2l)^2=\left(\dfrac{a}{2}\right)^2+\left(\dfrac{\sqrt{2}\,a}{2}\right)^2$ ∴ $l=\dfrac{\sqrt{3}\,a}{4}$

§2 化学結合，結晶

8 **解答** 問1　陽イオンと陰イオンのもつ電荷はすべて等しいが，NaCl，KCl，RbClの順にイオン間距離が大きくなるため，クーロン力が小さくなっているから。

問2　イオン半径はより小さく，イオンの電荷はより大きくなっているため，クーロン力がより大きくなっているから。

問3　P_4，S_8は分子結晶で，弱い分子間力で結合しているから。

問4　ケイ素は共有結合の結晶で，分子間力より強い共有結合で原子が結合しているから。

解説　問1　クーロン力は，イオンの電荷が大きいほど，また，イオン間距離が小さいほど大きい。Na^+，K^+，Rb^+の電荷は等しいがイオン半径が順に大きくなっているので，NaCl，KCl，RbClの順にクーロン力は小さくなり，融点も低くなる。

問2　Mg^{2+}はNa^+より，Ca^{2+}はK^+より，またO^{2-}はCl^-よりイオンの電荷が大きくイオン半径も小さい。したがって，MgO，CaOはNaCl，KClよりもクーロン力が大きく，融点も高い。

問3，4　粒子間の結合力は，一般に，共有結合が最も強く，分子間力が最も弱い。よって，共有結合の結晶であるケイ素の融点のほうが，分子結晶であるP_4やS_8の融点より高い。

> 粒子間の結合力が強いほど，結合を切るのに必要なエネルギーが多くなるので結晶の融点が高くなるのよ。　**POINT**

§3 物質量

1 **解答** 問1 ア 中性子　イ 同位体　ウ 原子量
問2　107.9

解説 原子番号が同じで質量数の異なる原子どうしを互いに同位体といい，化学的性質は同じである。同位体は，陽子の数が同じで，中性子の数が異なる原子どうしともいえる。

原子1個の質量は非常に小さいので，g単位で表すと，その扱いが不便である。そこで，原子の質量は，^{12}C 原子1個の質量を基準の12とした相対質量で表される。これを基準にすると，^{107}Ag の相対質量は106.9，^{109}Ag の相対質量は108.9となり，相対質量は，その原子の質量数に近い値をとる。

多くの元素は相対質量の異なる数種類の同位体からなるので，元素の原子量は，同位体の相対質量の平均値で表す。

> **計算法**　原子量＝(同位体の相対質量×その存在比)の和

銀 Ag の原子量は，

$$106.9 \times \frac{51.84}{100} + 108.9 \times \frac{48.16}{100} = 107.86 \fallingdotseq 107.9$$

なお，この計算は，$\frac{51.84}{100} + \frac{48.16}{100} = 1$ となることを利用すると，簡単になる。

$$106.9 \times \frac{51.84}{100} + (106.9 + 2.0) \times \frac{48.16}{100}$$
$$= 106.9 \times \frac{51.84}{100} + 106.9 \times \frac{48.16}{100} + 2.0 \times \frac{48.16}{100}$$
$$= 106.9 \times \left(\frac{51.84}{100} + \frac{48.16}{100}\right) + 2.0 \times \frac{48.16}{100}$$
$$= 106.9 + 0.9632 = 107.86 \fallingdotseq 107.9$$

2 **解答** (3)

解説 1 mol は 6.0×10^{23} 個の集団を表しているので，物質量と原子数とは比例している。よって，H 原子の物質量が最大のものを選べばよい。

(1) $\dfrac{3.0 \times 10^{23}}{6.0 \times 10^{23}} = 0.50 \,[\text{mol}]$

(2) 物質中に何個の原子が含まれるかを求めるには化学式を書けばよい。
　水 H_2O 1個中には H 原子が2個含まれるので，求める H 原子の数は
　　$3.0 \times 10^{23} \times 2 \,[\text{個}]$
　　∴　$\dfrac{3.0 \times 10^{23} \times 2}{6.0 \times 10^{23}} = 1.0 \,[\text{mol}]$

(3) 物質の式量(分子量や組成式量)はその物質 1 mol の質量 [g] を表している(モル質量 g/mol)。

§3 物質量

NH₃の分子量17より，NH₃ 1 molは17gである。

アンモニアの物質量は $\dfrac{8.5}{17}=0.50$〔mol〕

NH₃ 1個中にH原子は3個含まれるので，
　0.50×3＝1.50〔mol〕

(4) 気体の種類によらず，標準状態の下で1 molの気体の体積は22.4Lである。

メタンの物質量は $\dfrac{4.48}{22.4}=0.20$〔mol〕

CH₄ 1個中にH原子は4個含まれるので，
　0.20×4＝0.80〔mol〕

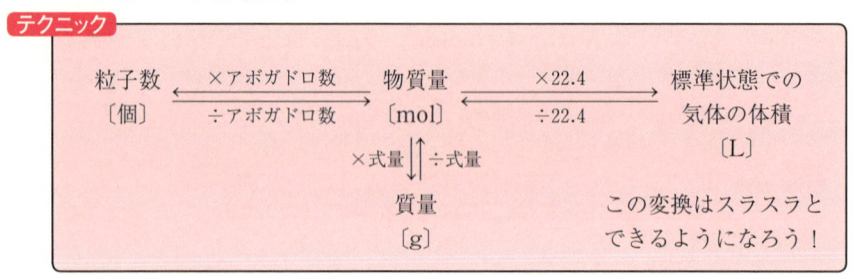

テクニック

粒子数〔個〕 ⇄（×アボガドロ数／÷アボガドロ数）物質量〔mol〕 ⇄（×22.4／÷22.4）標準状態での気体の体積〔L〕

物質量〔mol〕 ⇅（×式量／÷式量）質量〔g〕

この変換はスラスラとできるようになろう！

3 解答　問1　(1) 18 mol/L　(2) 5.6 mL
　　　　問2　1.4 mol/L

解説　問1　(1) 質量パーセント濃度をモル濃度に変換することがテーマの問題である。

　濃度を求めるためには，溶液の量と溶質の量の関係がわかればよい。ここではモル濃度を求めたいので，溶液1L中の溶質の物質量〔mol〕を求めればよい。

　溶液（濃硫酸）1Lすなわち1000 mL（＝1000 cm³）の質量は，密度が1.8 g/cm³であることより，
　　1.8×1000＝1800〔g〕

　質量パーセント濃度が98%なので，この溶液に含まれる溶質（H₂SO₄，分子量98）の量は，

$$1800 \times \dfrac{98}{100}\text{〔g〕} \quad \text{すなわち，} \quad \dfrac{1800 \times \dfrac{98}{100}}{98}=18\text{〔mol〕}$$

　よって，モル濃度は18 mol/Lとなる。

(2) 溶液を水で希釈しても，溶液中に含まれる溶質の量は変化しない。

　必要な濃硫酸を v〔mL〕とすると，18 mol/Lの濃硫酸 v〔mL〕に含まれる溶質の物質量と0.50 mol/Lの希硫酸200 mLに含まれる溶質の物質量は等しいので，

$$18 \times \dfrac{v}{1000}=0.50 \times \dfrac{200}{1000} \quad \therefore \quad v=5.55 \fallingdotseq 5.6\text{〔mL〕}$$

問2　8.0％の希硫酸30gに含まれる溶質の質量は $30 \times \dfrac{8.0}{100} = 2.4$ 〔g〕

14％の希硫酸80gに含まれる溶質の質量は $80 \times \dfrac{14}{100} = 11.2$ 〔g〕

よって，混合水溶液に含まれる溶質の量は，

$2.4 + 11.2 = 13.6$ 〔g〕　すなわち，$\dfrac{13.6}{98}$ 〔mol〕

混合溶液の質量は $30 + 80 = 110$ g であり，密度が1.1g/cm³なので，その体積は，

$\dfrac{110}{1.1} = 100 \, \text{cm}^3 (= 100 \, \text{mL})$

したがって，混合水溶液のモル濃度は，

$\dfrac{13.6}{98} \times \dfrac{1000}{100} = 1.38 ≒ 1.4$ 〔mol/L〕

POINT　溶質の量は，溶液を薄めても，混合しても変わらないよ！
溶液の体積と質量の関係は，密度を用いるとわかるよ！

4　**解答**　問1　0.250 mol
　　　　問2　二酸化炭素　5.60 L　　水　9.00 g
　　　　問3　56.0 L

解説　問1　メタンの物質量は $\dfrac{5.60}{22.4} = 0.250$ 〔mol〕

問2　反応する場合，反応式中の左辺にある反応物質は減り，右辺にある生成物質は増える。このとき変化する物質の物質量の比は必ず反応式の係数の比になっている。与えられた反応式より，CH_4，O_2，CO_2，H_2Oは，1 : 2 : 1 : 2の物質量比で変化する。

　　よって，$n_{CO_2} = 0.250 \times 1 = 0.250$ 〔mol〕　　∴　$22.4 \times 0.250 = 5.60$ 〔L〕

　　分子量18より，H_2O 1 molの質量は18gになる。

　　　　$n_{H_2O} = 0.250 \times 2 = 0.500$ 〔mol〕　　∴　$18 \times 0.500 = 9.00$ 〔g〕

問3　反応式の係数比より，反応に必要なO_2は $0.250 \times 2 = 0.500$ 〔mol〕。
　　空気の体積は，O_2の体積の5倍なので，$22.4 \times 0.50 \times 5 = 56.0$ 〔L〕

POINT　物質が反応するときは，必ず物質量(mol)比＝係数比で反応する。

§3 物質量

5 [解答] 問1　$2Al + 6HCl \longrightarrow 2AlCl_3 + 3H_2$
問2　3.36 L
問3

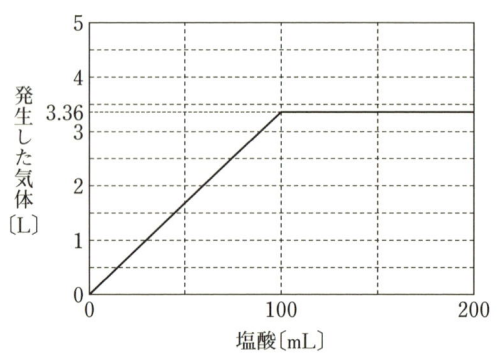

[解説] 問1　アルミニウムに塩酸を加えると，水素を発生しながらアルミニウムは溶ける。

$$2Al + 6HCl \longrightarrow 2AlCl_3 + 3H_2$$

用いたAlは $\dfrac{2.70}{27}=0.100$ [mol]，HClは $3.00\times\dfrac{200}{1000}=0.600$ [mol] である。

問2　塩酸をすべて加えたときの反応による量変化は次のようになる。

	2Al	+	6HCl	⟶	2AlCl₃	+	3H₂
反応前	0.100 mol		0.600 mol		0		0
変化量	−0.100 mol		−0.300 mol		+0.100 mol		+0.150 mol
反応後	0		0.300 mol		0.100 mol		0.150 mol

よって，発生した気体(H₂)の体積は，$22.4\times0.150=3.36$ [L]

問3　Al 0.100 mol と HCl が過不足なく反応するときまでに加えた塩酸の体積を v [mL] とすると，

$$0.100 : 3.00\times\dfrac{v}{1000} = 2 : 6 \quad \therefore\quad v=100 \text{ [mL]}$$

ⅰ）加えた塩酸が100 mLより少ないとき
HClがすべて反応し，Alが一部残る。このとき発生したH₂は，加えたHClの物質量によって決まり，

$$3.00\times\dfrac{v}{1000}\times\dfrac{3}{6}=\dfrac{1.5v}{1000} \text{ [mol]} \quad \text{すなわち，} 22.4\times\dfrac{1.5v}{1000}=\dfrac{33.6v}{1000} \text{ [L]}$$

すなわち，加えた塩酸の体積と発生したH₂の体積は比例する。

ⅱ）加えた塩酸が100 mLより多いとき
Alがすべて反応し，HClが一部残る。このとき発生したH₂は，加えたAlの物質量によって決まり，

$$0.100\times\dfrac{3}{2}=0.150 \text{ [mol]} \quad \text{すなわち，} 22.4\times0.150=3.36 \text{ [L]}$$

すなわち，発生したH₂の体積は加えた塩酸の体積によらず一定となる。
以上より，加えた塩酸の体積と発生したH₂の体積の関係は，次のグラフで表

される。

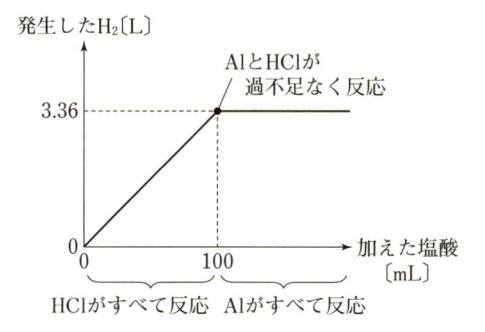

2つの物質のうち，どちらが先になくなるかを考えることがポイントだよ！

6 解答　プロパン 0.28 mol　ブタン 0.04 mol

解説　プロパン C_3H_8 およびブタン C_4H_{10} の完全燃焼は，次の化学反応式で表される。

$C_3H_8 + 5O_2 \longrightarrow 3CO_2 + 4H_2O$

$2C_4H_{10} + 13O_2 \longrightarrow 8CO_2 + 10H_2O$

混合気体に含まれていた C_3H_8 を x [mol]，C_4H_{10} を y [mol] とすると，完全燃焼により発生した二酸化炭素 CO_2 は $3x+4y$ [mol]，水 H_2O は $4x+5y$ [mol] となる。

$\begin{cases} 3x+4y=1.00 \\ 4x+5y=1.32 \end{cases}$

この方程式を解くと，$x=0.28$ [mol]，$y=0.04$ [mol] となる。

2つの反応が同時進行するときの量計算は，その物質量の内訳を文字式で表すと考えやすいよ。

17

§3 物質量

7 解答　問1　4.09×10^{-7} mol
　　　　　問2　2.57×10^{17} 個
　　　　　問3　6.28×10^{23}/mol

解説　問1　$C_{17}H_{35}COOH = 284$ より

$$\frac{0.0351}{284} \times \frac{0.331}{100} = 4.090 \times 10^{-7} \fallingdotseq 4.09 \times 10^{-7} \text{[mol]}$$

問2　右図のように，ステアリン酸は親水性のカルボキシ基 $-COOH$ と疎水性の炭化水素基 $C_{17}H_{35}-$ からなる。ステアリン酸のベンゼン溶液を水面に滴下すると，右図のように，水の方にカルボキシ基を向けて1分子ずつ並んで単分子膜をつくる。ステアリン酸1個あたりの面積が 2.05×10^{-15} cm² なので，527cm² に含まれるステアリン酸は，

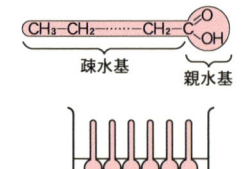

$$\frac{527}{2.05 \times 10^{-15}} = 2.570 \times 10^{17} \fallingdotseq 2.57 \times 10^{17} \text{[個]}$$

問3　アボガドロ定数を N[/mol]とすると，4.090×10^{-7} mol が 2.570×10^{17} 個にあたるので，

$$1\text{[mol]} : N\text{[個]} = 4.090 \times 10^{-7}\text{[mol]} : 2.570 \times 10^{17}\text{[個]}$$
$$\therefore\ N = 6.283 \times 10^{23} \fallingdotseq 6.28 \times 10^{23} \text{[/mol]}$$

おぼえよう
アボガドロ定数とは1molあたりの個数　$\Longrightarrow$　6.02×10^{23}/mol

§4 酸と塩基

1 [解答] 問1 水のイオン積
問2 (1) HCl, H_3O^+ (2) H_2O, NH_4^+
問3 $1.0×10^{-7}$ mol/L
問4 ②<③<⑤<④<①

[解説] 問1 水はごくわずかに電離し，H^+とOH^-になる。

$$H_2O \rightleftarrows H^+ + OH^-$$

水中の水素イオンのモル濃度$[H^+]$と水酸化物イオンのモル濃度$[OH^-]$の積を**水のイオン積**といい，K_Wで表す。

$$K_W=[H^+][OH^-]=1.0×10^{-14}\,(mol/L)^2 \quad (25℃)$$

この式は，純水だけでなく，酸性の水溶液や塩基性の水溶液においても成り立つ。

問2 酸と塩基の定義には，次の2種類がある。

	酸	塩基
アレニウスの定義	水溶液中でH^+を放出するもの	水溶液中でOH^-を放出するもの
ブレンステッドの定義	H^+を他に与えるもの	H^+を他から受け取るもの

ブレンステッドの定義では，H^+の移動を考えればよい。

$$HCl + H_2O \rightleftarrows H_3O^+ + Cl^-$$
酸　　塩基　　　酸　　塩基

$$NH_3 + H_2O \rightleftarrows NH_4^+ + OH^-$$
塩基　　酸　　　酸　　塩基

問3 純水では，$[H^+]=[OH^-]$が成り立つ。これとK_Wより，

$$[H^+]^2=1.0×10^{-14}(mol/L)^2 \quad ∴\quad [H^+]=1.0×10^{-7}\,(mol/L)$$

問4 各水溶液のpHの値を求めて比較することもできる（pHの求め方は**基本演習2**および**実戦演習2**を参照のこと）が，この問題はpHの大小比較だけなので，次のように考える方が簡単である。

酸の水溶液のpHは7より小さく，塩基の水溶液のpHは7より大きい。また，水素イオン濃度$[H^+]$が大きいほどpHは小さく，水酸化物イオン濃度$[OH^-]$が大きいほどpHは大きくなる。

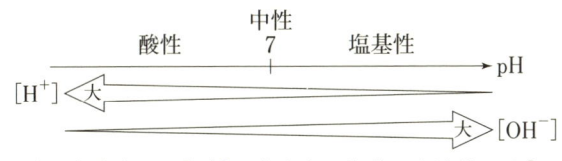

中性
酸性　7　塩基性
──────────→ pH
$[H^+]$ ←大
大→ $[OH^-]$

したがって，酸の水溶液では$[H^+]$の大小を，塩基の水溶液では$[OH^-]$の大小を比較すると，pHの大小比較ができる。

①〜⑤の水溶液の濃度はすべて0.10 mol/Lで同じである。これらのうち，酸は ② HNO_3（1価の強酸），③ CH_3COOH（1価の弱酸）の2つである。強酸は完全に電離し，

19

§4 酸と塩基

弱酸はわずかにしか電離しないので，[H^+]は②>③，pHは②<③(<7)となる。

①〜⑤のうち，塩基は①$Ba(OH)_2$(2価の強塩基)，④$NaOH$(1価の強塩基)，⑤NH_3(1価の弱塩基)である。強塩基は完全に電離し，弱塩基はわずかにしか電離しない。また，2価の強塩基と1価の強塩基では，2価の強塩基の方がOH^-が多く生じる。よって，[OH^-]は①>④>⑤，pHは(7<)⑤<④<①となる。

以上より，pHは，②<③<⑤<④<①である。

2 **解答** (ア)<(エ)<(ウ)<(イ)

解説 [H^+]が大きいほどpHは小さい。各水溶液の[H^+]を求めて，その大小を比べればよい。

(ア) 塩酸HClは1価の強酸。[H^+]=$1.0×10^{-1}$ [mol/L]

(イ) [OH^-]=$1.0×10^{-10}$ [mol/L] より，

$$[H^+]=\frac{K_W}{[OH^-]}=\frac{1.0×10^{-14}}{1.0×10^{-10}}=1.0×10^{-4} \text{ [mol/L]}$$

(ウ) 酢酸(分子量60)は1価の弱酸(電離度は0.01)。

$$n_{CH_3COOH}=\frac{2.4}{60}=0.040 \text{ [mol]} \quad ∴ \quad [H^+]=0.040×\frac{1000}{400}×0.01=1.0×10^{-3} \text{ [mol/L]}$$

(エ) 混合したHClは$0.05×\frac{50}{1000}$ [mol]，NaOHは$0.03×\frac{50}{1000}$ [mol]であり，HClとNaOHは1:1の物質量比で反応するので，反応後はHClが残る。混合後の体積は50+50=100 [mL] であり，

$$n_{H^+}=0.05×\frac{50}{1000}-0.03×\frac{50}{1000}=1.0×10^{-3} \text{ [mol]}$$

$$∴ \quad [H^+]=1.0×10^{-3}×\frac{1000}{100}=1.0×10^{-2} \text{ [mol/L]}$$

> **テクニック**
> 強酸と強塩基の混合溶液のpHは，
> $\frac{\text{酸からのH}^+\text{と塩基からのOH}^-\text{の物質量[mol]の差}}{\text{混合溶液の体積[L]}}$ から求める。

[H^+]は (ア)>(エ)>(ウ)>(イ) より，pHは (ア)<(エ)<(ウ)<(イ) となる。

> **POINT**
> [H^+]の値が大きいほどpHは小さく，
> [OH^-]の値が大きいほどpHは大きい。

3 **解答** ⑤

解説 2種類の水溶液を混合すると，反応が起こる可能性がある。また，混合した2種類の物質が過不足なく反応することもあれば，一方が残ることもある。したがって，溶液の混合後に，どのような水溶液になっているのかを考える必要がある。

a欄とb欄の水溶液を1Lずつ混合したとする。

① HClと$Ba(OH)_2$を混合すると，次の中和反応が起こる。

$$2HCl + Ba(OH)_2 \longrightarrow BaCl_2 + 2H_2O$$

混合したHClは0.1 mol，Ba(OH)$_2$は0.1 molなので，反応後，0.05 molのBa(OH)$_2$が残る。よって，水溶液は塩基性を示す。
② KClとNa$_2$CO$_3$を混合しても反応は起こらない。KClは強酸(HCl)と強塩基(KOH)の中和により得られる正塩であり，その水溶液は中性を示す。また，Na$_2$CO$_3$は弱酸(H$_2$CO$_3$)と強塩基(NaOH)の中和により得られる正塩であり，その水溶液は塩基性を示す。よって，この混合水溶液は塩基性を示す。
③ H$_2$SO$_4$とNaOHを混合すると，次の中和反応が起こる。

$$H_2SO_4 + 2NaOH \longrightarrow Na_2SO_4 + 2H_2O$$

混合したH$_2$SO$_4$は0.1 mol，NaOHは0.2 molなので，これらが過不足なく反応し，反応後はNa$_2$SO$_4$水溶液となる。Na$_2$SO$_4$は強酸(H$_2$SO$_4$)と強塩基(NaOH)の中和により得られる正塩であり，その水溶液は中性を示す。
④ HClとNaOHを混合すると，次の中和反応が起こる。

$$HCl + NaOH \longrightarrow NaCl + H_2O$$

混合したHClは0.1 mol，NaOHは0.1 molなので，これらが過不足なく反応し，反応後はNaCl水溶液となる。NaClは強酸(HCl)と強塩基(NaOH)の中和により得られる正塩であり，その水溶液は中性を示す。
⑤ HClとCH$_3$COONaを混合すると，次の反応が起こり，弱酸であるCH$_3$COOHが遊離する。

$$HCl + CH_3COONa \longrightarrow NaCl + CH_3COOH$$

混合したHClは0.1 mol，CH$_3$COONaは0.1 molなので，これらが過不足なく反応し，反応後は0.1 molのNaClと0.1 molのCH$_3$COOHが混合した水溶液となる。よって，水溶液は酸性を示す。

おぼえよう
・強酸と強塩基の中和で得られる正塩……中性
（ただし，NaHSO$_4$など，強酸と強塩基の中和で得られる酸性塩は酸性）
・強酸と弱塩基の中和で得られる塩……酸性
・弱酸と強塩基の中和で得られる塩……塩基性

POINT

4 解答 (1) ⑥ (2) ① (3) ③
解説 強酸に強塩基を滴下したとき，弱酸に強塩基を滴下したとき，および塩基に強酸を滴下したときのpH変化は，次の図のようになる。

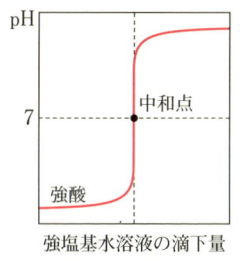

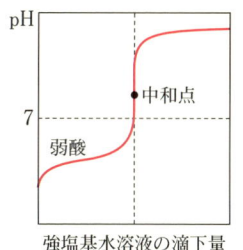

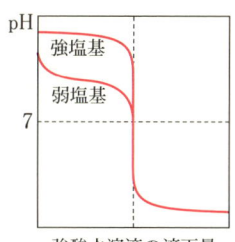

§4 酸と塩基

曲線の概略と中和点の位置をみると，どのような曲線になるかが推定できる。

(1) 0.10 mol/Lの硫酸10 mLを中和するために必要な0.10 mol/Lの水酸化ナトリウム水溶液をv_1〔mL〕とすると，H_2SO_4は2価の酸，NaOHは1価の塩基なので，

$$2 \times 0.10 \times \frac{10}{1000} = 1 \times 0.10 \times \frac{v_1}{1000} \quad \therefore \quad v_1 = 20 \text{〔mL〕}$$

また，H_2SO_4(強酸)をNaOH(強塩基)で滴定しており，中和点は中性(Na_2SO_4水溶液)となる。よって，⑥が適当である。

(2) 0.10 mol/Lの酢酸水溶液10 mLを中和するために必要な0.10 mol/Lの水酸化ナトリウム水溶液をv_2〔mL〕とすると，CH_3COOHは1価の酸，NaOHは1価の塩基なので，

$$1 \times 0.10 \times \frac{10}{1000} = 1 \times 0.10 \times \frac{v_2}{1000} \quad \therefore \quad v_2 = 10 \text{〔mL〕}$$

また，CH_3COOH(弱酸)をNaOH(強塩基)で滴定しており，中和点は塩基性(CH_3COONa水溶液)となる。よって，①が適当である。

(3) 0.10 mol/Lの水酸化バリウム水溶液10 mLを中和するために必要な0.10 mol/Lの塩酸をv_3〔mL〕とすると，HClは1価の酸，$Ba(OH)_2$は2価の塩基なので，

$$1 \times 0.10 \times \frac{v_3}{1000} = 2 \times 0.10 \times \frac{10}{1000} \quad \therefore \quad v_3 = 20 \text{〔mL〕}$$

また，$Ba(OH)_2$(強塩基)をHCl(強酸)で滴定しており，中和点は中性($BaCl_2$水溶液)となる。よって，③が適当である。

中和点における計算

酸の価数×酸の物質量＝塩基の価数×塩基の物質量

5 解答　OH^-　④　CH_3COO^-　②　H^+　⑦　Na^+　①

解説　滴下した水酸化ナトリウム水溶液のモル濃度をx〔mol/L〕とすると，

$$1 \times 0.10 \times \frac{100}{1000} = 1 \times x \times \frac{20.0}{1000} \quad \therefore \quad x = 0.50 \text{ mol/L}$$

酢酸は弱酸であり，水酸化ナトリウム水溶液を滴下する前はわずかに電離しているだけである。よって，0.10 mol/Lの酢酸水溶液100 mL中には，CH_3COOHは約0.010 mol存在し，CH_3COO^-とH^+はごくわずかに存在するだけである。

$$CH_3COOH \rightleftharpoons CH_3COO^- + H^+$$

水酸化ナトリウム水溶液を滴下していくと，酢酸の中和が進行し，CH_3COOHがCH_3COO^-に変化していく。

$$CH_3COOH + NaOH \longrightarrow CH_3COONa + H_2O$$
$$(Na^+ + OH^-) \quad (CH_3COO^- + Na^+)$$

水酸化ナトリウム水溶液の滴下量が20.0 mL(中和点)までは，CH_3COOHが減少し，CH_3COO^-とNa^+が増加していき，滴下量が20.0 mLのとき，すべてのCH_3COOHがCH_3COO^-になる。滴下量が20.0 mLを超えると，Na^+とOH^-が増加していく。

また，H^+はごくわずかに存在するだけであり，⑦のグラフが適当である。

水酸化ナトリウム水溶液の滴下量〔mL〕

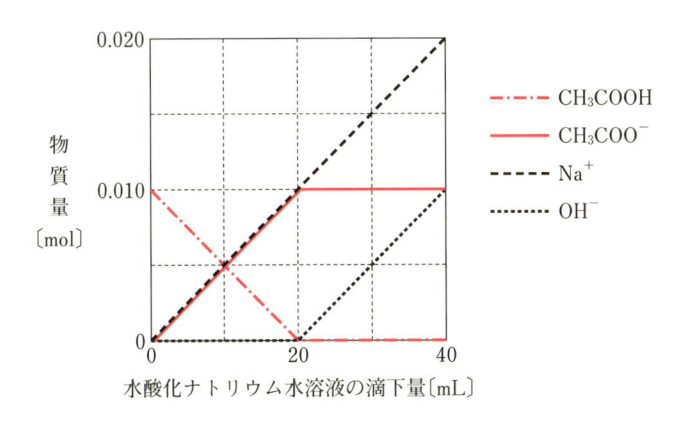

6 [解答] 問1　ア (d)　　イ (b)　　ウ (e)
　　　　問2　ア (e)　　イ (c)　　ウ (e)
　　　　問3　(c)
　　　　問4　$CH_3COOH + NaOH \longrightarrow CH_3COONa + H_2O$
　　　　問5　0.72 mol/L, 4.3%

[解説] 問1　ア　正確な体積をはかりとるには(d)のホールピペットを用いる。
　　イ　正確な濃度の溶液を調製するには(b)のメスフラスコを用いる。
　　ウ　正確な体積を滴下するには(e)のビュレットを用いる。(a)のメスシリンダー，(c)の駒込ピペットは目盛りが正確ではないので，滴定実験には用いない。
問2　メスフラスコは標線まで蒸留水を加えるのでぬれたまま用いてもよい。ホールピペットもビュレットも水でぬれていると中に入れる溶液の濃度が変わるので，どちらも使用する溶液で数回洗ってから用いる。
問3　溶液のpHによって色が変化するような試薬を指示薬という。おもな指示薬とその変色域を下にあげる。

指示薬	変色域 (pH)	1 2 3 4 5 6 7 8 9 10 11 12 13
メチルオレンジ	3.1～4.4	赤　橙黄
メチルレッド	4.2～6.2	赤　黄
フェノールフタレイン	8.0～9.8	無　赤

　　中和点付近ではpHが急激に変化するため，pH曲線はほぼ直線になる。この直線部分と変色域の重なる指示薬を選べばよい。中和点では**CH₃COONa**が生成しているため，溶液は弱塩基性を示す。したがって，変色域が塩基性であるフェノールフタレインが最も適している。

問5　食酢のモル濃度をx〔mol/L〕とする。食酢10.0 mLに水を加えて50 mLにしたので，滴定に用いた水溶液は食酢を5倍に希釈しており，その水溶液中の**CH₃COOH**のモル濃度は$\dfrac{x}{5}$〔mol/L〕である。**CH₃COOH**は1価の酸，**NaOH**は1

§4 酸と塩基

価の塩基なので，

$$1 \times \frac{x}{5} \times \frac{10.0}{1000} = 1 \times 0.100 \times \frac{14.4}{1000}$$

∴ $x = 0.72 \text{ [mol/L]}$

食酢(密度1.00 g/cm³) 1 Lの質量は 1.00×1000 g であり，**CH₃COOH**の分子量＝60 より，食酢の質量パーセント濃度は，

$$\frac{60 \times 0.72}{1.00 \times 1000} \times 100 = 4.32 \fallingdotseq 4.3 \text{ [\%]}$$

中和滴定の実験では ｛ 実験器具の名称，形と洗浄法 / 指示薬の決定，pH曲線のグラフ / 中和の公式による計算 ｝ が問題として出題されるよ！ **POINT**

7 解答　7.8×10^{-2} L

解説　0.100 mol/Lの**H₂SO₄**水溶液20.0 mLに**NH₃**を吸収させた後，0.100 mol/Lの**NaOH**水溶液5.00 mLで中和している。

$$H_2SO_4 + 2NH_3 \longrightarrow (NH_4)_2SO_4$$
$$H_2SO_4 + 2NaOH \longrightarrow Na_2SO_4 + 2H_2O$$

(0.100 mol/L, 20.0 mL)
H₂SO₄
　　NH₃と反応　　　　NaOH水溶液で滴定
　　　　　　　　　(0.100 mol/L, 5.00 mL必要)

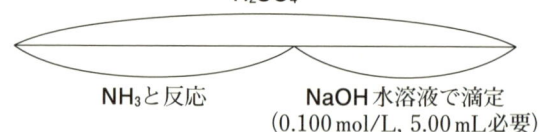

中和点における計算式「酸の価数×酸の物質量＝塩基の価数×塩基の物質量」は複数の酸や塩基についても成り立つ。吸収させた**NH₃**を V [L] とすると，

$$2 \times 0.100 \times \frac{20.0}{1000} = 1 \times \frac{V}{22.4} + 1 \times 0.100 \times \frac{5.00}{1000}$$

∴ $V = 0.0784 \fallingdotseq 0.078$ [L]

8 解答　問1　A　フェノールフタレイン　　B　メチルオレンジ
　　　問2　NaOH + HCl ⟶ NaCl + H₂O
　　　　　　Na₂CO₃ + HCl ⟶ NaHCO₃ + NaCl
　　　問3　NaHCO₃ + HCl ⟶ NaCl + H₂O + CO₂
　　　問4　NaOH 0.40 g　　Na₂CO₃ 0.53 g

解説　炭酸ナトリウム**Na₂CO₃**水溶液に塩酸を少しずつ滴下していくと，はじめは①式の反応が起こる。(第1段階の中和)

　　　Na₂CO₃ + HCl ⟶ NaHCO₃ + NaCl　　……①

①式の反応が終了後，さらに塩酸を少しずつ滴下していくと，②式の反応が起こる。(第2段階の中和)

　　　NaHCO₃ + HCl ⟶ H₂O + CO₂ + NaCl　　……②

このとき，次の滴定曲線が得られる。なお，第1段階の中和で必要なHCl量と第2段階の中和で必要なHCl量は等しいことを把握しておこう！

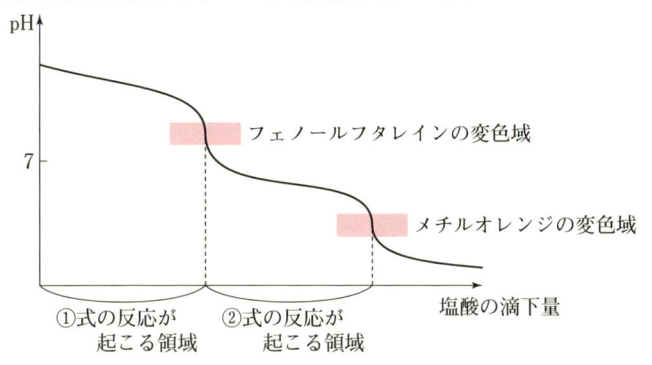

NaOHとNa₂CO₃の混合水溶液に塩酸を少しずつ滴下していくと，はじめは強塩基であるNaOHが反応し，次にNa₂CO₃が反応する。

$$NaOH + HCl \longrightarrow NaCl + H_2O \quad \cdots\cdots ③$$
$$Na_2CO_3 + HCl \longrightarrow NaHCO_3 + NaCl \quad \cdots\cdots ①$$

③式と①式の反応が終了したとき，NaClとNaHCO₃の混合水溶液となり，フェノールフタレインが変色する(第一中和点)。さらに塩酸を少しずつ滴下していくと，②式の反応が起こる。

$$NaHCO_3 + HCl \longrightarrow H_2O + CO_2 + NaCl \quad \cdots\cdots ②$$

②式の反応が終了したとき，メチルオレンジが変色する(第二中和点)。

この混合水溶液20.0mL中のNaOHを x [mol]，Na₂CO₃を y [mol]とすると，第一中和点までに要したHClは $x+y$ [mol] (15mLに相当)，第一中和点から第二中和点までに要したHClは y [mol] (5mLに相当)となる。

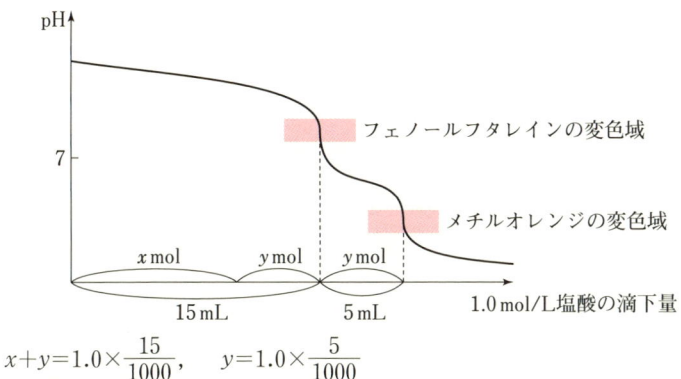

$$x+y=1.0\times\frac{15}{1000}, \quad y=1.0\times\frac{5}{1000}$$

よって，$x=0.010$ [mol]，$y=0.0050$ [mol]

したがって，NaOHは $40\times 0.010=0.40$ [g]，Na₂CO₃は $106\times 0.0050=0.53$ [g]

§5 酸化と還元

1 【解答】 (ア) ヨウ素　(イ) 酸化マンガン(Ⅳ)　(ウ) 過酸化水素

【解説】 酸化還元反応では，原子の酸化数が必ず変化する。したがって，個々の原子の酸化数の変化を調べていけばよい。しかし，この作業は少々煩雑である。そこで，単体が関与する反応は酸化還元反応であるということを知っていれば楽ができる。なぜか？　単体中の原子の酸化数は0であり，化合物中では必ず正か負の酸化数をもつ。すなわち，単体が化合物に，化合物が単体に変化する反応は必ず酸化数変化を伴うことになる。

単体が関与する反応(ア)，(イ)について酸化数の変化を検討してみよう。

(ア)　$H_2S \longrightarrow S$　　　(S: $-2 \longrightarrow 0$　酸化されている…還元剤)
　　　$I_2 \longrightarrow HI$　　　(I: $0 \longrightarrow -1$　還元されている…酸化剤)
(イ)　$MnO_2 \longrightarrow MnCl_2$　(Mn: $+4 \longrightarrow +2$　還元されている…酸化剤)
　　　$HCl \longrightarrow Cl_2$　　(Cl: $-1 \longrightarrow 0$　酸化されている…還元剤)

次に，単体を含まない反応式(ウ)，(エ)，(オ)について酸化数の変化を検討してみよう。

(ウ)　$H_2O_2 \longrightarrow H_2O$　(O: $-1 \longrightarrow -2$　還元されている…酸化剤)
　　　$SO_2 \longrightarrow H_2SO_4$　(S: $+4 \longrightarrow +6$　酸化されている…還元剤)

(エ)，(オ)　酸化数の変化はないので，酸化還元反応ではない。

> **テクニック**
> 酸化還元反応には必ず酸化数変化が伴う。
> また，反応式に単体が関与する変化は酸化還元反応である。

2 【解答】 問1　ア 酸化　イ 還元　ウ $2H^+$　エ $2e^-$　オ 酸化　カ $6e^-$
　　　　　　　キ $7H_2O$　ク 還元　ケ $2e^-$

問2　$K_2Cr_2O_7 + 4H_2SO_4 + 3H_2O_2$
　　　　　　$\longrightarrow Cr_2(SO_4)_3 + K_2SO_4 + 7H_2O + 3O_2$

問3　$2KI + H_2O_2 + H_2SO_4 \longrightarrow I_2 + K_2SO_4 + 2H_2O$

【解説】 H_2O_2は，通常，酸化剤としてはたらくが，還元剤としてはたらくこともある。$K_2Cr_2O_7$との反応では，$Cr_2O_7^{2-}$は酸化剤，H_2O_2は還元剤としてはたらく。

還元剤　$H_2O_2 \longrightarrow O_2 + 2H^+ + 2e^-$　　……②
酸化剤　$Cr_2O_7^{2-} + 14H^+ + 6e^- \longrightarrow 2Cr^{3+} + 7H_2O$　……③

②×3+③ より，電子(e^-)を消去すると，
$Cr_2O_7^{2-} + 8H^+ + 3H_2O_2 \longrightarrow 2Cr^{3+} + 7H_2O + 3O_2$

両辺に$2K^+$と$4SO_4^{2-}$を加えて化学反応式にすると，
$K_2Cr_2O_7 + 4H_2SO_4 + 3H_2O_2 \longrightarrow Cr_2(SO_4)_3 + K_2SO_4 + 7H_2O + 3O_2$

KIとH_2O_2の反応では，I^-が還元剤，H_2O_2が酸化剤としてはたらく。

還元剤　$2I^- \longrightarrow I_2 + 2e^-$　　……⑤
酸化剤　$H_2O_2 + 2H^+ + 2e^- \longrightarrow 2H_2O$　　……①

⑤+① より，$2I^- + H_2O_2 + 2H^+ \longrightarrow I_2 + 2H_2O$

両辺に $2K^+$ と SO_4^{2-} を加え，化学反応式にすると，
$$2KI + H_2O_2 + H_2SO_4 \longrightarrow I_2 + K_2SO_4 + 2H_2O$$

> **POINT**
> H_2O_2 は酸化剤としてはたらくが，還元剤としてはたらく場合もある。

知っ得

酸化還元の反応式

酸化還元反応の反応式は複雑な反応式が多く，そのまま覚えるのでは少々辛い。

酸化剤と還元剤の電子を含むイオン反応式を組み合わせて電子を消去して導く方法をマスターすればグーンと楽になる。

この方法を，硫酸酸性の水溶液中での過マンガン酸カリウムと過酸化水素の反応を例にして紹介しよう。

(1) **電子を含むイオン反応式のつくり方**
① 入口と出口を覚える(何が何に変化するかは覚えておく)
② 左辺と右辺で原子の数を合わせる(酸素は H_2O で，水素は H^+ で調節する)
③ 左辺と右辺での電荷を合わせるとできあがり(e^- を用いて電荷を合わせる)

	還 元 剤	酸 化 剤
①入口と出口	$H_2O_2 \longrightarrow O_2$	$MnO_4^- \longrightarrow Mn^{2+}$
②原子のバランス	$H_2O_2 \longrightarrow O_2 + 2H^+$	$MnO_4^- + 8H^+ \longrightarrow Mn^{2+} + 4H_2O$
③電荷のバランス	$H_2O_2 \longrightarrow O_2 + 2H^+ + 2e^-$	$MnO_4^- + 8H^+ + 5e^- \longrightarrow Mn^{2+} + 4H_2O$

(2) **化学反応式の導き方**

還元剤から酸化剤に電子が移動して酸化還元が起こる。この観点から，
① 還元剤と酸化剤の電子を含むイオン反応式を組み合わせて電子(e^-)を消去する。

還元剤 $H_2O_2 \longrightarrow O_2 + 2H^+ + 2e^-$ ……(i)
酸化剤 $MnO_4^- + 8H^+ + 5e^- \longrightarrow Mn^{2+} + 4H_2O$ ……(ii)

(i)×5+(ii)×2

$$5H_2O_2 + 2MnO_4^- + 6H^+ \longrightarrow 5O_2 + 2Mn^{2+} + 8H_2O$$

② 両辺に残りのイオン，すなわち，$2K^+$(過マンガン酸カリウム)と $3SO_4^{2-}$(硫酸酸性の水溶液)を加えて化学反応式とする。

$$5H_2O_2 + 2KMnO_4 + 3H_2SO_4 \longrightarrow 5O_2 + 2MnSO_4 + K_2SO_4 + 8H_2O$$

3 解答 ③

解説 まず，**a** の反応を検討してみよう。
Fe^{3+} および Sn^{4+} の酸化作用を電子を含むイオン反応式で表すと，

$$\underset{\text{酸化剤}}{Fe^{3+}} + e^- \rightleftarrows \underset{\text{還元剤}}{Fe^{2+}}$$

$$\underset{\text{酸化剤}}{Sn^{4+}} + 2e^- \rightleftarrows \underset{\text{還元剤}}{Sn^{2+}}$$

この可逆反応が右に進むとき，Fe^{3+} は酸化剤としてはたらき，左に進むとき，Fe^{2+} は還元剤としてはたらくことになる。Sn^{4+} についても同様に考えることができる。

§5 酸化と還元

$$2Fe^{3+} + Sn^{2+} \rightleftharpoons 2Fe^{2+} + Sn^{4+}$$
強い酸化剤　強い還元剤　　　弱い還元剤　弱い酸化剤

この反応が右に進むことから，Fe^{3+} は Sn^{4+} より酸化力が強いといえる。このように，酸化還元反応は，強い酸化剤＋強い還元剤──→弱い還元剤＋弱い酸化剤　の方向に反応が進む。

b の反応についても同様に考えることができ，酸化力は $Cr_2O_7^{2-} > Fe^{3+}$ と決まる。
以上の考察から，酸化力の強さは，$Cr_2O_7^{2-} > Fe^{3+} > Sn^{4+}$ となる。

> 強い酸化剤＋強い還元剤 ──→ 弱い還元剤＋弱い酸化剤
> の方向に反応が進む。　　　　　**POINT**

4 **[解答]** 問1　(a) メスフラスコ　　(b) ホールピペット　　(c) ビュレット
　　　　問2　2.04×10^{-2} mol/L
　　　　問3　$5H_2O_2 + 2KMnO_4 + 3H_2SO_4 \longrightarrow 5O_2 + 2MnSO_4 + K_2SO_4 + 8H_2O$
　　　　問4　2.97%

[解説] 実験操作の概略は次の通りである。操作1で，$H_2C_2O_4$ の水溶液をつくり，操作2で，$KMnO_4$ の濃度を決定する。操作3でオキシドール中の H_2O_2 を滴定し，その濃度を決定している。操作2，3の滴定はいずれも酸化還元滴定である。

$KMnO_4$ 水溶液を用いた酸化還元滴定の終点は，滴下した $KMnO_4$ 水溶液の赤紫色が消えなくなったときである。

問1　水溶液の調製にはメスフラスコを，溶液の体積を正確にはかり取るにはホールピペットを用いる。また，滴定はビュレットから溶液を滴下して行う。

問2　シュウ酸の結晶 $H_2C_2O_4 \cdot 2H_2O$ の式量は126。シュウ酸水溶液の濃度は，
$$\frac{6.30}{126} = 5.00 \times 10^{-2} \text{[mol/L]}$$

シュウ酸と過マンガン酸カリウムの反応式より，$H_2C_2O_4$ と $KMnO_4$ は 5：2 の物質量比で過不足なく反応するので，$KMnO_4$ の濃度を x [mol/L] とすると，
$$5.00 \times 10^{-2} \times \frac{10.0}{1000} : x \times \frac{9.80}{1000} = 5 : 2$$
$$\therefore x = 2.040 \times 10^{-2} \fallingdotseq 2.04 \times 10^{-2} \text{[mol/L]}$$

また，次のように考えることもできる。
　　還元剤　$H_2C_2O_4 \longrightarrow 2H^+ + 2CO_2 + 2e^-$
　　酸化剤　$MnO_4^- + 8H^+ + 5e^- \longrightarrow Mn^{2+} + 4H_2O$
　　　　　　赤紫色　　　　　　　　　　　　ほぼ無色

$H_2C_2O_4$ 1 mol は 2 mol の電子を放出し，MnO_4^- 1 mol は 5 mol の電子を受け取る。酸化還元滴定では次の関係が成り立つので，

『還元剤が放出した e^- の物質量＝酸化剤が受け取った e^- の物質量』

$$5.00 \times 10^{-2} \times \frac{10.0}{1000} \times 2 = x \times \frac{9.80}{1000} \times 5 \quad \therefore x = 2.040 \times 10^{-2} \text{[mol/L]}$$

問3　還元剤　$H_2O_2 \longrightarrow O_2 + 2H^+ + 2e^-$　　……①
　　　　酸化剤　$MnO_4^- + 8H^+ + 5e^- \longrightarrow Mn^{2+} + 4H_2O$　……②

28

①×5+②×2により電子(e^-)を消去すると,
$$5H_2O_2 + 2MnO_4^- + 6H^+ \longrightarrow 5O_2 + 2Mn^{2+} + 8H_2O$$
両辺に$2K^+$と$3SO_4^{2-}$を加えて化学反応式にすると,
$$5H_2O_2 + 2KMnO_4 + 3H_2SO_4$$
$$\longrightarrow 5O_2 + 2MnSO_4 + K_2SO_4 + 8H_2O$$

問4 H_2O_2の濃度をy〔mol/L〕とすると,**問3**の反応式より,
$$H_2O_2 : KMnO_4 = y \times \frac{1.00}{1000} : 2.040 \times 10^{-2} \times \frac{17.30}{1000} = 5 : 2$$
$$\therefore y = 0.8823 \text{〔mol/L〕}$$

オキシドール1Lの質量は1.01×1000gであり,$H_2O_2 = 34$より,H_2O_2の質量パーセント濃度は,
$$\frac{34 \times 0.8823}{1.01 \times 1000} \times 100 = 2.970 ≒ 2.97 \text{〔％〕}$$

計算法
酸化還元滴定では,
　酸化還元反応における,酸化剤と還元剤の物質量の比
　または
　還元剤が放出した電子の物質量＝酸化剤が受け取った電子の物質量
　　　　　　　　　　　　　　　　　　　　　　　　で式をつくる。

5 **解答** 問1　$O_3 + H_2O + 2KI \longrightarrow O_2 + 2KOH + I_2$
問2　1.00×10^{-4} mol
問3　2.24 mL
問4　2.24×10^{-4} ％

解説 KI水溶液にO_3を含んだ空気を通じると,O_3によってI^-は酸化されてI_2に変化する。生じたI_2を$Na_2S_2O_3$で滴定することによって,O_3の量を知ることができる。
$Na_2S_2O_3$を用いてI_2の量を調べる酸化還元滴定はヨウ素滴定とよばれ,指示薬としてデンプン水溶液を用い,溶液の青紫色が消えたときを滴定の終点とする。

問1 この反応での還元剤と酸化剤の電子を含むイオン反応式は,
　還元剤　$2I^- \longrightarrow I_2 + 2e^-$　　　　……①
　酸化剤　$O_3 + H_2O + 2e^- \longrightarrow O_2 + 2OH^-$　……②
　なお,ここでは溶液が中性なので,$O_3 + 2H^+ + 2e^- \longrightarrow O_2 + H_2O$の$H^+$を$H_2O$にするため,両辺に$2OH^-$を加えておく。
　①+②より,イオン反応式は,
　$O_3 + H_2O + 2I^- \longrightarrow O_2 + 2OH^- + I_2$
両辺に$2K^+$を加えて化学反応式にすると,
　$O_3 + H_2O + 2KI \longrightarrow O_2 + 2KOH + I_2$

問2 I_2と$Na_2S_2O_3$とは1:2の物質量比で反応するので,I_2の生成量をx〔mol〕とすると,
$$x : 0.100 \times \frac{2.00}{1000} = 1 : 2 \quad \therefore \quad x = 1.00 \times 10^{-4} \text{〔mol〕}$$

§5 酸化と還元

問3 吸収されたO_3の物質量は，生成したI_2の物質量と等しいので，
$$22400 \times 1.00 \times 10^{-4} = 2.24 \text{ (mL)}$$

問4 毎分5.00 Lの流速で200分間通気したことから，その体積パーセントは，
$$\frac{2.24 \times 10^{-3}}{5.00 \times 200} \times 100 = 2.24 \times 10^{-4} \text{ (\%)}$$

> O_3と同じ物質量のI_2が生じることから，I_2の物質量がわかれば問題は容易に解けるよ。
> POINT

6 **解答** 問1 還元
　　　　　問2 (オ)
　　　　　問3 5.0×10^{-3} mol

解説 **問1** (1)式において，Sの酸化数は+4から+6に増加しており，還元剤としてはたらいている。

問2 チオ硫酸ナトリウム$Na_2S_2O_3$を用いてヨウ素I_2の量を調べる滴定実験をしており，I_2がすべて反応したときにヨウ素デンプン反応による青紫色の呈色が消える。これが滴定の終点となる。

問3 SO_2を含む気体をI_2水溶液に吸収させた後，残ったI_2を$Na_2S_2O_3$で滴定する実験である。

　SO_2を含む気体20 Lを0.10 mol/Lのヨウ素溶液200 mLに通すと，次の反応が起こり，SO_2が吸収させる。

$$I_2 + SO_2 + 2H_2O \longrightarrow 2HI + H_2SO_4$$

　これに水を加えて500 mLとした後，10 mLをはかりとり0.050 mol/Lの$Na_2S_2O_3$水溶液12.0 mLで滴定している。

$$I_2 + 2Na_2S_2O_3 \longrightarrow 2NaI + Na_2S_4O_6$$

(0.10 mol/L, 200 mL)
I_2
　SO_2と反応　　水溶液500 mLから10 mLをはかりとり，$Na_2S_2O_3$水溶液で滴定 (0.050 mol/L, 12.0 mL必要)

求めるSO_2をx (mol)とすると，
$$0.10 \times \frac{200}{1000} = x + 0.050 \times \frac{12.0}{1000} \times \frac{1}{2} \times \frac{500}{10} \quad \therefore x = 0.0050 \text{ (mol)}$$

7 **解答** ④

解説 金属と水，酸との反応は，イオン化傾向をもとに次のように整理することができる。

	Li	K	Ca	Na	Mg	Al	Zn	Fe	Ni	Sn	Pb	Cu	Hg	Ag	Pt	Au
水との反応	常温で反応				熱水と反応	高温の水蒸気と反応			反応しない								
酸との反応	希塩酸, 希硫酸に溶ける										酸化力のある酸に溶ける			王水に溶ける		

- 酸化力のある酸……濃硝酸, 希硝酸, 濃硫酸
- Pbは, H_2よりイオン化傾向が大きいにも関わらず, 希塩酸や希硫酸に溶けない。
  理由：生じる$PbCl_2$や$PbSO_4$が水に溶けにくいから。
- Al, Fe, Niは, 濃硝酸や濃硫酸に溶けない。
  理由：金属の表面に緻密で安定な酸化被膜が生じ, これが内部を保護するためであり, このような状態を**不動態**という。

① （正） 銀Agはイオン化傾向がH_2より小さく, 希硫酸に溶けない。
② （正） マグネシウムMgはイオン化傾向がH_2より大きく, 希塩酸に溶ける。
　　　　　$Mg + 2HCl \longrightarrow MgCl_2 + H_2$
③ （正） 金Auは, 王水(濃硝酸と濃塩酸を1：3の体積で混合した溶液)に溶ける。
④ （誤） 鉄Feはイオン化傾向がH_2より大きいにも関わらず, 強い酸化力をもつ濃硝酸には溶けない。これは, 金属の表面に緻密で安定な酸化被膜が生じ, これが内部を保護するためであり, このような状態を不動態という。鉄Fe以外に, アルミニウムAlやニッケルNiでも不動態になることも押さえておこう。
⑤ （正） 銅Cuはイオン化傾向がH_2より小さいが, 強い酸化力をもつ熱濃硫酸には溶ける。
　　　　　$Cu + 2H_2SO_4 \longrightarrow CuSO_4 + 2H_2O + SO_2$

8 解答　問1　$Zn + Cu^{2+} \longrightarrow Zn^{2+} + Cu$
　　　　　問2　0.12g
　　　　　問3　A：鉄　　B：ニッケル　　C：スズ　　D：白金

解説　問1・2　析出したCuをx〔mol〕とすると, Znがx〔mol〕溶解する。
　　　　$Zn + Cu^{2+} \longrightarrow Zn^{2+} + Cu$
　　　　$65.4x - 63.5x = 3.6 \times 10^{-3}$　　∴　$x = 1.89 \times 10^{-3}$〔mol〕
　　よって, 析出したCuは, $63.5 \times 1.89 \times 10^{-3} = 0.120 ≒ 0.12$〔g〕

問3　イオン化傾向はFe＞Ni＞Sn＞Ptである。
　　$CuSO_4$水溶液に浸したとき, Dでは質量が変化しなかったので, DはPtである。
A～Cでは, 次のいずれかの変化が起こる。
　　　　$Sn + Cu^{2+} \longrightarrow Sn^{2+} + Cu$　……①
　　　　$Fe + Cu^{2+} \longrightarrow Fe^{2+} + Cu$　……②
　　　　$Ni + Cu^{2+} \longrightarrow Ni^{2+} + Cu$　……③
原子量はCu＝63.5, Sn＝119, Fe＝56, Ni＝59なので, ①では質量が減少し, ②, ③では質量が増加する。よって, AとBはFe, Niのいずれか, CはSnである。
　　また, Aは高温の水蒸気とは反応するのでFeである。よって, BはNiである。

§6 物質の三態

1 【解答】 問1 Ⅰ 固体　Ⅱ 液体　Ⅲ 気体　問2 蒸気圧曲線
　　　問3 P 融点　Q 沸点
　　　問4 a (ア)　b (ウ)　c (イ)　d (エ)

【解説】 問4　a 一定圧力の下で液体を加熱すると沸騰して気体に変化する。
　b 食品が凍っているとき，食品中の水は凝固して氷になっている。これを減圧して真空にすると，氷は昇華して水蒸気になり，食品から除かれる。凍結乾燥（フリーズドライ）の食品はこのようにしてできる。
　c 氷水を入れたコップはそのまわりにある空気より温度が低いので，コップのまわりにある空気中の水蒸気は冷やされて凝縮し，水滴になる。
　d 一定温度で氷を加圧すると，融解して水になる。しかしこの実験ではかなり重いおもりを用いなければならず，しかも温度を一定にするのが容易でないため，厳密に実験するのは困難である。問より1つずつ選ぶことになっているので残った(エ)を答とする。

2 【解答】 問1 ab 固体　bc 固体と液体　cd 液体
　　　 de 液体と気体　ef 気体
　　　問2　d はすべて液体，e はすべて気体なので，d より e の方が分子間距離が大きい。
　　　問3　T_b 融点　T_d 沸点　圧力が高くなると T_d は高くなる
　　　問4　融解熱：蒸発熱 = 1 : 5
　　　問5　$\dfrac{3Qt}{T_d - T_b}$ 〔kJ/(K·mol)〕

【解説】 問1　基本演習 **1** の解説（p.46）を参照のこと。
問2　液体では物質の構成粒子は互いに結びついているが，気体では構成粒子はばらばらになっている。液体より気体の方が分子間の距離は大きい。
問3　基本演習 **2** の(3)の解説（p.46）のように，外圧が高くなると沸点は高くなる。
問4　物質 1 mol が融解または蒸発するのに必要な熱を融解熱または蒸発熱という。物質 1 mol を用いた実験なので，$t \sim 2t$ の t 分間に加えられた熱量が融解熱に，$5t \sim 10t$ の $5t$ 分間に加えられた熱量が蒸発熱にあたる。毎分一定の Q〔kJ〕で加熱しているので，所要時間の比が融解熱と蒸発熱の比になる。
問5　c～d 間で物質はすべて液体なので，この間に加えられた熱量を変化した温度で割ればよい。求める値はこの物質の液体のモル比熱という。

$$\dfrac{Q\text{〔kJ/(分·mol)〕} \times (5t - 2t)\text{〔分〕}}{T_d - T_b\text{〔K〕}} = \dfrac{3Qt}{T_d - T_b} \text{〔kJ/(K·mol)〕}$$

3 【解答】 問1 水　問2 水　問3 (ウ)
【解説】 問1　物質の飽和蒸気圧が外圧と等しいときの温度が沸

点である。よって，グラフの最も右側に蒸気圧曲線がある水の沸点が，最も高い。
問2 分子どうしが引き合う力が強いほど気体になりにくいので，蒸気圧が小さくなる。したがって，水が最も分子間力が大きい。
問3 問2より，蒸気圧が小さい物質ほど分子間の結合力が強いので，それをすべて切って気体にするのに必要なエネルギー(蒸発熱)も大きくなる。

右表のようにエタノールの蒸発熱はジエチルエーテルと水の間になるので，(ウ)と考えられる。

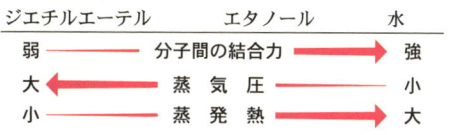

	ジエチルエーテル	エタノール	水
弱	───	分子間の結合力 ───→	強
大	←───	蒸　気　圧　───	小
小	───	蒸　発　熱　───→	大

4 [解答] ア 5.95×10^4 Pa　イ 111 mm

[解説] ア 図1ではガラス管内に気体を入れていないので，大気圧＝760 mmHg＝1.01×10^5 Pa であることがわかる。

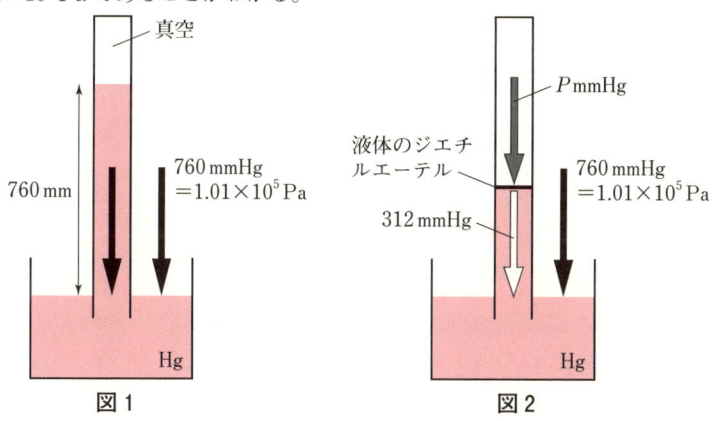

図1

図2

管内にジエチルエーテルを注入し，一部が液体になっているとき，管内はジエチルエーテルの蒸気で飽和している。ジエチルエーテルの飽和蒸気圧を P [mmHg] とすると，図2より，

$P = 760 - 312 = 448$ [mmHg]

これをPa単位で表すと，

$\dfrac{448}{760} \times 1.01 \times 10^5$

$= 5.953 \times 10^4 \fallingdotseq 5.95 \times 10^4$ [Pa]

イ 303Kにおけるジエチルエーテルの飽和蒸気圧 8.63×10^4 Pa を mmHg 単位で表すと，

$\dfrac{8.63 \times 10^4}{1.01 \times 10^5} \times 760 = 649.3$ [mmHg]

水銀柱の液面の高さを h [mm] とすると，図3より，

$h = 760 - 649.3$
　$= 110.7 \fallingdotseq 111$ [mm]

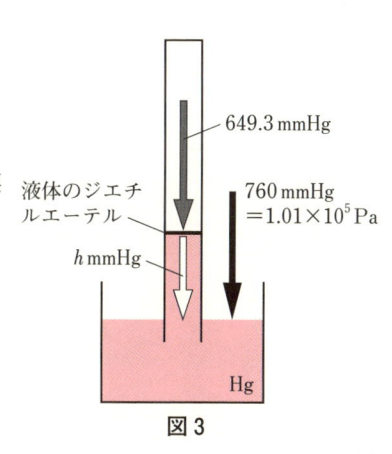

図3

§7 気　体

1 **解答** ④

解説 一定質量 w [g] の気体(分子量 M) について，常に気体の状態方程式が成立する。

$$PV = \frac{w}{M}RT \quad \text{より} \quad \frac{P}{T} = \frac{wR}{MV}$$

よって，V の値が一定のとき，$\frac{P}{T}$ は常に一定値をとり，P と T は比例する。また，V の値が大きいほど $\frac{P}{T}$ は小さく，直線の傾きが小さくなる。

2 **解答** ⑤

解説 容器の容積を V [L] とする。
容器 **A**：温度が変化していないのでボイルの法則より，

$$2.0 \times 10^5 \times 2.5 = P_A \times V \quad \therefore \quad P_A = \frac{5.0 \times 10^5}{V} \text{ [Pa]}$$

容器 **B**：CH_4 の分子量が16より，CH_4 の物質量は，$\frac{1.6}{16} = 0.10$ [mol]

状態方程式より

$$P_B \times V = 0.10 \times 8.3 \times 10^3 \times (273+27) \quad \therefore \quad P_B = \frac{2.49 \times 10^5}{V} \text{ [Pa]}$$

容器 **C**：ボイル・シャルルの法則より，

$$\frac{1.01 \times 10^5 \times 5.0}{273} = \frac{P_C V}{273+27} \quad \therefore \quad P_C = \frac{5.05 \times 10^5 \times 300}{273 V} \fallingdotseq \frac{5.5 \times 10^5}{V} \text{ [Pa]}$$

以上より　**C > A > B**

3 **解答** 問1　7.5×10^4 Pa
問2　(1) 2.5×10^5 Pa　(2) 3.0×10　(3) 3.1 g/L
問3　2.0×10^5 Pa

解説 問1　コックを開くと，容器 **A** 内に存在していた **CO** は容器 **A** と **B** 全体に，容器 **B** 内に存在していた O_2 は容器 **A** と **B** 全体に拡散し，均一に混ざり合う。

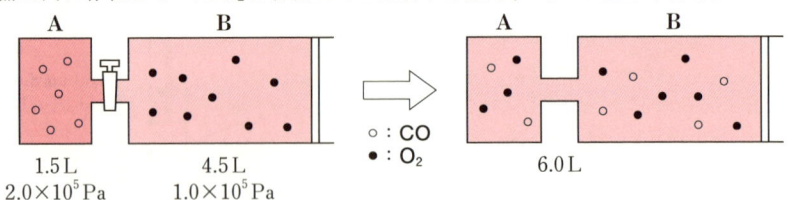

○：CO
●：O_2

A 1.5 L　2.0×10^5 Pa
B 4.5 L　1.0×10^5 Pa
6.0 L

このとき，**CO**，O_2 のそれぞれについて，コックを開く前後でボイルの法則 ($PV = $ 一定) が成り立つ。

$$2.0 \times 10^5 \times 1.5 = P_{CO} \times 6.0 \quad \therefore \quad P_{CO} = 5.0 \times 10^4 \text{ [Pa]}$$
$$1.0 \times 10^5 \times 4.5 = P_{O_2} \times 6.0 \quad \therefore \quad P_{O_2} = 7.5 \times 10^4 \text{ [Pa]}$$

また,「全圧＝分圧の和」より,
　　全圧 $= P_{CO} + P_{O_2} = 5.0 \times 10^4 + 7.5 \times 10^4 = 1.25 \times 10^5$ [Pa]

> 混合気体では,気体を成分ごとに別々に考えるとよいのね！ **POINT**

問2 (1) 混合気体について,ピストンを押し込む前後でボイルの法則($PV =$ 一定)が成り立つ。
$$1.25 \times 10^5 \times 6.0 = P \times 3.0$$
$$\therefore P = 2.5 \times 10^5 \text{ [Pa]}$$

3.0 L

なお,CO, O_2の分圧は,
$$5.0 \times 10^4 \times 6.0 = P_{CO}' \times 3.0 \quad \therefore P_{CO}' = 1.0 \times 10^5 \text{ [Pa]}$$
$$7.5 \times 10^4 \times 6.0 = P_{O_2}' \times 3.0 \quad \therefore P_{O_2}' = 1.5 \times 10^5 \text{ [Pa]}$$

(2) COとO_2の物質量比は,「分圧の比＝物質量の比」より,
$$CO : O_2 = 1.0 \times 10^5 : 1.5 \times 10^5 = 2 : 3$$

よって,平均分子量は, $28 \times \dfrac{2}{5} + 32 \times \dfrac{3}{5} = 30.4 \fallingdotseq 30$

なお,物質量の比は,はじめの状態を用いて求めてもよい。
$n = \dfrac{PV}{RT}$ より, $CO : O_2 = \dfrac{2.0 \times 10^5 \times 1.5}{RT} : \dfrac{1.0 \times 10^5 \times 4.5}{RT} = 2 : 3$

(3) $PV = \dfrac{w}{M}RT$ より,

密度 $d = \dfrac{w}{V} = \dfrac{PM}{RT} = \dfrac{2.5 \times 10^5 \times 30.4}{8.3 \times 10^3 \times (273 + 27)} = 3.05 \fallingdotseq 3.1$ [g/L]

問3 反応後,容器内の温度を反応前の27℃に戻している。反応前後において,体積と温度が等しいので,物質量の比と分圧の比は等しい。よって,反応による量変化を,物質量の代わりに分圧で考えると,簡単になる。

	2CO	+	O₂	⟶	2CO₂
反応前	1.0×10^5		1.5×10^5		0
変化量	-1.0×10^5		-0.5×10^5		$+1.0 \times 10^5$
反応後	0		1.0×10^5		1.0×10^5 〔単位：Pa〕

よって,容器内の全圧は $1.0 \times 10^5 + 1.0 \times 10^5 = 2.0 \times 10^5$ [Pa]

> V, Tが一定のとき,
> 反応による量変化は,分圧で考えると早く解けるよ！ **POINT**

§7 気体

4 **解答** 問1 $3.0×10^4$ Pa
   問2 $4.0×10^4$ Pa
   問3 50℃
   問4 64%

解説 問1 封入されたエタノール（分子量46）は，$\dfrac{1.38}{46}=0.0300$〔mol〕

$PV=nRT$ より，
$P_1×2.7=0.0300×8.3×10^3×(273+57)$
∴ $P_1=3.04×10^4≒3.0×10^4$〔Pa〕

蒸気圧の問題で，条件を変化させていく場合には右図の(i)～(iii)が多い。この問題では，**問2が(i)，問3が(ii)，問4が(iii)に対応している**。

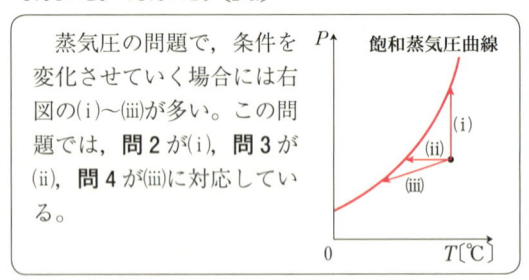

問2 温度を一定に保ったまま容積を変化させていく場合(i)

温度を57℃に保ったまま容積を減少させる場合，エタノールがすべて気体（蒸気）の状態（過程Ⅰ～Ⅲ）ではボイルの法則が成り立つ。飽和蒸気圧とは蒸気のもつ最大の圧力である。つまり，飽和蒸気圧を超える圧力はあり得ないので，エタノールの蒸気の圧力が57℃の飽和蒸気圧の値になったとき（過程Ⅲ），液体のエタノールが生じ始める。よって，グラフより $P_2=0.4×10^5=4.0×10^4$ Pa。

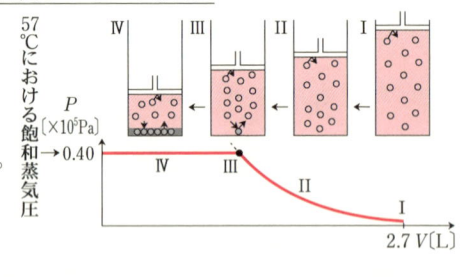

さらに容積を減少させても（過程Ⅳ），容器内でエタノールの液体と蒸気が共存しているので，容器内の圧力は $4.0×10^4$ Pa のままである。

問3 圧力を一定に保ったまま温度を下げていく場合(ii)

エタノール蒸気の圧力を $3.0×10^4$ Pa に保ったまま冷却していく場合，エタノールがすべて気体の状態（過程Ⅰ～Ⅲ）ではシャルルの法則にしたがって，蒸気の体積は減少していく。エタノールの飽和蒸気圧がわずかでも $3.0×10^4$ Pa を下まわると，エタノールはすべて液体になる（過程Ⅳ）。よって，グラフより $t_1=50$℃。

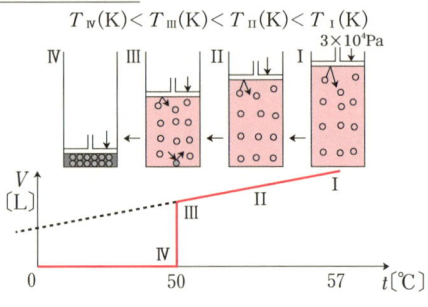

36

問 4 容積を一定に保ったまま温度を変化させていく場合(iii)

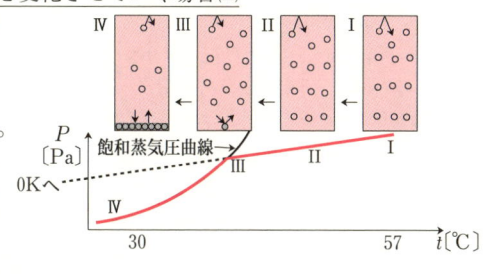

容積を2.7Lに保ったまま冷却していく場合，エタノールがすべて気体の状態（過程Ⅰ〜Ⅲ）ではボイル・シャルルの法則が成り立つ。エタノール蒸気の圧力が飽和蒸気圧の値になったとき（過程Ⅲ），液体のエタノールが生じ始め，さらに冷却すると（過程Ⅳ），液体のエタノールが増え，気体のエタノールは減少していく。

30℃では液体が生じているので，気体のエタノールの圧力は30℃の飽和蒸気圧（グラフより$1.0×10^4$ Pa）になっている。気体のエタノールを$n_{(気)}$ [mol] とすると，状態方程式より，

$$1.0×10^4×2.7=n_{(気)}×8.3×10^3×(273+30)$$
$$∴\quad n_{(気)}=0.0107 \text{[mol]}$$

エタノールの全量を$n_Ⅰ$ [mol]，液体のエタノールを$n_{(液)}$ [mol] とすると，

$$\frac{n_{(液)}}{n_Ⅰ}=\frac{n_Ⅰ-n_{(気)}}{n_Ⅰ}=\frac{0.0300-0.0107}{0.0300}=0.643\quad ∴\quad 64 \text{[%]}$$

> 液体と蒸気が共存しているとき，その蒸気の圧力は必ずその温度における飽和蒸気圧と等しくなっているんだ。
> **POINT**

---

5 **解答** 問1 $1.7×10^5$ Pa 問2 $7.4×10^4$ Pa 問3 0.77倍

解説 アルゴンはどんな条件でも常に気体なのでボイル・シャルルの法則が成立するが，水は気体と液体が共存しているとき，その圧力は常に飽和蒸気圧の値になっている。

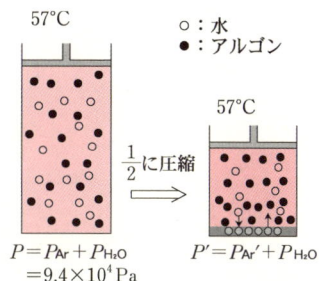

問1 はじめ，水蒸気の圧力は飽和蒸気圧になっている。水蒸気の分圧は飽和蒸気圧を超えることはないので，容器の容積を小さくしていくと次々と水蒸気が凝縮していき，気相中の水蒸気の圧力は必ず飽和蒸気圧（$1.7×10^4$ Pa）になっている。一方，Arの分圧はボイルの法則により，

$$P'_{Ar}=7.7×10^4×2=1.54×10^5 \text{ Pa}$$

よって，混合気体の全圧$P_{全圧}$は

$$P_{全圧}=P'_{Ar}+P_{H_2O}$$
$$=1.54×10^5+1.7×10^4=1.71×10^5≒1.7×10^5 \text{[Pa]}$$

問2 容器を57℃から冷却していくと，次々に液体の水が生成していき，27℃での気相中の水蒸気の分圧は27℃での飽和蒸気圧（$3.6×10^3$ Pa）になっている。一方，Arの分圧はボイル・シャルルの法則より，

§7 気体

$$\frac{7.7\times10^4\times V}{273+57}=\frac{P_{Ar}\times V}{273+27} \quad \therefore \quad P_{Ar}=7.0\times10^4 \,[\text{Pa}]$$

よって，$P_{全圧}=P_{Ar}+P_{H_2O}=7.0\times10^4+3.6\times10^3=7.36\times10^4≒7.4\times10^4 \,[\text{Pa}]$

問3 **4**の問3と同様な条件変化だが，この場合アルゴンが封入されているため容器の容積は0にはならない。

冷却していくと次々に液体の水が生成していき，27℃での気相中の水蒸気の分圧は27℃での飽和蒸気圧（3.6×10^3 Pa）になっている。

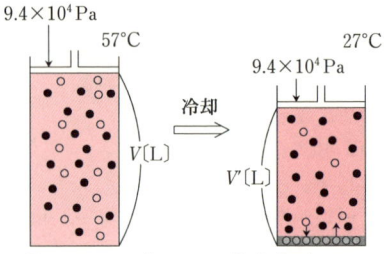

したがって，Arの分圧は，
$9.4\times10^4-3.6\times10^3$
$=9.04\times10^4 \,[\text{Pa}]$

57℃，27℃における容器の容積をV[L]，V'[L]とすると，アルゴンについてボイル・シャルルの法則を適用すると，

$$\frac{7.7\times10^4\times V}{273+57}=\frac{9.04\times10^4\times V'}{273+27} \quad \therefore \quad \frac{V'}{V}=\frac{7.7\times10^4\times300}{9.04\times10^4\times330}=0.774≒0.77 \,[\text{倍}]$$

6 **解答** **2.14 g**

解説 亜鉛を希硫酸に溶かすと，次の反応によりH₂が発生する。

$$\text{Zn} + \text{H}_2\text{SO}_4 \longrightarrow \text{ZnSO}_4 + \text{H}_2$$

水上置換でH₂を捕集したとき，メスシリンダー内には，H₂以外に飽和水蒸気が存在する。

大気圧が1.016×10^5 Pa なので，メスシリンダー内の気体の全圧も1.016×10^5 Pa である。また，水蒸気の分圧は3.60×10^3 Pa なので，H₂の分圧は，

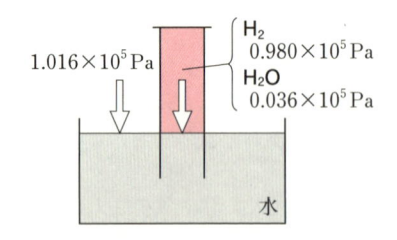

$1.016\times10^5-3.60\times10^3=9.80\times10^4 \,[\text{Pa}]$

よって，発生したH₂をn[mol]とすると，

$$9.80\times10^4\times\frac{830}{1000}=n\times8.3\times10^3\times(273+27) \quad \therefore \quad n=3.266\times10^{-2} \,[\text{mol}]$$

したがって，溶けた**Zn**は3.266×10^{-2} molであり，その質量は，
$65.4\times3.266\times10^{-2}=2.135≒2.14 \,[\text{g}]$

《注》 水上置換で気体を捕集し，その体積をはかるときは，メスシリンダー内の水面の高さと外の水面の高さをそろえておく必要がある。もし，水面の高さがそろっていないと，メスシリンダー内の気体の圧力が大気圧と等しくならず，水面の高さの差に相当する水圧分の誤差が生じてしまうことになる。

7 解答 問1 A ○ B × C × D ○ E ×
問2 ア 分子の大きさ イ 小さい ウ 大きく
問3 P が大きくなると分子間力の影響より分子の大きさの影響が大きくなるため，理想気体よりもその体積が大きくなるから Z も大きくなっていく。
問4 b

解説 問1 分子間力と分子の大きさ(分子自身の体積)を無視した気体を理想気体という(ただし質量はある)。理想気体は厳密にボイル・シャルルの法則や $PV=nRT$ が成立する仮想気体である。分子間力がないためどんな条件でも凝縮しない。実在気体では H_2 や He などが分子量も分子間力も小さいため理想気体に近い。

1mol の理想気体では，$PV=RT$ より $Z=\dfrac{PV}{RT}=1$ が常に成り立つ。一方，実在気体では，次のような傾向がある。

分子に大きさがあると気体の体積(容器の容積)は理想気体より大きくなるため，Z は理想気体の Z(常に1)より大きくなる傾向がある。

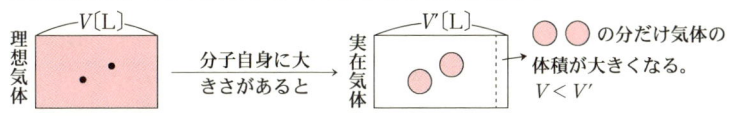

分子間力があると，気体分子は互いに引っぱり合って圧力は理想気体より小さくなるため，Z は理想気体より小さくなる傾向がある。

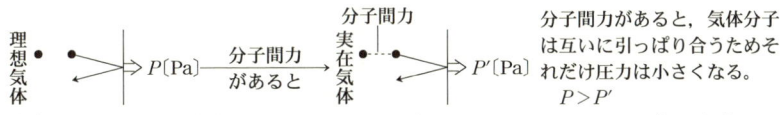

実在気体には分子に大きさがあり，分子間力がはたらくため，Z の値は条件により理想気体のとる1より上にずれたり，下にずれたりする。

実在気体を低圧にしていくと，気体の体積(容器の容積)に対して分子の大きさは無視できるほど小さくなる。また，高温にしていくと熱運動の効果に対して分子間力は無視できるほど小さくなる。よって，実在気体は低圧・高温にすると理想気体とみなせる。

問2 問1で述べたように，低圧では分子の大きさがほぼ無視できるため，実在気体であるメタンには分子間力のみがはたらいていると考えてよいので，Z は1より小さい。圧力が増加するにつれて分子間の距離が小さくなり，その結果，分子間力も大きくなる。したがって，Z は1よりどんどん小さくなっていく(図の $0 \sim 1.5 \times 10^5$ Pa くらい)。

問3 P がずいぶんと大きくなると(図の 4×10^5 Pa 以上)，気体の体積(容器の容積)が小さくなり，分子の大きさが無視できなくなる。よって，気体の体積が理想気体より大きくなるので，Z も1より大きくなっていく。

§7 気体

問4 温度を高くすると実在気体も理想気体に近づいていくので，メタンのZも理想気体の1に近づいていく。したがって，bが最も適切である。

> 実在気体も低圧・高温にすると理想気体に近づく。 **POINT**

8 解答 問1 $M = \dfrac{(w_2 - w_1) \times R \times (273 + t)}{PV}$

問2 78

解説 問1 ピクノメーター(小型ガラス容器)を用いて分子量を求める実験は次のように説明できる。

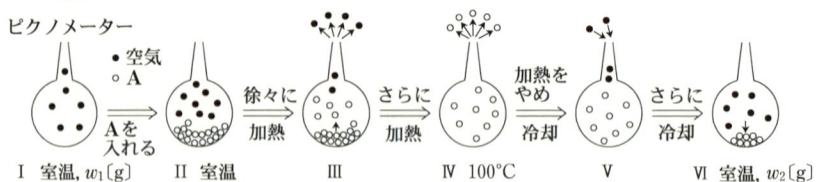

Ⅰ 室温，w_1〔g〕　Ⅱ 室温　Ⅲ　Ⅳ 100℃　Ⅴ　Ⅵ 室温，w_2〔g〕

Ⅰ　ピクノメーターには空気が入っており，w_1〔g〕は空気を含めた容器の質量である。

Ⅱ　液状の**A**をピクノメーターに入れると，**A**はその底にたまる。

Ⅲ　加熱し始めると**A**がどんどん蒸発していき，空気は**A**の蒸気によって追い出されていく。

Ⅳ　100℃では**A**はすべて蒸発し，余分な**A**はピクノメーターから出ていき，その中は100℃，1.01×10^5Pa，100mLの**A**の蒸気のみで満たされる。

Ⅴ　加熱を止めると**A**はしだいに凝縮して液体になり，その分，外から空気が少しずつ流入してくる。

Ⅵ　室温に戻して測定したw_2〔g〕は，**A**と空気を含めた容器の質量である。

したがって，Ⅳの場合にピクノメーターを満たしていた**A**の蒸気の質量は，$w_2 - w_1$〔g〕である。

Aの分子量をMとすると状態方程式より，$PV = \dfrac{w_2 - w_1}{M} R(273 + t)$

問2　$M = \dfrac{(28.765 - 28.510) \times 8.3 \times 10^3 \times (273 + 100)}{1.01 \times 10^5 \times \dfrac{100}{1000}} = 78.1 ≒ 78$

§8 溶　液

1 **解答** 問1 (1) 25℃　(2) 30g　問2 (1) 92g　(2) 69g

解説　温度一定の飽和溶液について，溶媒または溶液の質量と溶質の質量の間には次の関係が成り立つ。

$$\frac{溶質の質量}{溶媒の質量}\text{が一定}　または　\frac{溶質の質量}{溶液の質量}\text{が一定}$$

したがって，結晶の溶解度の計算ではこの関係を使って式を立てればよい。

問1　(1) 水100gあたり**KNO₃** 35gの割合で溶けているので，溶解度が35となる温度をグラフから読みとればよい。すなわち，25℃。(24℃も可)

(2) 10℃での溶解度は20。w〔g〕の**KNO₃**が析出すると考えると，

$$\frac{溶質}{溶媒}=\frac{20}{100}=\frac{70-w}{200}　\therefore\ w=30\text{〔g〕}$$

問2　(1) 50℃での溶解度は85。飽和溶液200gに含まれる**KNO₃**の質量をx〔g〕とすると，

$$\frac{溶質}{溶液}=\frac{85}{100+85}=\frac{x}{200}　\therefore\ x=91.8\fallingdotseq92\text{〔g〕}$$

(2) 20℃での溶解度は30。y〔g〕の水が蒸発したとすると，**KNO₃**の結晶が80g析出したので，

$$\frac{溶質}{溶液}=\frac{30}{100+30}=\frac{91.8-80}{200-80-y}　\therefore\ y=68.8\fallingdotseq69\text{〔g〕}$$

> **テクニック**
> 溶解度の計算では
> $\frac{溶質の質量}{溶液の質量}$ または $\frac{溶質の質量}{溶媒の質量}$ が一定に
> なることを使って式を立てるとよい。

2 **解答** 問1 (1) 29g　(2) 45g　問2 35g

解説　**1**と同様に解けばよい。しかし，硫酸銅(Ⅱ)は結晶水をもつのでやや難しい。結晶が結晶水をもつ場合には，次の手順で式を立てていけばよい。

① 結晶を無水物と結晶水とに分ける。
② 溶液の質量と溶質の質量の関係から式を立てる。

① 結晶を無水物と結晶水とに分ける。

硫酸銅(Ⅱ)五水和物W〔g〕に含まれる無水硫酸銅(Ⅱ)と水の質量は，

$$\textbf{CuSO}_4\text{の質量}\ \ \frac{160}{250}W\text{〔g〕}\qquad 水の質量\ \ \frac{90}{250}W\text{〔g〕}$$

問1　(1) 必要な無水硫酸銅(Ⅱ)の質量をx〔g〕とすると，溶液と溶質の関係から，

$$\frac{溶質}{溶液}=\frac{40.0}{100+40.0}=\frac{x}{100}　\therefore\ x=28.5\fallingdotseq29\text{〔g〕}$$

(2) 必要な硫酸銅(Ⅱ)五水和物の質量をW〔g〕とすると，①の結果を用いて，

§8 溶液

$$\frac{溶質}{溶液}=\frac{40.0}{100+40.0}=\frac{\frac{160}{250}W}{100} \qquad \therefore\ W=44.6\fallingdotseq 45\ [g]$$

問2 y[g]の硫酸銅(Ⅱ)五水和物が析出するとして，図を用いて整理すると，

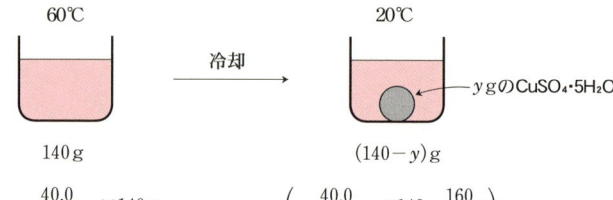

60℃　　　　　　　　　　　　　20℃
　　　　　　　冷却　　→　　　　　　　　y gのCuSO₄·5H₂O

溶液の質量　　140 g　　　　　　　　　　$(140-y)$ g

溶質の質量　　$\dfrac{40.0}{100+40.0}\times 140$ g　　　　$\left(\dfrac{40.0}{100+40.0}\times 140-\dfrac{160}{250}y\right)$ g

この結果を用いて，溶液と溶質の質量の関係から式を立てると，

$$\frac{溶質}{溶液}=\frac{20.0}{100+20.0}=\frac{\dfrac{40.0}{100+40.0}\times 140-\dfrac{160}{250}y}{140-y} \qquad \therefore\ y=35.2\fallingdotseq 35\ [g]$$

> 結晶水をもつ場合は，結晶を無水物と水とに分けるのがポイントだ！

3 **解答** 問1　1.6×10^{-3} mol
　　　　　 問2　0.010 g

解説 気体の溶解度のデータは体積で与えられることもある。これが気体の溶解度の計算を難しくする。もし，溶解度が体積ではなく物質量であったらどうだろう。気体の溶解度の計算は単純な比例計算になってしまう。そこで，溶解度のデータ（体積）を物質量に換算してしまえば，単なる比例計算だ。これに納得がいけば，気体の溶解度はもう得意分野になる。

問1 ヘンリーの法則によれば，『溶解する気体の物質量は，その気体の圧力に比例する』のだから，次の手順で解答を導けばよい。

　　　　溶解度のデータ（体積）　$\xrightarrow{換算}$　物質量　$\xrightarrow{比例}$　物質量

なお，標準状態に換算した値とは，どのような条件であろうと，1 molの気体が水に溶けたとき，22.4 Lの気体が水に溶けたとみなした値である。

0℃，1.01×10^5 Paのとき，水1 Lに溶解するN₂の物質量は，

$$\frac{0.023}{22.4}\text{ mol}$$

混合気体の場合，気体の溶解量は分圧に比例する。窒素の分圧は $\dfrac{4}{5}\times 2.02\times 10^5$ Paなので，水1.0 Lに溶解するN₂の物質量は，

$$\frac{\dfrac{4}{5}\times 2.02\times 10^5}{1.01\times 10^5}\times \frac{0.023}{22.4}=1.64\times 10^{-3}\fallingdotseq 1.6\times 10^{-3}\ [\text{mol}]$$

42

問2 酸素の分圧は $\frac{1}{5} \times 2.02 \times 10^5$ Pa である。

0℃から20℃に上げたときに，水1.0Lに溶解する O_2 の物質量の減少量は，0℃における O_2 の溶解量と，20℃における O_2 の溶解量の差になる。

$$\frac{\frac{1}{5} \times 2.02 \times 10^5}{1.01 \times 10^5} \times \frac{0.049}{22.4} - \frac{\frac{1}{5} \times 2.02 \times 10^5}{1.01 \times 10^5} \times \frac{0.031}{22.4}$$

$$= \frac{\frac{1}{5} \times 2.02 \times 10^5}{1.01 \times 10^5} \times \frac{0.049 - 0.031}{22.4} = \frac{2}{5} \times \frac{0.018}{22.4} \text{[mol]}$$

これを質量で表すと，$32 \times \frac{2}{5} \times \frac{0.018}{22.4} = 0.0102 \fallingdotseq 0.010$ [g]

> 気体の溶解度の計算では，体積をモルに換算して考えるのが早道よ！ **POINT**

4 **解答** A：24.0g　B：12.0g

解説 水溶液の飽和水蒸気圧は，純水の飽和水蒸気圧より小さくなる。この現象を，蒸気圧降下といい，溶液の質量モル濃度が大きいほど，蒸気圧降下の度合いは大きく，飽和水蒸気圧は小さくなる。

水溶液の濃度は，A内の水溶液＞B内の水溶液 なので，蒸気圧降下の度合いは，A内の水溶液＞B内の水溶液 となり，飽和水蒸気圧は A側＜B側 となる。よって，水蒸気の圧力の大きいB側からA側へ水蒸気が移動する。このとき，A側では水蒸気の圧力が飽和水蒸気圧を超えるので水蒸気の凝縮が起こり，水溶液の濃度が小さくなるので，飽和水蒸気圧は次第に大きくなる。また，B側では水蒸気の圧力が飽和水蒸気圧を下回るので水の蒸発が起こり，水溶液の濃度が大きくなるので，飽和水蒸気圧は次第に小さくなる。この現象が連続して起こり，A側とB側の飽和水蒸気圧が等しくなったとき，すなわち，A側とB側の質量モル濃度が等しくなったときに平衡状態となる。

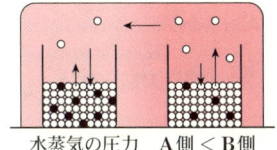

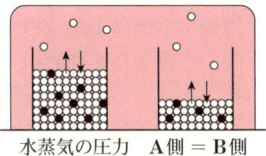

水の全量は $18.0 + 18.0 = 36.0$ g なので，平衡状態におけるA側の水の質量を w [g] とすると，B側の水の質量は $36.0 - w$ [g] となる。

A内の NaCl は $\frac{0.0585}{58.5} = 1.00 \times 10^{-3}$ [mol]，B内の NaCl は $\frac{0.02925}{58.5} = 5.00 \times 10^{-4}$ [mol] なので，

$$1.00 \times 10^{-3} \times \frac{1000}{w} = 5.00 \times 10^{-4} \times \frac{1000}{36.0 - w} \quad \therefore \quad w = 24.0 \text{[g]}$$

よって，A内の水は 24.0 [g]，B内の水は $36.0 - 24.0 = 12.0$ [g] となる。

43

§8 溶液

5 **解答** 問1 B　　問2 100.10℃

解説 不揮発性の物質を溶かした溶液の沸点は，溶媒の沸点より高くなる。これを沸点上昇という。沸点上昇度は溶質粒子の質量モル濃度に比例する。沸点上昇度を Δt，溶質粒子の質量モル濃度を m [mol/kg]，溶媒のモル沸点上昇を K_b [K·kg/mol] とすると，$\Delta t = K_b \times m$ が成り立つ。

問1 溶液 A および B の質量モル濃度を求めると，

溶液 A　$\dfrac{9.00}{180} \times \dfrac{1000}{500} = 0.100$ [mol/kg]

溶液 B　$\dfrac{5.85}{58.5} \times \dfrac{1000}{1000} = 0.100$ [mol/kg]

NaCl は電解質で，水に溶かすと次のように電離し，溶質粒子の質量モル濃度は 2 倍の 0.100×2 mol/kg となる。　　NaCl ⟶ Na⁺ + Cl⁻

よって，溶質粒子の質量モル濃度が大きい溶液 B の方が沸点上昇度が大きく，沸点は高くなる。

問2 溶液 B の沸点上昇度は，

$\Delta t = 0.52 \times (0.100 \times 2) = 0.104$ [K]

よって，溶液 B の沸点は，$100 + 0.104 = 100.104 ≒ 100.10$ [℃]

> **テクニック**
> 蒸気圧降下，沸点上昇，凝固点降下，浸透圧の計算では，電解質水溶液の場合は電離を考えた濃度を用いる。

6 **解答** 問1　ベンゼンの凝固点は一定で，ベンゼンの凝固により発生する熱量と冷却により奪われる熱量が等しいから。
問2　ベンゼンがすべて固体になっている。
問3　ベンゼンはすべて液体の状態にある。
問4　ベンゼンの凝固が進むにつれて溶液の濃度が大きくなり，凝固点が少しずつ低下するため右下がりとなる。
問5　b
問6　128

解説 冷却装置の構造から検討してみよう。液体を氷水で直接に冷却せず，外筒と内管の二重構造になっているのはなぜか。内管が氷水に触れると，液体が急激に冷やされ正確なデータが得られない。そこで，外筒と内管の間の空気を冷却し，間接的に冷却すれば，ゆっくり冷やされるので正確な温度変化を測定できる。

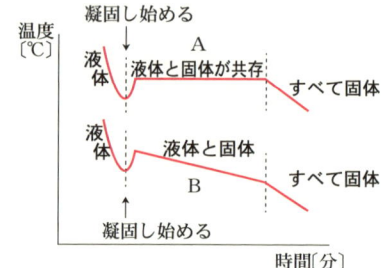

問1，3 冷却時間と液体の温度変化の関係を表した曲線(図2)を冷却曲線という。
　冷却曲線の意味を考えてみよう。ベンゼンをゆっくり冷却していくと，凝固点以下の温度（イ～ウ）になってもベンゼンは凝固しない。この状態を過冷却という。点ウでベンゼンが凝固し始めると温度が上昇し（点エ），すべてのベンゼンが固体にな

る(点オ)まで温度は一定に保たれる。これは，冷却で奪われる熱量とベンゼンの凝固によって放出される熱量とがつり合うためである。

問2 ベンゼンがすべて固体になると再び温度は下がり始める。

問4，5 ベンゼン溶液を冷却していくと，Aと同様に，過冷却の状態(点b～c)を経て点cで凝固が始まる。さらに冷却していくと，溶媒であるベンゼンのみが凝固していくため，溶液の濃度は次第に大きくなり，凝固点は下がっていく。もし，過冷却が起こらなかったと仮定すると，溶液の温度は直線e－dを延長した線に沿って変化していくはずである。この考えから，直線e－dの延長線と曲線a－cの交点bの温度を，この溶液の凝固点とみなす。

問6 溶液の凝固点降下度 Δt は，溶質粒子の質量モル濃度 m 〔mol/kg〕に比例する。したがって，ベンゼンのモル凝固点降下を K_f 〔K·kg/mol〕とすると，

$$\Delta t = K_f \times m$$

化合物Xの分子量を M とすると，

$$5.46 - 4.67 = 5.07 \times \frac{2.00}{M} \times \frac{1000}{100} \quad \therefore \quad M = 128.3 ≒ 128$$

テクニック
冷却曲線を読む場合，どこで状態変化が起こるのかがポイントになる。

7 解答　ア **2.0**　イ **1.5×10³**　ウ **5.0×10³**

解説　ア　半透膜を隔てて溶媒と溶液を接触させると，溶媒が半透膜を通って溶液側へ移動する。この現象を浸透といい，溶媒が浸透しようとする圧力を浸透圧という。浸透圧を Π 〔Pa〕，溶液のモル濃度を C 〔mol/L〕，気体定数を R 〔Pa·L/(K·mol)〕，絶対温度を T 〔K〕とすると，次の式が成り立つ。

$$\Pi = CRT$$

右図の液面差が h 〔cm〕になったとき，h 〔cm〕の水溶液柱によって加わる圧力が浸透圧 Π に等しくなる。

スクロースは非電解質だが，NaClは電解質(NaCl $\longrightarrow$ Na⁺ ＋ Cl⁻)なので，同じモル濃度のスクロース水溶液とNaCl水溶液では，NaCl水溶液中の溶質粒子のモル濃度 C は，スクロース水溶液の2.0倍となる。よって，NaCl水溶液の浸透圧 Π は，スクロース水溶液の2.0倍となるので，液面差 h は2.0倍となる。

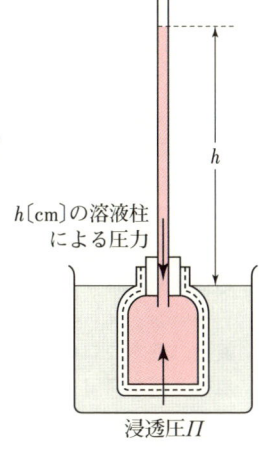

イ　浸透圧 Π は，$h=15.0$ cmの水溶液柱に相当するので，その圧力は，

$$1.0 \times 10^5 \times \frac{15.0}{1.0 \times 10^3} = 1.5 \times 10^3 \text{〔Pa〕}$$

ウ　分子量を M とすると，

$$1.5 \times 10^3 = \frac{0.30}{M} \times \frac{1000}{100} \times 8.3 \times 10^3 \times (273+27)$$

$$\therefore \quad M = 4.98 \times 10^3 ≒ 5.0 \times 10^3$$

§8 溶液

〔参考〕 水溶液柱 $1.0×10^3$ cm が $1.0×10^5$ Pa に相当することは，$1.0×10^5$ Pa＝760 mmHg，水溶液の密度 1.0 g/cm^3，水銀 Hg の密度 13.6 g/cm^3 を用いて，次のように導くことができる。

水溶液と Hg の密度の比が $1.0：13.6$ なので，同じ高さの液柱により加わる圧力の比は，水溶液柱：水銀柱＝$1.0：13.6$ となる。よって，760 mm の水銀柱により加わる圧力（＝$1.0×10^5$ Pa）と同じ圧力を水溶液柱で加えるためには，$760×\dfrac{13.6}{1.0}=1.033×10^4$ 〔mm〕の高さが必要となる。すなわち，$1.0×10^5$ Pa は水溶液柱 $1.033×10^3≒1.0×10^3$ 〔cm〕に相当する。

8 解答
問1 ア 赤褐　　イ チンダル　　ウ ブラウン　　エ 透析
　　オ 電気泳動　カ 凝析　　　キ 疎水　　　　ク 塩析
　　ケ 親水　　　コ 保護

問2 　FeCl$_3$ ＋ 3H$_2$O ⟶ Fe(OH)$_3$ ＋ 3HCl

問3 　(a)

解説 問1・2　直径が 10^{-9} m〜10^{-7} m 程度の粒子をコロイド粒子という。

沸騰水に塩化鉄(Ⅲ)水溶液を加えると，赤褐色の疎水コロイドである Fe(OH)$_3$ のコロイド溶液が得られる。

　　　　FeCl$_3$ ＋ 3H$_2$O ⟶ Fe(OH)$_3$ ＋ 3HCl

次にあげる性質・名称はしっかり整理しておこう。

チンダル現象　コロイド溶液に強い光をあてると，光の進路が輝いて見える現象。コロイド粒子が光を散乱することにより起こる。

ブラウン運動　溶液中でのコロイド粒子の不規則な運動。熱運動している水分子（分散媒）がコロイド粒子に衝突するために起こる。

透析　コロイド溶液をセロハン(半透膜)の袋に入れ純水中に浸すと，小さな分子やイオンが袋の外へ出ていき，袋の中にはコロイド粒子が残る。コロイド粒子の精製に用いられる。

電気泳動　コロイド溶液に電極を入れて直流電圧をかけると，コロイドは自身がもつ電荷と反対符号の極へ移動する。

凝析　疎水コロイドの溶液に少量の電解質を加えると，コロイドが沈殿する現象。

塩析　親水コロイドの溶液に多量の電解質を加えると，コロイドが沈殿する現象。

保護コロイド　電解質を加えても沈殿しにくくなるように，疎水コロイドに加える親水コロイド。

問3　コロイド溶液Bには Fe(OH)$_3$ が含まれる。溶液Bを電気泳動したときコロイドが陰極側へ移動したので，Fe(OH)$_3$ は正に帯電したコロイドであることがわかる。凝析は，コロイドと反対符号の電荷をもち，価数の大きいイオンほど，より少量で起こることが知られている。よって，価数の大きい陰イオンを含む電解質ほど，小さいモル濃度の溶液でも Fe(OH)$_3$ を沈殿させることができる。(a)〜(f)に含まれる陰イオンは，(a)SO$_4^{2-}$，(b)・(c)NO$_3^-$，(d)〜(f)Cl$^-$ なので，(a)が正解となる。

§9 熱化学

1 【解答】 問1　$C_2H_2(気) + \frac{5}{2}O_2(気) = 2CO_2(気) + H_2O(液) + 1301\,kJ$

　　　　問2　$-227\,kJ/mol$

【解説】 問2　反応熱を求めるには，下にあげるようないくつかの方法がある。

$$C_2H_2(気) + \frac{5}{2}O_2(気) = 2CO_2(気) + H_2O(液) + 1301\,kJ \quad \cdots\cdots ①$$

$$C(黒鉛) + O_2(気) = CO_2(気) + 394\,kJ \quad \cdots\cdots ②$$

$$H_2(気) + \frac{1}{2}O_2(気) = H_2O(液) + 286\,kJ \quad \cdots\cdots ③$$

C_2H_2 の生成熱を $x\,[kJ/mol]$ として，生成熱の定義により熱化学方程式をつくると，

$$2C(黒鉛) + H_2(気) = C_2H_2(気) + x\,[kJ] \quad \cdots\cdots ④$$

〔加減法〕　①，②，③を適当に加減して④を導く。②×2＋③－① より④が求められる。

$$394 \times 2 + 286 - 1301 = x \quad \therefore\ x = -227\,[kJ/mol]$$

〔公式〕　①について **反応熱＝生成物質の生成熱の総和－反応物質の生成熱の総和** より，

$$燃焼熱 = (2CO_2 と H_2O の生成熱の総和) - \left(C_2H_2 と \frac{5}{2}O_2 の生成熱の総和\right)$$

$$1301 = (2 \times 394 + 286) - (x + 0) \quad \therefore\ x = -227\,[kJ/mol]$$

なお，単体（この場合 O_2）の生成熱は $0\,kJ/mol$ である。

〔エネルギー図〕　生成熱，燃焼熱を1つの図にまとめると，次のようになる。

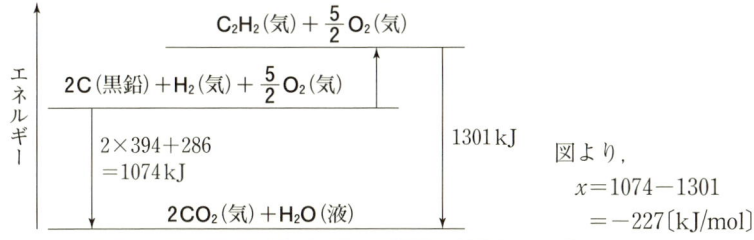

```
エネルギー                    C_2H_2(気) + 5/2 O_2(気)
          ┬ 2C(黒鉛)+H_2(気)+5/2 O_2(気)
          │                                        図より，
          │ 2×394+286          1301 kJ              x = 1074 - 1301
          │ = 1074 kJ                                 = -227 [kJ/mol]
          ┴                2CO_2(気) + H_2O(液)
```

> 生成熱を使う公式は使い方をマスターすると便利よ！　**POINT**

2 【解答】 ②

【解説】 ①　(2)－(1) より，$H_2O(液) = H_2O(気) - 44\,kJ$　（正）

② (3)÷2 より，$\frac{1}{2}N_2(気) + \frac{1}{2}O_2(気) = NO(気) - \frac{1}{2} \times 180\,kJ$

　　　よって，NO の生成熱は $-90\,kJ/mol$ 。　（誤）

③ (4)より，$AgNO_3$ の溶解熱は吸熱反応なので，溶液の温度は下がる。　（正）

④ (6)－(5) より，$NaOHaq + HClaq = NaClaq + H_2O(液) + 56\,kJ$

　　　よって，$45\,kJ/mol$ より大きい。　（正）

§9 熱化学

3 【解答】 ① 685　② 926　③ 285

熱化学方程式　$H_2(気) + \frac{1}{2}O_2(気) = H_2O(液) + 285\,kJ$

【解説】 結合1molを切断し，原子状態にするために必要なエネルギーを結合エネルギーという。結合エネルギーを熱化学方程式で表すと，次のようになる。

$H_2(気) = 2H(気) - 436\,kJ$　……(1)
$O_2(気) = 2O(気) - 498\,kJ$　……(2)
$H_2O(気) = 2H(気) + O(気) - 463 \times 2\,kJ$　……(3)

なお，H_2O分子の結合エネルギーは，気体状態のH_2Oで考えることに注意しよう。

　※　液体H_2Oを原子にするためには，O−H結合以外に，分子間の水素結合も切断する必要がある。

(1)〜(3)をエネルギー図で表すと，次のようになる。

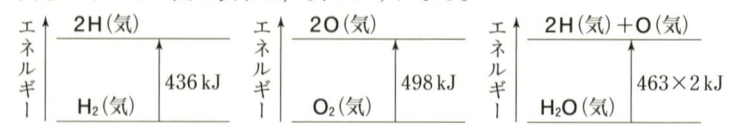

H_2Oの蒸発熱を表す熱化学方程式およびエネルギー図は，次のようになる。

$H_2O(液) = H_2O(気) - 44\,kJ$　……(4)

(1)〜(4)を1つのエネルギー図にまとめると，次のようになる。

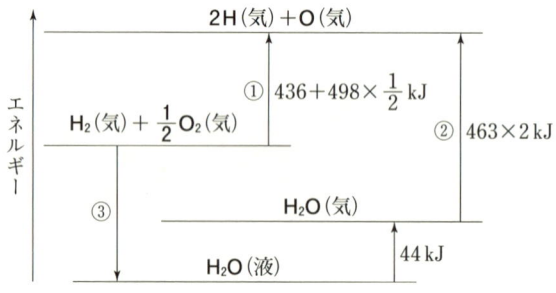

図より，① $= 436 + 498 \times \frac{1}{2} = 685$ 〔kJ〕　② $= 463 \times 2 = 926$ 〔kJ〕

③ $=$ ② $+ 44 -$ ① $= 926 + 44 - 685 = 285$ 〔kJ〕

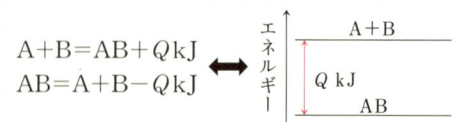

```
熱化学方程式からエネルギー図が，｜書けるよう
エネルギー図から熱化学方程式が，｜にしよう。

A+B=AB+Q kJ       ⇔     A+B
AB=A+B−Q kJ              Q kJ
                          AB
```
POINT

4 [解答] **1425 kJ**

[解説] 反応熱と結合エネルギーについて次のような関係が成立する。

反応熱＝(生成物質の結合エネルギーの和)−(反応物質の結合エネルギーの和)

生成物質中の結合
  2 mol の CO_2 ……$2 \times (C=O) \times 2$……4×804 〔kJ〕
  3 mol の H_2O ……$3 \times (O-H) \times 2$……6×463 〔kJ〕
反応物質中の結合
  1 mol の C_2H_6 ……$1 \times (C-C)$………348 〔kJ〕
           $6 \times (C-H)$………6×413 〔kJ〕
  $\frac{7}{2}$ mol の O_2 ……$\frac{7}{2} \times (O=O)$………$\frac{7}{2} \times 498$ 〔kJ〕

よって，$Q = (4 \times 804 + 6 \times 463) - \left(348 + 6 \times 413 + \frac{7}{2} \times 498\right) = 1425$ 〔kJ〕

> 結合エネルギーから反応熱を求める公式もマスターしておくと便利よ！ **POINT**

なお，エネルギー図で考えると，次のようになる。

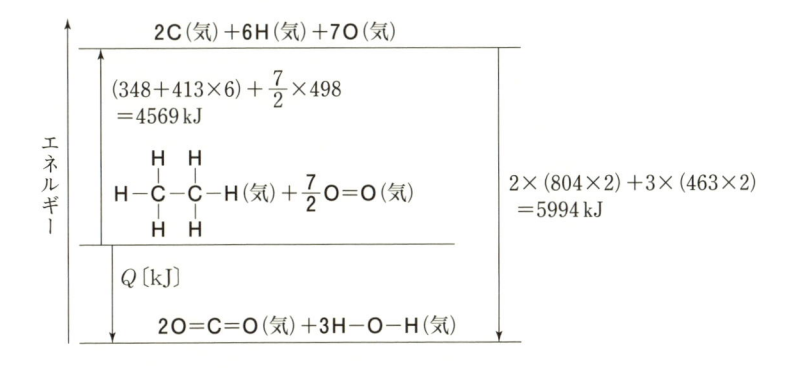

```
              2C(気)+6H(気)+7O(気)
         ↑   ─────────────────────
         │   (348+413×6)+ 7/2 ×498
         │   =4569 kJ
         │   
エネルギー │    H  H
         │   H−C−C−H(気)+ 7/2 O=O(気)    2×(804×2)+3×(463×2)
         │   ─────────────────────     =5994 kJ
         │   Q〔kJ〕
         ↓   2O=C=O(気)+3H−O−H(気)
```

図より，$Q = 5994 - 4569 = 1425$ 〔kJ〕

49

§9 熱化学

5 **解答** 問1　4.4 kJ
問2　44 kJ/mol
問3　56 kJ/mol（57 kJ/molも可）

解説 問1　水100 gにNaOH 4.0 gを加えると，図のような温度変化がみられる。これは，NaOHの溶解によって発生した熱により水温が上がった後，熱が外部に逃げて水温が下がっていることを意味している。実験途中での最高温度は29℃であるが，温度上昇の途中でも熱が外部に逃げているので，NaOHの溶解により発生した熱量は，右下がりのグラフを時間0まで外挿したときの温度を用いて計算する。

得られる水溶液の質量は100+4.0=104.0 [g] であり，この溶液の温度が30−20=10 [℃] = 10 [K] 上昇したので，比熱4.2 J/(g·K) を用いると，発熱量は，

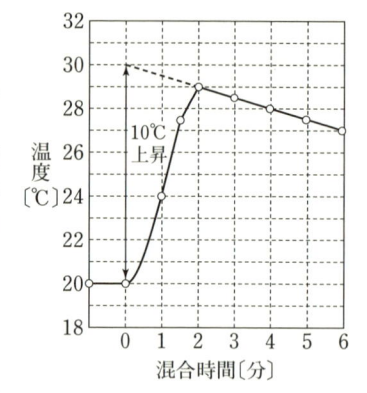

$$4.2 \times 104.0 \times 10 = 4.36 \times 10^3 \text{ [J]} \Rightarrow 4.36 \fallingdotseq 4.4 \text{ [kJ]}$$

問2　NaOH $\frac{4.0}{40}$ = 0.10 [mol] の溶解により，4.36 kJの熱が発生したので，NaOHの溶解熱は，

$$\frac{4.36}{0.10} = 43.6 \fallingdotseq 44 \text{ [kJ/mol]}$$

なお，これを熱化学方程式で表すと，

NaOH(固) + aq = NaOHaq + 43.6 kJ

問3　HClaqとNaOHaqの中和熱を Q [kJ/mol] とすると，

HClaq + NaOHaq = NaClaq + H$_2$O(液) + Q [kJ]

1.0 mol/LのHClaq 100 mL（=1.0×100=100 g）に4.0 gのNaOHを溶かすと，溶液の温度が43−20=23 [K] 上昇するので，発熱量は，

$$4.2 \times (100+4.0) \times 23 = 1.00 \times 10^4 \text{ [J]} \Rightarrow 10.0 \text{ [kJ]}$$

この発熱は，「NaOH $\frac{4.0}{40}$ = 0.10 [mol] の溶解により発生する熱量」と「0.10 molのHClを含む水溶液と0.10 molのNaOHを含む水溶液の中和により発生する熱量」の和に相当する。

$$10.0 = 43.6 \times 0.10 + Q \times 0.10 \quad \therefore\ Q = 56.4 \fallingdotseq 56 \text{ [kJ/mol]}$$

公式　熱量 [J] = 比熱 [J/(g·K)] × 質量 [g] × 変化した温度 [K]

§10 電池と電気分解

1 [解答] 問1　正極　$PbO_2 + SO_4^{2-} + 4H^+ + 2e^- \longrightarrow PbSO_4 + 2H_2O$
　　　　　　　負極　$Pb + SO_4^{2-} \longrightarrow PbSO_4 + 2e^-$
　　　　問2　負極 **48.0 g 増加**　　正極 **32.0 g 増加**
　　　　問3　**30.7%**

[解説] 問1　鉛蓄電池は，負極に鉛 Pb，正極に酸化鉛(Ⅳ) PbO_2，電解液に希硫酸を用いており，放電により，両電極に水に難溶の $PbSO_4$ が付着する。

　　　　負極　$Pb + SO_4^{2-} \longrightarrow PbSO_4 + 2e^-$
　　　　正極　$PbO_2 + SO_4^{2-} + 4H^+ + 2e^- \longrightarrow PbSO_4 + 2H_2O$

この2つの式を足すと，電池全体の反応式が得られる。

$$Pb + PbO_2 + 2H_2SO_4 \xrightarrow{2e^-} 2PbSO_4 + 2H_2O$$

問2　反応式より，流れた e^- 2 mol あたり，負極では，Pb が 1 mol 減少，$PbSO_4$ が 1 mol 増加し，質量は $(207+32+16×4)-207=96$ g 増加する。また，正極では，PbO_2 が 1 mol 減少，$PbSO_4$ が 1 mol 増加し，質量は $(207+32+16×4)-(207+16×2)=64$ g 増加する。

　　　流れた電気量は，$5.00×(5×3600+21×60+40)=96500$ 〔C〕なので，流れた e^- は 1 mol である。よって，負極の質量は $\dfrac{96}{2}=48.0$ 〔g〕増加し，正極の質量は $\dfrac{64}{2}=32.0$ 〔g〕増加する。

問3　反応式より，流れた e^- 2 mol あたり，H_2SO_4 が 2 mol 減少し，H_2O が 2 mol 増加する。

　　　放電前の希硫酸 1.00 kg 中の溶質(H_2SO_4)は，$1.00×10^3×\dfrac{38.0}{100}=380$ 〔g〕である。

　　　流れた e^- は 1 mol なので，放電により，H_2SO_4 が 1 mol＝98 g 減少し，H_2O が 1 mol＝18 g 増加する。よって，放電後の希硫酸中の溶質(H_2SO_4)の質量は，

$$380-98=282 \text{〔g〕}$$

溶液($H_2SO_4+H_2O$)の質量は，

$$1.00×10^3-98+18=920 \text{〔g〕}$$

よって，質量パーセント濃度は，

$$\dfrac{282}{920}×100=30.65≒30.7 \text{〔％〕}$$

POINT
鉛蓄電池の放電では，流れた e^- 2 mol あたり，
　電　極　⇒　負極：96 g 増加，正極：64 g 増加
　電解液　⇒　H_2SO_4：2 mol 減少，H_2O：2 mol 増加

§10 電池と電気分解

2 **解答** (1) 負　(2) 酸化　(3) 正　(4) 還元　(a) 4　(b) 4　(c) 2
　　　　{ア} 53.6　{イ} 193　{ウ} 67.5

解説　水素－酸素燃料電池はクリーンなエネルギー源として注目を集めている。入試問題でも出題頻度は高く，しっかり学習しておきたい電池の一つである。

水素－酸素燃料電池は水素と酸素とを反応させ，電気エネルギーを得る装置である。右の図は濃厚なリン酸水溶液を電解液として用いた燃料電池の概念図である。

H_2 をA室に通じると，多孔質のC極に入り込み，次の反応が起こる。

$$H_2 \longrightarrow 2H^+ + 2e^- \quad \cdots\cdots ①$$

放出された電子は外部回路を通ってD極に達し，B室から多孔質のD極に入り込んだ O_2 がこの電子を受け取り，次の変化が起こる。

$$O_2 + 4H^+ + 4e^- \longrightarrow 2H_2O \quad \cdots\cdots ②$$

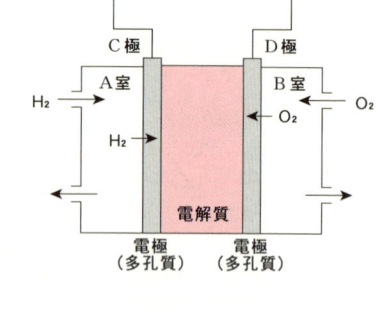

このようにして，C極からD極に電子が次々と移動し，逆に，D極からC極に向かって電流が流れる。すなわち，C極が負極に，D極が正極になる。

①×2+② より，電池全体で起こる変化は③式で表される。

$$2H_2 + O_2 \longrightarrow 2H_2O \quad \cdots\cdots ③$$

1 mol の水素が消費されたとき，1 A (アンペア) の電流を t 時間 ($3600t$ 秒間) 取り出すことができたとすると，その電気量は，$1 \times 3600t$ 〔C〕となる。また，①式より，1 mol の水素が反応すると，2 mol の e^- が流れ，$2 \times 9.65 \times 10^4$ 〔C〕の電気量が取り出せるので，

$$3600t = 2 \times 9.65 \times 10^4 \quad \therefore \quad t = 53.61 \fallingdotseq 53.6 \text{〔時間〕}$$

電気エネルギー Q 〔J〕は，電圧〔V〕と電気量〔C〕の積で与えられるので，

$$Q = 1 \times (2 \times 9.65 \times 10^4) = 1.93 \times 10^5 \text{〔J〕} \longrightarrow 193 \text{ kJ}$$

水素の燃焼を熱化学方程式で表すと，

$$H_2(気) + \frac{1}{2}O_2(気) = H_2O(液) + 286 \text{ kJ}$$

となる。したがって，この燃料電池で 1 mol の水素から得られた電気エネルギーは，水素の燃焼熱の

$$\frac{193}{286} \times 100 = 67.48 \fallingdotseq 67.5 \text{〔％〕}$$

すなわち，反応熱を電気エネルギーに変える変換効率は 67.5％ となる。

3 解答　問1　A　$2H_2O + 2e^- \longrightarrow H_2 + 2OH^-$
　　　　　　　B　$4OH^- \longrightarrow O_2 + 2H_2O + 4e^-$
　　　　　　　C　$Cu^{2+} + 2e^- \longrightarrow Cu$
　　　　　　　D　$Cu \longrightarrow Cu^{2+} + 2e^-$
　　　　問2　1.1 A
　　　　問3　1.3×10^3 mL
　　　　問4　0.025 mol

解説　問1　電解槽Ⅰ(白金電極, KOH水溶液)では，次の変化が起こる。
　　陰極(A)　$2H_2O + 2e^- \longrightarrow H_2 + 2OH^-$
　　陽極(B)　$4OH^- \longrightarrow O_2 + 2H_2O + 4e^-$
　電解槽Ⅱ(銅電極, CuSO₄水溶液)では，次の変化が起こる。
　　陰極(C)　$Cu^{2+} + 2e^- \longrightarrow Cu$
　　陽極(D)　$Cu \longrightarrow Cu^{2+} + 2e^-$

問2　電解槽Ⅱの陰極で，Cuが $\frac{2.54}{63.5}=0.040$ [mol] 析出したので，反応式より，流れた e^- は，$0.040 \times 2 = 0.080$ [mol] となる。この電気量は，
　　　　$9.65 \times 10^4 \times 0.080 = 7.72 \times 10^3$ [C]
　電流を i [A] とすると，
　　　　$i \times (2 \times 3600) = 7.72 \times 10^3$　∴　$i = 1.07 \fallingdotseq 1.1$ [A]

問3　流れた e^- は 0.080 mol なので，反応式より，電解槽Ⅰの陰極では $0.080 \times \frac{1}{2} = 0.040$ [mol] の H₂ が，陽極では $0.080 \times \frac{1}{4} = 0.020$ [mol] の O₂ が発生する。

　よって，標準状態における体積の和は，
　　　　$22.4 \times 10^3 \times (0.040 + 0.020) = 1.34 \times 10^3 \fallingdotseq 1.3 \times 10^3$ [mL]

問4　電解槽Ⅱでは，e^- 2 mol あたり，陰極で Cu^{2+} が 1 mol 減少し，陽極で Cu^{2+} が 1 mol 増加する。よって，溶液中の Cu^{2+} の物質量は変化しない。したがって，電解液中の Cu^{2+} の物質量は，電気分解前と等しい。
　　　$0.050 \times \frac{500}{1000} = 0.025$ [mol]

> 電気分解の計算では，反応式の係数を見て，流れた e^- の物質量と反応または生成する物質の物質量の関係に着目しよう！　**POINT**

§10　電池と電気分解

4 **[解答]** 問1　a槽 **Cl₂**　b槽 **H₂**
問2　2.0×10^{-1} mol
問3　9.7×10^3 秒
問4　13.3

[解説]　水酸化ナトリウムは食塩水の電気分解によって製造される。その工業的方法としてイオン交換膜法がある。この方法では，a槽(陽極側)には濃い食塩水を，b槽(陰極側)には薄いNaOH水溶液を入れ，両液を陽イオン交換膜で隔てて電気分解する。

電気分解により両極では次の変化が起こる。

陽極　$2Cl^- \longrightarrow Cl_2 + 2e^-$

陰極　$2H_2O + 2e^- \longrightarrow H_2 + 2OH^-$

両極の反応をたし合わせ，化学反応式にすると，

$2NaCl + 2H_2O \longrightarrow Cl_2 + H_2 + 2NaOH$

なお，陽イオン交換膜は陽イオンのみを選択的に透過する性質をもつ高分子の膜であり，電気分解にともなって，**Na⁺**が陽極側から陰極側へ移動する。その結果，陰極側の**NaOH**濃度が大きくなる。

問1　陽極(a槽側)からは**Cl₂**が，陰極(b槽側)からは**H₂**が発生する。

問2　上の反応式からわかるように，2 molの**e⁻**が流れると，**H₂**と**Cl₂**がそれぞれ1 molずつ，合計2 molの気体が発生する。

実際に発生した気体の合計体積は，$\dfrac{4.48}{22.4} = 0.200$ [mol]

流れた**e⁻**の物質量と発生した気体の総物質量は等しいので，$0.200 \fallingdotseq 0.20$ molの**e⁻**が流れたことになる。

問3　0.200 molの**e⁻**がもつ電気量は $0.200 \times 9.65 \times 10^4$ [C]である。2.0 Aの電流を t 秒間通じたとすると，

$2.0 \times t = 0.200 \times 9.65 \times 10^4$ 　∴ 　$t = 9.65 \times 10^3 \fallingdotseq 9.7 \times 10^3$ [秒]

問4　電気分解が進むと，陰極(b槽側)から**OH⁻**が生成する。

生成した**OH⁻**の物質量は流れた**e⁻**の物質量に等しいので，0.200 molである。

電気分解の前に溶液2.0 L中に含まれていた**OH⁻**の物質量は，$0.10 \times 2.0 = 0.20$ [mol]である。したがって，電気分解後のb槽の水酸化物イオン濃度[**OH⁻**]は，

$[OH^-] = (0.20 + 0.200) \times \dfrac{1}{2} = 0.200$ [mol/L]

また，水素イオン濃度[**H⁺**]は，

$[H^+] = \dfrac{1.0 \times 10^{-14}}{0.200} = \dfrac{1}{2} \times 10^{-13}$ [mol/L]

∴ 　$pH = 13 + \log_{10} 2 = 13.3$

[テクニック]
> 食塩水を電気分解すると，**H₂**と**Cl₂**が発生し，陰極付近では**NaOH**が生成する。イオン交換膜法は食塩水の電気分解と原理的には同じである。

54

§11 反応の速度

1 **解答** 問1 (1) (ウ)　(2) (イ)
問2　反応熱：**変化しない**　　活性化エネルギー：**小さくなる**
　　　反応速度：**大きくなる**
問3　(3)

解説 問1　(1) 反応熱は，反応物と生成物のエネルギーの差である。
(2) 活性化エネルギーは，活性化状態と反応物のエネルギーの差である。

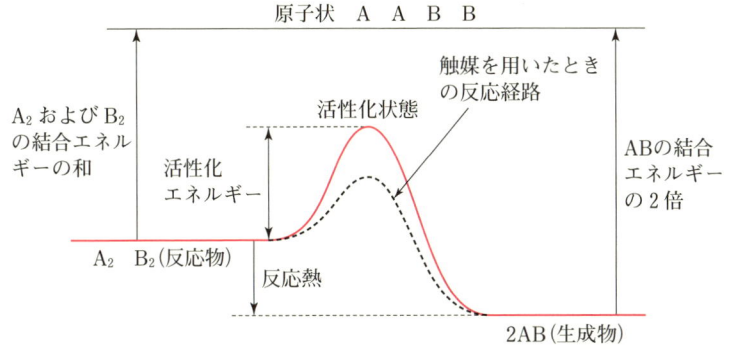

問2　触媒を用いると，エネルギーの低い活性化状態を経由して反応が進行する(上図を参照)。活性化エネルギーが小さくなるので，反応速度は大きくなる。ただし，反応物と生成物のエネルギーは変化しないので，反応熱は変わらない。

問3　温度が高いほど粒子のもつ熱運動のエネルギーが大きくなり，活性化エネルギー以上のエネルギーをもつ粒子数が増加する。よって，反応速度が大きくなる。また，粒子の衝突回数が増加することも，反応速度が大きくなる一因であるが，活性化エネルギーは，温度が変化してもその値は変化しない。

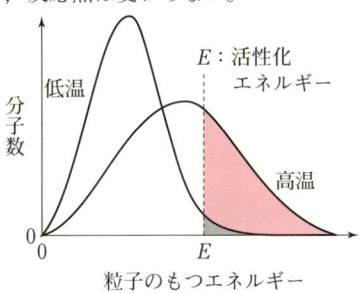

> 触媒は活性化エネルギーを小さくし反応速度を大きくする。 **POINT**

2 **解答**　$x=1$，$y=2$

解説　反応速度を，反応物の濃度を用いて表した式を**反応速度式**という。
　A + B ⟶ C の反応の反応速度式は $v=k[A]^x[B]^y$ と表される。k は**反応速度定数**とよばれ，濃度に無関係の定数であるが，温度を変えたり，触媒を加えたりするとその値は変化する。また，x，y は，濃度と反応速度の関係を実験的に調べること

55

§11 反応の速度

によりわかる値であり，反応式の係数と必ずしも一致するわけではないことに注意しよう。

データ①と②を比較すると，[A]が2倍，[B]が2倍になると，vが8倍になっている。よって，次の式が成り立つ。

$8 = 2^x \times 2^y$　すなわち　$x + y = 3$　……(1)

データ②と③を比較すると，[A]が変化せず，[B]が2倍になると，vが4倍になっている。よって，次の式が成り立つ。

$4 = 1^x \times 2^y$　すなわち　$y = 2$　……(2)

(1), (2)より，$x = 1$, $y = 2$

3 [解答] 問1　(a) **0.205**　(b) **3.86**　(c) **4.42**
　　　　問2　(正)比例の関係にある。
　　　　問3　**0.41 mol/L**
　　　　問4　(A) **(ウ)**　(B) **高い**
　　　　問5　活性化エネルギー以上のエネルギーをもつN_2O_5の割合が変化するから。

[解説] 問1　反応速度を実験的に調べるためには，時間t〔min〕での濃度[N_2O_5]〔mol/L〕を測定する。このデータから，各時間の間の平均の反応速度vと平均の濃度$\overline{[N_2O_5]}$を求め，これらの関係がどのようになっているかを考えればよい。

時間t_1〔min〕におけるN_2O_5の濃度をC_1〔mol/L〕，時間t_2〔min〕におけるN_2O_5の濃度をC_2〔mol/L〕とすると，

平均の反応速度
$$v = -\frac{C_2 - C_1}{t_2 - t_1} \text{〔mol/(L·min)〕}$$

平均の濃度
$$\overline{[N_2O_5]} = \frac{C_1 + C_2}{2} \text{〔mol/L〕}$$

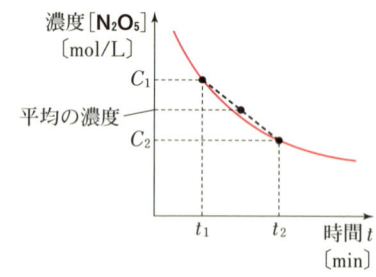

と表される。なお，反応速度は正の値で表すことに注意しよう。

(a) 0分から4分までの平均の反応速度は，
$$v = -\frac{4.20 - 5.02}{4 - 0} = 0.205 \text{〔mol/(L·min)〕}$$

(b) 4分から8分までのN_2O_5の平均の濃度は，
$$\overline{[N_2O_5]} = \frac{4.20 + 3.52}{2} = 3.86 \text{〔mol/L〕}$$

(c) $\dfrac{v}{\overline{[N_2O_5]}} = \dfrac{0.140 \text{〔mol/(L·min)〕}}{3.17 \text{〔mol/L〕}} = 4.416 \times 10^{-2} \fallingdotseq 4.42 \times 10^{-2}$〔/min〕

問2　$\dfrac{v}{\overline{[N_2O_5]}}$の値が一定なので，$v$は$\overline{[N_2O_5]}$に比例している。この定数を$k$とすると，$v = k\overline{[N_2O_5]}$と表される。

56

問3 反応式①より N_2O_5 と O_2 の係数比は $2:1$ であるので，O_2 の生成量は N_2O_5 の減少量の半分である。よって，4分後の O_2 の濃度は，

$$[O_2] = \Delta[N_2O_5] \times \frac{1}{2} = (5.02-4.20) \times \frac{1}{2} = 0.41 \,[\text{mol/L}]$$

問4 $\dfrac{v}{[N_2O_5]}(=k)$ の値は，0～13分の間ではほぼ一定であるが，13～18分，18～23分の間で増加している。温度が一定ならば，反応速度定数 k は一定の値をもつ。しかし，温度が高くなると k は増加する。したがって，13～18分の間で温度を高くしたことを示す。

問5 温度が変わると，活性化エネルギー以上のエネルギーをもつ N_2O_4 の割合が変化し，反応速度 v も変化する。よって，$\dfrac{v}{[N_2O_5]}$ の値が変化する。

〔補足〕 平均の濃度と平均の反応速度の関係をグラフにすると，次のようになる。

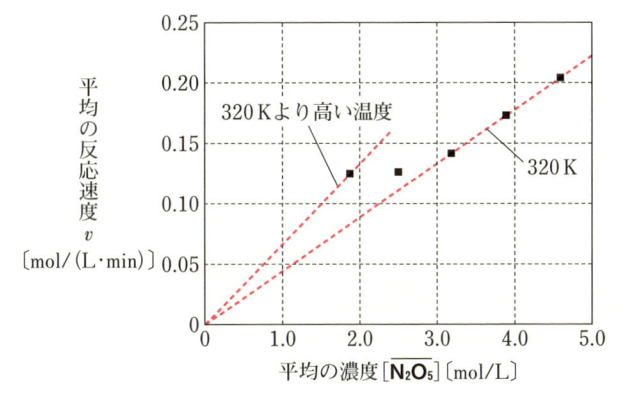

時間0分～13分のデータでは，平均の濃度 $\overline{[N_2O_5]}$ と平均の反応速度 v は比例していることがわかり，$v = k\overline{[N_2O_5]}$（k は320Kにおける反応速度定数）と表される。

時間13分～18分の間に温度を変え，時間18分以降では，320Kより高いある一定の温度に保つことにより，$\overline{[N_2O_5]}$ と v が比例すると予測され，$v = k'\overline{[N_2O_5]}$（$k'$ は320Kより高い温度における反応速度定数）と表される。

反応速度定数は温度の関数で表され，一般に，温度が高くなると k の値は大きくなる。

§12 化学平衡

1 解答 (ア), (カ)

解説 (ア), (ウ), (カ) 正反応と逆反応の反応速度が等しくなり ($v_1=v_2$), みかけ上反応が停止したようにみえる状態を平衡状態という。平衡状態では, 容器内に存在する物質の物質量, モル濃度, 圧力, 温度は一定となる。しかし, 平衡状態とは反応が停止しているのではなく, 反応は起こっているが, もはや濃度が変化しなくなっている状態をいう。

$$2A \underset{v_2}{\overset{v_1}{\rightleftharpoons}} B + nC \quad \cdots\cdots ①$$

(イ), (オ) ①の反応では, A, B, Cが物質量比 $2:1:n$ で変化するのであって, 平衡状態でA, B, Cの量が常に $2:1:n$ の比であるということではない。また, 平衡状態でAの量と, BとCの量の合計が等しいことでもない。

(エ) Aが分解してBとCが生成した直後からすぐにBとCは反応し始める。このとき B, CはAに比べてほとんど存在していないので $v_1>v_2$ となっている。よって, (エ)は平衡状態ではない。

(キ) 活性化エネルギーより高いエネルギーをもつものだけが反応することができる。この場合, Aは反応を起こさない。つまり $v_1=0$ となるので平衡状態ではない。

> **おぼえよう**
> 平衡状態では $v_1=v_2$, 物質の n, P, T は一定で変化せず, 反応していないようにみえる。

2 解答 問1 (1)

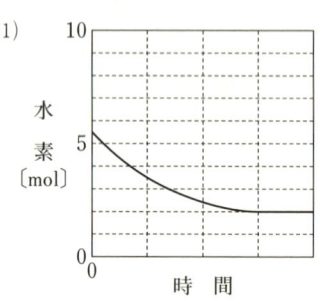

(2) 49

問2 7.8 mol
問3 (イ)
問4 1.1×10^{-3} L/(mol·秒)
問5 (ア)

解説 問1 (1) 図より, 3目盛り目の時間以降でHIの物質量が一定になっているので, 3目盛り目の時間で平衡状態に達したことがわかる。

時間0での H_2 の物質量は5.5 molである。反応式より, 生成したHIの $\frac{1}{2}$ 倍の

物質量のH_2が減少するので，平衡状態におけるH_2の物質量は，$5.5-7.0\times\dfrac{1}{2}=2.0$〔mol〕である。なお，図の1目盛り目の時間での$H_2$の物質量は$5.5-4\times\dfrac{1}{2}=3.5$〔mol〕となる。

(2) 平衡時のH_2，I_2，HIの物質量は次のようになる。

	H_2	$+$	I_2	$\rightleftarrows$	$2HI$
反応前	5.5 mol		4.0 mol		0
変化量	-3.5 mol		-3.5 mol		$+7.0$ mol
平衡時	2.0 mol		0.5 mol		7.0 mol

容器の体積は100 L。

$$\text{平衡定数}\ K=\dfrac{[HI]^2}{[H_2][I_2]}=\dfrac{\left(\dfrac{7.0}{100}\right)^2}{\dfrac{2.0}{100}\times\dfrac{0.5}{100}}=49$$

問2 平衡状態に達するまでに減少したH_2の物質量をx〔mol〕とすると，

	H_2	$+$	I_2	$\rightleftarrows$	$2HI$
反応前	5.0 mol		5.0 mol		0
変化量	$-x$ mol		$-x$ mol		$+2x$ mol
平衡時	$5.0-x$ mol		$5.0-x$ mol		$2x$ mol

温度が同じであれば，平衡定数Kの値は同じであるので，

$$K=\dfrac{[HI]^2}{[H_2][I_2]}=\dfrac{\left(\dfrac{2x}{150}\right)^2}{\dfrac{5.0-x}{150}\times\dfrac{5.0-x}{150}}=49$$

$\therefore\ \dfrac{2x}{5.0-x}=7\quad \therefore\ x=\dfrac{35}{9}$

よって，平衡時のHIの物質量は，$2\times\dfrac{35}{9}=7.77\fallingdotseq 7.8$〔mol〕

問3 反応時間が経過するにつれて$[H_2]$と$[I_2]$が減少するので，正反応の速度$v_1=k_1[H_2][I_2]$は減少していく。また，$[HI]$は増加するので，逆反応の速度$v_2=k_2[HI]^2$は増加していく。平衡状態に到達すると，$v_1=v_2$となり，見かけ上は反応が停止したようになる。

問4 平衡状態では，$v_1=v_2$が成り立つので，次の式が成り立つ。

$k_1[H_2][I_2]=k_2[HI]^2\quad \therefore\ K=\dfrac{[HI]^2}{[H_2][I_2]}=\dfrac{k_1}{k_2}$

$\therefore\ 49=\dfrac{5.4\times10^{-2}}{k_2}\quad \therefore\ k_2=1.10\times10^{-3}\fallingdotseq 1.1\times10^{-3}$〔L/(mol・秒)〕

問5 ルシャトリエの原理より，温度が高くなると，平衡は吸熱反応の方向へ移動する。すなわち，①式の平衡は左へ移動する。よって，温度がT_1から$T_2(>T_1)$に変化すると，平衡状態における$[H_2]$と$[I_2]$が増加し，$[HI]$が減少するため，平衡定数Kの値は小さくなる。したがって，$K_1>K_2$となる。

§12 化学平衡

> 同じ温度の平衡状態ならば，他の条件が異なっていても必ずKの値は同じなんだ。
> POINT

3 **解答** (1) (イ)　(2) (ア)　(3) (イ)　(4) (イ)　(5) (ウ)　(6) (イ)　(7) (ウ)

解説 平衡状態にある系の条件を外部から変化させると，その変化をやわらげる方向へ平衡が移動する。これを**ルシャトリエの原理**という。すなわち，

(a) **温度を上げると吸熱方向へ，下げると発熱方向へ平衡が移動する。**

(b) **ある物質の濃度が増加すると，その濃度が減少する方向へ平衡が移動する。**

(c) 気体を含む反応において，**平衡系の圧力が増加すると**，圧力が小さくなる方向，つまり**気体の総物質量が減少する方向へ平衡が移動する。**

(d) **触媒は**反応速度は変化させるが，**平衡を移動させることはできない。**

(1) 正反応が発熱反応，逆反応が吸熱反応なので，(a)より吸熱方向である左へ平衡が移動する。

(2) 気体の総物質量は左辺 3 mol ⇌ 右辺 2 mol なので，(c)より右へ平衡が移動する。

(3) 気体の総物質量は左辺 1 mol ⇌ 右辺 2 mol なので，(c)より左へ平衡が移動する。なお，左辺の C は固体なので，気体の圧力に影響を及ぼさない。

(4) 塩化水素(HCl)は水に溶けると H^+ と Cl^- に電離するので，溶液中の H^+ の濃度が大きくなる。よって，(b)より左へ平衡が移動する。

(5) (d)より触媒は平衡を移動させない。

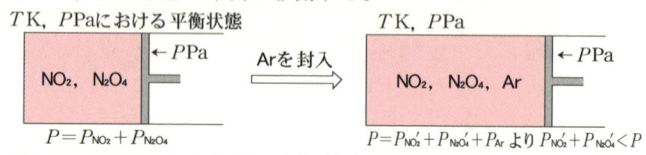

(6) この場合の「圧力」とは容器内の圧力(混合気体ならば全圧)のことをいう。容器内の圧力を一定に保ったままアルゴンを加えると，容器の容積(気体が占める空間)が大きくなり，平衡系の気体(NO_2 と N_2O_4)の分圧はそれぞれ小さくなる。つまり，平衡系の圧力($P_{NO_2}+P_{N_2O_4}$)は小さくなる。気体の総物質量は左辺 2 mol ⇌ 右辺 1 mol なので，(c)より左へ平衡が移動する。

TK, PPaにおける平衡状態　　　　　　　　　TK, PPa
　NO₂, N₂O₄　←PPa　　Arを封入　　NO₂, N₂O₄, Ar　←PPa
　$P=P_{NO_2}+P_{N_2O_4}$　　　　　　　　　$P=P'_{NO_2}+P'_{N_2O_4}+P_{Ar}$ より $P'_{NO_2}+P'_{N_2O_4}<P$

(7) この場合の「体積」とは容器の容積(気体が占める空間)のことである。アルゴンを加えても容器の容積は変わらないので，平衡系の気体(NO_2 と N_2O_4)の分圧は変化しない。つまり，平衡系の圧力は変化しない。よって，平衡は移動しない。(ただし，容器内の圧力はアルゴンの分だけ増える。)

テクニック
温度を高くした	➡吸熱方向へ平衡移動
濃度を大きくした	➡濃度減少の方向へ平衡移動
圧力を高くした	➡気体の総物質量減少の方向へ平衡移動
触媒を用いた	➡平衡は移動しない

4 解答
問1 活性化エネルギー
問2 (ウ)
問3 3:9:8
問4 (1) (イ)　(2) (オ)

[解説] 問1・2　触媒を用いると，活性化エネルギーが小さくなり，反応速度は大きくなる。ただし，触媒は平衡の移動に無関係であり，平衡定数は変化しない。

問3　はじめのN_2の物質量をn〔mol〕とすると，H_2の物質量は$3n$〔mol〕となる。平衡状態に達するまでに減少したN_2の物質量をx〔mol〕とすると，

	N_2	+	$3H_2$	$\rightleftarrows$	$2NH_3$
反応前	n mol		$3n$ mol		0
変化量	$-x$ mol		$-3x$ mol		$+2x$ mol
平衡時	$n-x$ mol		$3n-3x$ mol		$2x$ mol

平衡時におけるNH_3の体積百分率は40%である。混合気体では，体積比＝物質量比の関係が成り立つので，NH_3のモル分率が40%になればよい。

$$\frac{2x}{(n-x)+(3n-3x)+2x}=\frac{40}{100} \quad \therefore \quad x=\frac{4}{7}n$$

よって，N_2，H_2，NH_3の物質量比は，

$$n-\frac{4}{7}n : 3n-3\times\frac{4}{7}n : 2\times\frac{4}{7}n = 3:9:8$$

問4　反応時間とNH_3の生成率を表すグラフにおいて，次の2点に着目する。

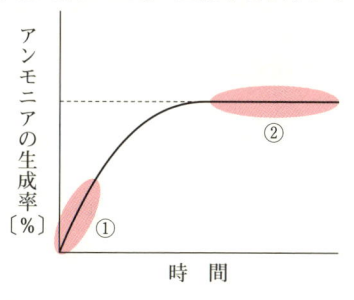

① グラフの傾きが大きいほど，反応開始時の反応速度が大きい。
② 平衡状態におけるNH_3の生成率は，ルシャトリエの原理で考える。

(1) 温度を一定(500℃)に保って，圧力を高く(2×10^7Pa から 3×10^7Pa)すると，反応開始時の反応速度は大きくなり，①部分の傾きは大きくなる。また，ルシャトリエの原理より，気体の総物質量が減少する方向，すなわち，NH_3が増加する方向へ平衡が移動し，平衡時のNH_3の生成率は増加する。よって，(イ)である。

(2) 圧力を一定(2×10^7Pa)に保って，温度を高く(500℃から600℃)すると，反応開始時の反応速度は大きくなり，①部分の傾きは大きくなる。また，ルシャトリエの原理より，吸熱反応の方向，すなわち，NH_3が減少する方向へ平衡が移動し，平衡時のNH_3の生成率は減少する。よって，(オ)である。

知っ得　温度，圧力を大きくすると｛反応速度は大きくなるので平衡に達する時間は短くなる。／平衡が移動するので生成物質の量は変化する。

§12 化学平衡

5 **解答** ① 〈ア〉　② 〈ウ〉　③ 〈カ〉

解説 グラフは，温度，圧力の変化による平衡移動により，次の可逆反応が平衡状態にあるときのWの量がどのように変化するかを表している。
$$aX + bY \rightleftarrows cZ + dW \quad \cdots\cdots(1)$$

① グラフより，高温でWの体積パーセントが減っているので，温度が高くなると左へ平衡が移動している。よって，ルシャトリエの原理より，温度が高くなると吸熱方向へ平衡が移動するので，正反応は発熱である。

② $a+b>c+d$ ならば，一定温度で高圧にすると，ルシャトリエの原理より右へ平衡が移動し，Wの体積パーセントは増える。グラフより，一定温度で圧力が2から1へ変化すると，Wの体積パーセントが増えているので，圧力2が低圧，1が高圧である。

③ $a+b=c+d$ ならば，一定温度で圧力を変化させても平衡は移動しないので，曲線1と曲線2は重なってしまう。

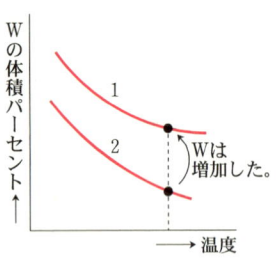

> グラフの縦軸の物質の量の変化から平衡移動を読みとろう！ **POINT**

6 **解答** 問1　ア 赤褐　イ 吸熱　ウ 二酸化窒素　エ 大きく
問2　(i) $P_{N_2O_4}$ 1.5×10^5 Pa，P_{NO_2} 5.0×10^4 Pa　(ii) **0.14**
(iii) 1.7×10^4 Pa　(iv) $N_2O_4 : NO_2 = 2 : 1$
問3　$K_p = K_c RT$

解説 問1　温度を高くすると吸熱方向へ平衡が移動するため，無色のN_2O_4が減り，赤褐色のNO_2が増えるので，混合気体の色は濃くなる。また，(2)式，(3)式中の平衡定数の分子が大きくなり分母が小さくなるので，平衡定数の値は大きくなる。

問2　(i)　「分圧＝全圧×モル分率」より，
$$P_{N_2O_4}=2.0\times10^5\times\frac{3}{4}=1.5\times10^5 \text{[Pa]}$$
$$P_{NO_2}=2.0\times10^5\times\frac{1}{4}=0.50\times10^5=5.0\times10^4 \text{[Pa]}$$

(ii)　はじめN_2O_4がn [mol] あり，解離度をαとすると，平衡状態では，

	N_2O_4	$\rightleftarrows$	$2NO_2$
反応前	n		0
変化量	$-n\alpha$		$+2n\alpha$
平衡時	$n(1-\alpha)$		$2n\alpha$

（単位：mol）
平衡状態でのモル比が3：1なので，
$$n(1-\alpha):2n\alpha=3:1 \text{ より, } \alpha=\frac{1}{7}=0.142 \fallingdotseq 0.14$$

(iii)　(i)の結果を代入して，

$$K_\mathrm{p}=\frac{(P_{\mathsf{NO_2}})^2}{P_{\mathsf{N_2O_4}}}=\frac{(5.0\times10^4)^2}{1.5\times10^5}=\frac{5}{3}\times10^4=1.66\times10^4\fallingdotseq 1.7\times10^4\ [\mathrm{Pa}]$$

(iv) $1.0\times10^5\ \mathrm{Pa}$, 25℃での平衡状態における $\mathsf{N_2O_4}$ と $\mathsf{NO_2}$ の分圧を $P'_{\mathsf{N_2O_4}}[\mathrm{Pa}]$, $P'_{\mathsf{NO_2}}[\mathrm{Pa}]$ とすると, 「全圧＝分圧の和」より,

$$P'_{\mathsf{N_2O_4}}+P'_{\mathsf{NO_2}}=1.0\times10^5\quad\cdots\cdots①$$

平衡状態なので $K_\mathrm{p}=\dfrac{5}{3}\times10^4$ より,

$$\frac{(P'_{\mathsf{NO_2}})^2}{P'_{\mathsf{N_2O_4}}}=\frac{5}{3}\times10^4\quad\cdots\cdots②$$

また, 混合気体では「分圧比＝モル比」が成り立つので, $P'_{\mathsf{N_2O_4}}:P'_{\mathsf{NO_2}}$ を求めればよい。したがって①, ②より,

$$3(P'_{\mathsf{NO_2}})^2+5\times10^4 P'_{\mathsf{NO_2}}-5\times10^9=0$$
$$(3P'_{\mathsf{NO_2}}-1\times10^5)(P'_{\mathsf{NO_2}}+5\times10^4)=0$$

$P'_{\mathsf{NO_2}}>0$ より, $P'_{\mathsf{NO_2}}=\dfrac{1}{3}\times10^5\ [\mathrm{Pa}]$

$$P'_{\mathsf{N_2O_4}}=1.0\times10^5-P'_{\mathsf{NO_2}}=\frac{2}{3}\times10^5\ [\mathrm{Pa}]$$

よって, $P'_{\mathsf{N_2O_4}}:P'_{\mathsf{NO_2}}=\dfrac{2}{3}\times10^5:\dfrac{1}{3}\times10^5=2:1$

〈別解〉解離度を α' とすると, 平衡状態における $\mathsf{N_2O_4}$ は $n(1-\alpha')\ [\mathrm{mol}]$, $\mathsf{NO_2}$ は $2n\alpha'\ [\mathrm{mol}]$, 総物質量は $n(1+\alpha')\ [\mathrm{mol}]$ である。

$$K_\mathrm{p}=\frac{(P'_{\mathsf{NO_2}})^2}{P'_{\mathsf{N_2O_4}}}=\frac{\left(1.0\times10^5\times\dfrac{2\alpha'}{1+\alpha'}\right)^2}{1.0\times10^5\times\dfrac{1-\alpha'}{1+\alpha'}}=\frac{4.0\times10^5\times\alpha'^2}{1-\alpha'^2}=\frac{5}{3}\times10^4$$

$25\alpha'^2=1\quad \alpha'>0$ より, $\alpha'=\dfrac{1}{5}$

よって, 物質量の比は,

$$\mathsf{N_2O_4}:\mathsf{NO_2}=n(1-\alpha'):2n\alpha'=\frac{4}{5}n:\frac{2}{5}n=2:1$$

問3 平衡状態において, 容器の容積を $V\ [\mathrm{L}]$, $\mathsf{N_2O_4}$, $\mathsf{NO_2}$ の物質量を $n_{\mathsf{N_2O_4}}$, $n_{\mathsf{NO_2}}$ とすれば, $P_{\mathsf{N_2O_4}}V=n_{\mathsf{N_2O_4}}RT$, $[\mathsf{N_2O_4}]=\dfrac{n_{\mathsf{N_2O_4}}}{V}$ より,

$$P_{\mathsf{N_2O_4}}=[\mathsf{N_2O_4}]RT\quad\cdots\cdots③$$

同様に, $P_{\mathsf{NO_2}}=[\mathsf{NO_2}]RT\quad\cdots\cdots④$

③, ④を(3)に代入すると

$$K_\mathrm{p}=\frac{([\mathsf{NO_2}]RT)^2}{[\mathsf{N_2O_4}]RT}=\frac{[\mathsf{NO_2}]^2}{[\mathsf{N_2O_4}]}\times RT=K_\mathrm{c}RT$$

知っ得

$$a\mathrm{A}+b\mathrm{B}\rightleftarrows x\mathrm{X}+y\mathrm{Y}\text{において, }K_\mathrm{p}=K_\mathrm{c}(RT)^{(x+y)-(a+b)}$$

§13 電離平衡

1 【解答】 問1　ア $c\alpha$　イ $c(1-\alpha)$　ウ $\dfrac{c\alpha^2}{1-\alpha}$
　　　　　　エ $c\alpha^2$　オ 小さく　カ 小さい
　　　問2　2.9
　　　問3　3.4

【解説】 問1　HAの濃度を c 〔mol/L〕，HAの電離度を α とすると，HA水溶液中において，

	HA	$\rightleftarrows$	H$^+$	+	A$^-$
反応前	c		0		0
変化量	$-c\alpha$		$+c\alpha$		$+c\alpha$
平衡時	$c(1-\alpha)$		$c\alpha$		$c\alpha$	（単位 mol/L）

電離定数 $K_\mathrm{a} = \dfrac{[\mathrm{H^+}][\mathrm{A^-}]}{[\mathrm{HA}]} = \dfrac{c\alpha \cdot c\alpha}{c(1-\alpha)} = \dfrac{c\alpha^2}{1-\alpha}$

電離度がきわめて小さい場合は，$\alpha \ll 1$ だから $1-\alpha \fallingdotseq 1$ とみなしてよい。

$$K_\mathrm{a} = \dfrac{c\alpha^2}{1-\alpha} \fallingdotseq c\alpha^2 \quad \therefore \quad \alpha = \sqrt{\dfrac{K_\mathrm{a}}{c}} \quad \cdots\cdots ①$$

①式より，c が大きくなると α は小さくなり，また，K_a の値が小さいほど α も小さい。

問2　①式より $\alpha = \sqrt{\dfrac{K_\mathrm{a}}{c}} = \sqrt{\dfrac{2.0 \times 10^{-5}}{0.10}} = \sqrt{2.0} \times 10^{-2}$

$[\mathrm{H^+}] = c\alpha = 0.10 \times \sqrt{2.0} \times 10^{-2} = 2^{\frac{1}{2}} \times 10^{-3}$ 〔mol/L〕

$\mathrm{pH} = -\log_{10}[\mathrm{H^+}] = -\log_{10}(2^{\frac{1}{2}} \times 10^{-3}) = 3 - \dfrac{1}{2}\log_{10} 2 = 2.85 \fallingdotseq 2.9$

問3　水で10倍に希釈したので，酢酸のモル濃度は $0.10 \times \dfrac{1}{10} = 0.010$ 〔mol/L〕となる。
あとは問2と同様に計算すればよい。

$\alpha = \sqrt{\dfrac{K_\mathrm{a}}{c}} = \sqrt{\dfrac{2.0 \times 10^{-5}}{0.010}} = 2^{\frac{1}{2}} \times 10^{-\frac{3}{2}}$

$[\mathrm{H^+}] = c\alpha = 2^{\frac{1}{2}} \times 10^{-\frac{7}{2}}$ 〔mol/L〕

$\mathrm{pH} = \dfrac{7}{2} - \dfrac{1}{2}\log_{10} 2 = 3.35 \fallingdotseq 3.4$

2 【解答】 問1　ア　共通イオン　　イ　水素イオン
　　　問2　緩衝作用
　　　問3　$[\mathrm{H^+}] = K_\mathrm{a} \dfrac{C_\mathrm{a}}{C_\mathrm{s}}$
　　　問4　0.20 mol
　　　問5　4.7
　　　問6　4.7

[解説] 問1～3　酢酸 CH₃COOH（C_a [mol/L]）と酢酸ナトリウム CH₃COONa（C_s [mol/L]）の混合水溶液について，CH₃COOH は一部が電離して，①式のような平衡状態になる。

$$CH_3COOH \rightleftarrows CH_3COO^- + H^+ \quad ①$$
$$C_a(1-\alpha) \qquad C_a\alpha \qquad C_a\alpha \quad （単位：mol/L）$$

一方，CH₃COONa は完全に電離する。

$$CH_3COONa \longrightarrow CH_3COO^- + Na^+ \quad ②$$
$$0 \qquad C_s \qquad C_s \quad （単位：mol/L）$$

このとき，②式で生じる CH₃COO⁻ の影響により，①式の平衡は左へ偏り，CH₃COOH の電離はかなり抑えられている（このように，平衡の反応式に含まれるいずれかのイオンと共通のイオンを含む塩を加え，そのイオンが減少する方向へ平衡を移動させる現象を，**共通イオン効果**という）。

CH₃COOH の電離度を α とすると，[CH₃COOH] = $C_a(1-\alpha)$ [mol/L] であるが，CH₃COOH はほとんど電離していないため $1-\alpha \fallingdotseq 1$ と近似でき，[CH₃COOH] $\fallingdotseq C_a$ [mol/L] と近似できる。また，[CH₃COO⁻] = $C_a\alpha + C_s$ [mol/L] であるが，CH₃COOH の電離で生じた CH₃COO⁻ は，CH₃COONa の電離で生じた CH₃COO⁻ に比べてわずかなので無視でき，[CH₃COO⁻] $\fallingdotseq C_s$ [mol/L] と近似できる。

したがって，電離定数 $K_a = \dfrac{[CH_3COO^-][H^+]}{[CH_3COOH]}$ より，

$$[H^+] = K_a \times \dfrac{[CH_3COOH]}{[CH_3COO^-]} \fallingdotseq K_a \dfrac{C_a}{C_s} \text{ [mol/L]} \quad ③$$

CH₃COOH と CH₃COONa の混合水溶液に，少量の酸を加えると，

$$CH_3COO^- + H^+ \longrightarrow CH_3COOH$$

の反応が起こり，加えた H⁺ は消費される。また，少量の塩基を加えると，

$$CH_3COOH + OH^- \longrightarrow CH_3COO^- + H_2O$$

の反応が起こり，加えた OH⁻ は消費される。その結果，水溶液の pH はほとんど変化しない。このような作用を**緩衝作用**といい，緩衝作用をもつ水溶液を**緩衝液**という。一般に，弱酸とその塩，または，弱塩基とその塩の混合水溶液が緩衝液になる。

問4　必要な CH₃COONa を x [mol] とすると，$C_a = 0.10$ mol/L，$C_s = x$ [mol/L]，[H⁺] = 1.0×10^{-5} mol/L なので，③式より，

$$1.0 \times 10^{-5} = 2.0 \times 10^{-5} \times \dfrac{0.10}{x} \quad \therefore \quad x = 0.20 \text{ [mol]}$$

問5　問4の水溶液に 1.0 mol/L の塩酸 50 mL，すなわち，$1.0 \times \dfrac{50}{1000} = 0.050$ [mol] の H⁺ を加えると，次の変化が起こる。

	CH₃COO⁻	+	H⁺	⟶	CH₃COOH
反応前	0.20 mol		0.050 mol		0.10 mol
変化量	−0.050 mol		−0.050 mol		+0.050 mol
反応後	0.15 mol		0		0.15 mol

§13 電離平衡

水溶液の体積は1.05Lなので，③式より，

$$[H^+] = K_a \times \frac{C_a}{C_s} = 2.0 \times 10^{-5} \times \frac{\frac{0.15}{1.05}}{\frac{0.15}{1.05}} = 2.0 \times 10^{-5} \,[\text{mol/L}]$$

$$\therefore \text{pH} = -\log_{10}[H^+] = -\log_{10}(2.0 \times 10^{-5}) = 5 - \log_{10} 2 = 4.7$$

（注） $\dfrac{C_a}{C_s}$ の値は，CH_3COOH と CH_3COONa のモル濃度の比に等しいので，C_a と C_s にモル濃度を代入する代わりに，CH_3COOH と CH_3COONa の物質量の比を代入しても構わない。

問 6 CH_3COOH と $NaOH$ を混合すると中和反応が起こる。加えた CH_3COOH は $0.30 \times \dfrac{50}{1000} = 0.015\,[\text{mol}]$，$NaOH$ は $0.15 \times \dfrac{50}{1000} = 0.0075\,[\text{mol}]$ であり，反応による量変化は次のようになる。

	CH_3COOH	$+$	$NaOH$	$\longrightarrow$	CH_3COONa	$+$	H_2O
反応前	0.015 mol		0.0075 mol		0		
変化量	-0.0075 mol		-0.0075 mol		$+0.0075$ mol		
反応後	0.0075 mol		0		0.0075 mol		

$$[H^+] = K_a \times \frac{C_a}{C_s} = 2.0 \times 10^{-5} \times \frac{0.0075 \times \frac{1000}{100}}{0.0075 \times \frac{1000}{100}} = 2.0 \times 10^{-5}\,[\text{mol/L}]$$

$$\therefore \text{pH} = -\log_{10}[H^+] = -\log_{10}(2.0 \times 10^{-5}) = 5 - \log_{10} 2 = 4.7$$

> 緩衝液では，$[CH_3COOH] = CH_3COOH$ 濃度，
> $[CH_3COO^-] = CH_3COONa$ 濃度とみなせるよ！
>
> **POINT**

3 **解答** 問1 ア 加水分解　イ （弱）塩基性　ウ $\dfrac{K_w}{K_a}$　エ $\sqrt{\dfrac{K_w[CH_3COO^-]}{K_a}}$

問2　8.9

解説 問1 ア，イ　②の加水分解により OH^- が生成するので，水溶液は弱塩基性を示す。

ウ　酢酸の電離定数 $K_a = \dfrac{[CH_3COO^-][H^+]}{[CH_3COOH]}$

$$K_a \times K_h = \frac{[CH_3COO^-][H^+]}{[CH_3COOH]} \times \frac{[CH_3COOH][OH^-]}{[CH_3COO^-]} = [H^+][OH^-] = K_w$$

$$\therefore K_h = \frac{K_w}{K_a} \quad \text{なお，} K_h \text{を}\textbf{加水分解定数}\text{という。}$$

エ　②より CH_3COOH と OH^- が $1:1$ の物質量比で生成する。この水溶液中の OH^- は②の加水分解により生じたものと水の電離により生じたものがあるが，水の電離により生じたものはごくわずかなので無視してよい。

したがって，この溶液中では $[CH_3COOH] = [OH^-]$ とみなしてよい。

66

$$\therefore K_\mathrm{h}=\frac{[\mathrm{OH}^-]^2}{[\mathrm{CH_3COO}^-]}=\frac{K_\mathrm{w}}{K_\mathrm{a}} \quad \text{よって,} \quad [\mathrm{OH}^-]=\sqrt{\frac{K_\mathrm{w}[\mathrm{CH_3COO}^-]}{K_\mathrm{a}}}$$

問2 $\mathrm{CH_3COO}^-$の加水分解はわずかにしか起こらないので，$\mathrm{CH_3COO}^-$はほとんど加水分解していないとみなせ，この溶液中の$[\mathrm{CH_3COO}^-]$は溶けている酢酸ナトリウムのモル濃度に等しくなる。

問1エの結果とK_wより，

$$[\mathrm{H}^+]=\frac{K_\mathrm{w}}{[\mathrm{OH}^-]}=\frac{K_\mathrm{w}}{\sqrt{\frac{K_\mathrm{w}[\mathrm{CH_3COO}^-]}{K_\mathrm{a}}}}=\sqrt{\frac{K_\mathrm{a}\times K_\mathrm{w}}{[\mathrm{CH_3COO}^-]}}$$

$$=\sqrt{\frac{2.0\times10^{-5}\times1.0\times10^{-14}}{0.10}}=2^{\frac{1}{2}}\times10^{-9}\,[\mathrm{mol/L}]$$

$$\therefore \mathrm{pH}=-\log_{10}(2^{\frac{1}{2}}\times10^{-9})=9-\frac{1}{2}\log_{10}2=8.85\fallingdotseq 8.9$$

4 [解答] 問1　A **10**　　B **11.2**　　C **0.033**　　D **9.3**
　　　　　　　E **0.050**　　F **5.3**
　　　　問2　ア $\sqrt{\dfrac{K_\mathrm{b}}{0.10}}$　　イ **緩衝**

[解説] 問1・2　A　HClは1価の酸，$\mathrm{NH_3}$は1価の塩基なので，

$$1\times0.10\times\frac{V}{1000}=1\times0.10\times\frac{10}{1000} \quad \therefore V=10\,[\mathrm{mL}]$$

B・ア　I点は$0.10\,\mathrm{mol/L}$の$\mathrm{NH_3}$水溶液であり，電離度をαとすると，

	$\mathrm{NH_3}$	+	$\mathrm{H_2O}$	$\rightleftharpoons$	$\mathrm{NH_4}^+$	+	OH^-
反応前	$0.10\,\mathrm{mol/L}$				0		0
変化量	$-0.10\alpha\,\mathrm{mol/L}$				$+0.10\alpha\,\mathrm{mol/L}$		$+0.10\alpha\,\mathrm{mol/L}$
平衡時	$0.10(1-\alpha)\,\mathrm{mol/L}$				$0.10\alpha\,\mathrm{mol/L}$		$0.10\alpha\,\mathrm{mol/L}$

$$K_\mathrm{b}=\frac{[\mathrm{NH_4}^+][\mathrm{OH}^-]}{[\mathrm{NH_3}]}=\frac{0.10\alpha\times0.10\alpha}{0.10(1-\alpha)}=\frac{0.10\alpha^2}{1-\alpha}$$

$1-\alpha\fallingdotseq1$と近似すると，$K_\mathrm{b}=0.10\alpha^2$

$$\therefore \alpha=\sqrt{\frac{K_\mathrm{b}}{0.10}}=\sqrt{\frac{2.0\times10^{-5}}{0.10}}=\sqrt{2.0}\times10^{-2}$$

$$\therefore [\mathrm{OH}^-]=0.10\alpha=2^{\frac{1}{2}}\times10^{-3}\,[\mathrm{mol/L}]$$

$$\therefore [\mathrm{H}^+]=\frac{K_\mathrm{w}}{[\mathrm{OH}^-]}=2^{-\frac{1}{2}}\times10^{-11}\,[\mathrm{mol/L}]$$

$$\therefore \mathrm{pH}=11+\frac{1}{2}\log_{10}2=11.15\fallingdotseq11.2$$

C・D・イ　II点では，$\mathrm{NH_3}$の一部がHClにより中和され，$\mathrm{NH_3}$と$\mathrm{NH_4Cl}$の混合溶液，すなわち緩衝液となっている。加えたHCl水溶液は，中和に必要な体積の半分なので，はじめに存在した$\mathrm{NH_3}$の半分が中和されている。

$$\mathrm{NH_3}濃度：0.10\times\frac{10-5}{1000}\times\frac{1000}{10+5}=\frac{0.10}{3}=0.0333\fallingdotseq0.033\,[\mathrm{mol/L}]\fallingdotseq[\mathrm{NH_3}]$$

$$\mathrm{NH_4Cl}濃度：0.10\times\frac{5}{1000}\times\frac{1000}{10+5}=\frac{0.10}{3}=0.0333\fallingdotseq0.033\,[\mathrm{mol/L}]\fallingdotseq[\mathrm{NH_4}^+]$$

§13 電離平衡

$$K_b = \frac{[\text{NH}_4^+][\text{OH}^-]}{[\text{NH}_3]} \text{ より,}$$

$$[\text{OH}^-] = K_b \times \frac{[\text{NH}_3]}{[\text{NH}_4^+]} = 2.0 \times 10^{-5} \times \frac{0.0333}{0.0333} = 2.0 \times 10^{-5} \,[\text{mol/L}]$$

$$\therefore \quad [\text{H}^+] = \frac{K_w}{[\text{OH}^-]} = 2^{-1} \times 10^{-9} \,[\text{mol/L}] \quad \therefore \quad \text{pH} = 9 + \log_{10} 2 = 9.3$$

E・F Ⅲ点は中和点であり，NH_4Cl水溶液となっている。その濃度は，

$$0.10 \times \frac{10}{1000} \times \frac{1000}{10+10} = \frac{0.10}{2} = 0.050 \,[\text{mol/L}]$$

NH_4Clは完全に電離し，NH_4^+の一部が加水分解する。加水分解の起こった割合を α とすると，

	NH_4^+	$+$	H_2O	$\rightleftarrows$	NH_3	$+$	H_3O^+
反応前	0.050 mol/L				0		0
変化量	-0.050α mol/L				$+0.050\alpha$ mol/L		$+0.050\alpha$ mol/L
平衡時	$0.050(1-\alpha)$ mol/L				0.050α mol/L		0.050α mol/L

$$\begin{cases} [\text{NH}_4^+] = 0.050(1-\alpha) \fallingdotseq 0.050 \,[\text{mol/L}] \quad (1-\alpha \fallingdotseq 1 \text{ と近似}) \\ [\text{NH}_3] = [\text{H}_3\text{O}^+](= [\text{H}^+]) \end{cases}$$

$$\therefore \quad K_b = \frac{[\text{NH}_4^+][\text{OH}^-]}{[\text{NH}_3]} = \frac{0.050 \times \dfrac{K_w}{[\text{H}^+]}}{[\text{H}^+]} = \frac{0.050 K_w}{[\text{H}^+]^2}$$

$$\therefore \quad [\text{H}^+] = \sqrt{0.050 \times \frac{K_w}{K_b}} = \sqrt{0.050 \times \frac{1.0 \times 10^{-14}}{2.0 \times 10^{-5}}} = 2^{-1} \times 10^{-5} \,[\text{mol/L}]$$

$$\therefore \quad \text{pH} = 5 + \log_{10} 2 = 5.3$$

5 **解答** 問1 1.0×10^{-5} mol/L   問2 0.80 g

解説 通常，固体の溶解度は溶媒100gに溶ける最大グラム数で表される。しかし，難溶性電解質の溶解度をこれで表すと極めて小さい値になるので，次のように溶液中に溶けている陽イオンと陰イオンの濃度を用いて表す。

難溶性電解質 M(OH)_2 の飽和溶液と固体の間には，次のような溶解平衡が成立している。

$$\text{M(OH)}_2(\text{固}) \rightleftarrows \text{M}^{2+} + 2\text{OH}^-$$

この平衡定数は $K = \dfrac{[\text{M}^{2+}][\text{OH}^-]^2}{[\text{M(OH)}_2]}$ と表されるが，固体の濃度 $[\text{M(OH)}_2]$ は一定で，K に含めることにより，次の式が成り立つ。

$$K_{\text{SP}} = [\text{M}^{2+}][\text{OH}^-]^2$$

この K_{SP} の値を**溶解度積**といい，温度一定のとき，一定値となる。

溶解度積とは，溶液中に溶けている陽イオンと陰イオンの濃度の積で，その溶解度を表したものと考えるとわかりやすい。ポイントは陽イオンと陰イオンの濃度の値が等しくなくても，その積が K_{SP} と等しければ飽和溶液になっているということである。溶かした固体 M(OH)_2 がすべて溶けたと仮定したとき，

(i) $[\text{M}^{2+}][\text{OH}^-]^2 \leqq K_{\text{SP}}$ ならば固体はすべて溶けている。

(ii) $[M^{2+}][OH^-]^2 > K_{SP}$ ならば固体が析出し，溶液は $[M^{2+}][OH^-]^2 = K_{SP}$ の成立した飽和溶液になっている。

問1 溶解度積が与えられているので問1の条件で沈殿が析出するかどうか判定しなければならない。

$M(OH)_2$ $1.0×10^{-5}$mol がすべて溶けていると仮定したとき，
$$[M^{2+}][OH^-]^2 = (1.0×10^{-5})×(2×1.0×10^{-5})^2$$
$$= 4.0×10^{-15} < 4.0×10^{-12} (=K_{SP})$$

よって，$M(OH)_2$ はすべて溶けており $[M^{2+}] = 1.0×10^{-5}$mol/L である。

問2 $M(OH)_2$ の沈殿が析出し始めるまでに加えた NaOH を x [mol]とする。このとき，$[OH^-] = x$ [mol/L]であり，溶液は飽和溶液になっているので，
$$[M^{2+}][OH^-]^2 = (1.0×10^{-8})×x^2 = 4.0×10^{-12}(=K_{SP})$$
$$\therefore\ x = 2.0×10^{-2}\ [\text{mol}]$$

したがって，NaOH(式量40)の質量は，$40×2.0×10^{-2} = 0.80$ [g]

> 飽和溶液ならば，溶液中の陽イオンと陰イオンについて必ず $[M^{2+}][OH^-]^2 = K_{SP}$ が成立するんです。 **POINT**

6 [解答] 問1 $2.0×10^{-14}$ mol/L
　　　　　問2 $6.0×10^{-22}$ mol/L
　　　　　問3 $0.39 \leqq pH \leqq 4.2$

[解説] **問1** ZnS の沈殿が生じない条件は，
$$[Zn^{2+}][S^{2-}] = 1.0×10^{-4}×[S^{2-}] \leqq 2.0×10^{-18}(=K_{ZnS})$$
$$\therefore\ [S^{2-}] \leqq 2.0×10^{-14}\ [\text{mol/L}]$$

問2 CuS の沈殿が生じているとき，$[Cu^{2+}][S^{2-}] = 6.0×10^{-30}(=K_{CuS})$ が成り立つ。
よって，$[Cu^{2+}] \leqq 1.0×10^{-8}$ mol/L となる条件は，
$$6.0×10^{-30} = [Cu^{2+}][S^{2-}] \leqq 1.0×10^{-8}×[S^{2-}]$$
$$\therefore\ [S^{2-}] \geqq 6.0×10^{-22}\ [\text{mol/L}]$$

問3 問1，問2より，$6.0×10^{-22}$ [mol/L] $\leqq [S^{2-}] \leqq 2.0×10^{-14}$ [mol/L]

$K = \dfrac{[H^+]^2[S^{2-}]}{[H_2S]}$ より，$[H^+] = \sqrt{\dfrac{K[H_2S]}{[S^{2-}]}}$

$[S^{2-}] = 6.0×10^{-22}$ のとき，$[H^+] = \sqrt{\dfrac{1.0×10^{-21}×0.10}{6.0×10^{-22}}} = 2^{-\frac{1}{2}}×3^{-\frac{1}{2}}$ [mol/L]

$\therefore\ pH = \dfrac{1}{2}\log_{10}2 + \dfrac{1}{2}\log_{10}3 = 0.39$

$[S^{2-}] = 2.0×10^{-14}$ のとき，$[H^+] = \sqrt{\dfrac{1.0×10^{-21}×0.10}{2.0×10^{-14}}} = 2^{-\frac{1}{2}}×10^{-4}$ [mol/L]

$\therefore\ pH = 4 + \dfrac{1}{2}\log_{10}2 = 4.15 \fallingdotseq 4.2$

よって，$0.39 \leqq pH \leqq 4.2$ にすればよい。

§14 周期表と元素の性質

1 **解答** (1) 元素記号 **Si**, 表の記号 (h)　(2) 元素記号 **Al**, 表の記号 (g)
(3) 元素記号 **F**, 表の記号 (d)　(4) 元素記号 **P**, 表の記号 (i)
(5) 元素記号 **Na**, 表の記号 (e)　(6) 元素記号 **N**, 表の記号 (b)

解説
(1) 二酸化ケイ素の結晶は SiO_2 の単位構造が三次元的に繰り返し結合した共有結合の結晶である。
(2) アルミニウムはイオン化傾向が水素よりも大きい金属であるが、濃硫酸や濃硝酸には不動態を形成するので溶けにくい。
(3) フッ素の水素化合物であるフッ化水素の水溶液(フッ化水素酸)はガラスの成分の二酸化ケイ素 SiO_2 を溶かす。

$$SiO_2 + 6HF \longrightarrow \underset{\text{ヘキサフルオロケイ酸}}{H_2SiF_6} + 2H_2O$$

(4) リンには赤リン、黄リンなどの同素体があり、その酸化物の十酸化四リンは吸湿性が強く乾燥剤として利用される。
(5) ナトリウムの単体の結晶は体心立方格子を形成している。また、この単体はアルコールなどのヒドロキシ基と反応して水素を発生する。

$$2C_2H_5OH + 2Na \longrightarrow \underset{\text{ナトリウムエトキシド}}{2C_2H_5ONa} + H_2$$

(6) 第2周期の元素でその単体が気体として存在するものには、N, O, F, Ne があるが、そのうち電気陰性度の最も小さな元素は窒素 N である。希ガスのネオン Ne の電気陰性度の値は存在しない。

2 **解答** 問1 (a) MgO　(b) Al_2O_3　(c) SiO_2
問2 酸化ナトリウム, $Na_2O + H_2O \longrightarrow 2NaOH$
問3 酸化アルミニウム, 酸とも強塩基とも反応するから。
問4 硫酸, 過塩素酸
問5 二酸化ケイ素, $SiO_2 + Na_2CO_3 \longrightarrow Na_2SiO_3 + CO_2$

解説
問1 第3周期の典型元素の代表的な酸化物は下の表のようになる。

族	1	2	13	14	15	16	17
酸化物	Na_2O	(a) MgO	(b) Al_2O_3	(c) SiO_2	P_4O_{10}	SO_3	Cl_2O_7

問2 水と反応して強塩基を生じる酸化物に酸化ナトリウム Na_2O がある。酸化ナトリウムは次のように、水と反応して強塩基の水酸化ナトリウム $NaOH$ を生じる。

$$Na_2O + H_2O \longrightarrow 2NaOH$$

問3 両性元素(Al, Zn, Sn, Pbなど)の酸化物を両性酸化物という。酸化アルミニウム Al_2O_3 は両性酸化物であり、次のように酸とも強塩基とも反応する。

$$Al_2O_3 + 6HCl \longrightarrow 2AlCl_3 + 3H_2O$$
$$Al_2O_3 + 2NaOH + 3H_2O \longrightarrow 2Na[Al(OH)_4]$$

問4 三酸化硫黄 SO_3 が水と反応すると，強酸性のオキソ酸である硫酸が生じる。
$$H_2O + SO_3 \longrightarrow H_2SO_4$$
七酸化二塩素 Cl_2O_7 が水と反応すると，強酸性のオキソ酸である過塩素酸が生じる。
$$H_2O + Cl_2O_7 \longrightarrow 2HClO_4$$

問5 二酸化ケイ素 SiO_2 と炭酸ナトリウム Na_2CO_3 の混合物を加熱すると，ケイ酸ナトリウム Na_2SiO_3 が生じる。ケイ酸ナトリウムに水を加えて煮沸すると，水ガラスとよばれる粘性の大きな液体が得られる。
$$SiO_2 + Na_2CO_3 \longrightarrow Na_2SiO_3 + CO_2$$

3 [解答] A Cl B Si C Mg D Ar
　　　　E S   F P   G Na H Al

[解説]
Cl：塩素の単体 Cl_2 は黄緑色の気体で，酸化力が強く，水に溶けて塩化水素と次亜塩素酸を生じる。
$$Cl_2 + H_2O \rightleftharpoons HCl + HClO$$
Si：ケイ素 Si は岩石や土の成分として広く地球上に分布し，地殻中で酸素に次いで多く存在している。
Mg：マグネシウムの単体を空気中で強熱すると，強い光を出して燃える。
$$2Mg + O_2 \longrightarrow 2MgO$$
Ar：分子量と原子量の等しい気体であるので，単原子分子として存在する希ガスのアルゴンである。
S：硫黄の酸化物の二酸化硫黄 SO_2 は無色の刺激臭のある気体で，窒素酸化物 NO_x とともに酸性雨の原因物質といわれている。
P：リンは動物の歯や骨の成分として含まれている。
Na：ナトリウムの単体は常温の水と激しく反応し，水素を発生する。
$$2Na + 2H_2O \longrightarrow 2NaOH + H_2$$
なお，ナトリウムを含む化合物の炎色反応は黄色を呈する。

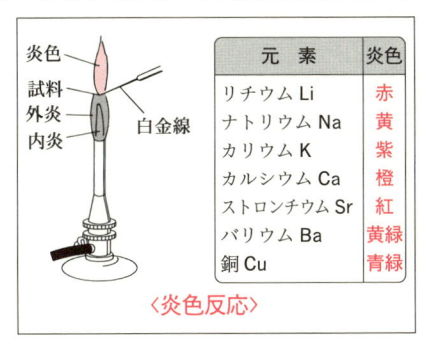

元　素	炎色
リチウム Li	赤
ナトリウム Na	黄
カリウム K	紫
カルシウム Ca	橙
ストロンチウム Sr	紅
バリウム Ba	黄緑
銅 Cu	青緑

〈炎色反応〉

Al：第3周期の元素のうち両性元素はアルミニウムである。

§15 非金属元素とその化合物

1 解答 問1 (ア) 塩化水素 (イ) 水(水蒸気) (ウ) 塩素 (エ) 塩酸
(オ) 重く (カ) 大きい (キ) 下方
問2 $MnO_2 + 4HCl \longrightarrow MnCl_2 + 2H_2O + Cl_2$, 酸化剤
問3 $CuCl_2$

解説
問1 酸化マンガン(Ⅳ)に濃塩酸を加えて加熱すると塩素が発生する。
$$MnO_2 + 4HCl \longrightarrow MnCl_2 + 2H_2O + Cl_2$$
この方法で塩素を発生させるとき，加熱をしているので，塩素とともに不純物である塩化水素と水蒸気が出てくる。したがって，純度の高い塩素を得るためには，塩化水素を水に吸収させ，水蒸気を濃硫酸に吸収させて取り除く必要がある。

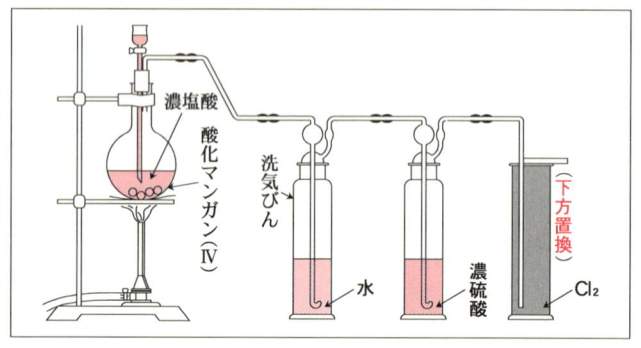

問2 $MnO_2 + 4HCl \longrightarrow MnCl_2 + 2H_2O + Cl_2$
この反応において，酸化マンガン(Ⅳ)は酸化剤としてはたらいている。
問3 塩素中に赤熱した銅線を入れると，銅線は茶色の煙をあげて燃える。この煙の成分は塩化銅(Ⅱ) $CuCl_2$ である。
$$Cu + Cl_2 \longrightarrow CuCl_2$$

2 解答 (1) (ア) 酸化バナジウム(V) (イ) 二酸化硫黄 (ウ) 三酸化硫黄
(エ) 発煙 (オ) 接触 (カ) 熱濃
(キ) 酸化 (ク) 吸湿 (ケ) 不揮発
(2) (イ)の化合物 +4，硫酸 +6
(3) $C + 2H_2SO_4 \longrightarrow CO_2 + 2SO_2 + 2H_2O$
(4) 濃硫酸に水を加えると，急激な発熱のため加えた水が沸騰して濃硫酸とともに飛び散る恐れがあるので危険である。多量の水に少量ずつ濃硫酸を加えていけば，熱が多量の水に伝わるので急激に温度は上昇せず，沸騰を防ぐことができる。

解説

(1) $S \xrightarrow{O_2} SO_2 \xrightarrow[\text{[V}_2\text{O}_5\text{]}]{O_2} SO_3 \xrightarrow{H_2O} H_2SO_4$

硫黄を空気中で燃やすと二酸化硫黄が生成する。二酸化硫黄を酸化バナジウム(V) V_2O_5 を触媒として酸化すると，三酸化硫黄になる。三酸化硫黄を濃硫酸に吸収させ発煙硫酸とし，これに希硫酸を加えて濃硫酸にする。この硫酸の製造法を**接触法**という。濃硫酸は無色のねばりけのある液体で，吸湿性が強く，乾燥剤に用いられる。また，加熱した濃硫酸(熱濃硫酸)は強い酸化作用を有する。

(2) 二酸化硫黄 SO_2 のSの酸化数：+4
　　硫酸 H_2SO_4 のSの酸化数：+6

(3) 熱濃硫酸は非常に酸化力が強く，炭素を酸化することができる。

$$C + 2H_2SO_4 \longrightarrow CO_2 + 2SO_2 + 2H_2O$$

3 **解答** 問1 (1) 15　(2) 2　(3) 5　(4) 白金
　　　問2 :N∷N:, N≡N
　　　問3 (a) $NH_4NO_2 \longrightarrow 2H_2O + N_2$
　　　　　(b) $2NH_4Cl + Ca(OH)_2 \longrightarrow CaCl_2 + 2H_2O + 2NH_3$
　　　　　(c) $NH_3 + HCl \longrightarrow NH_4Cl$
　　　　　(d) $NaNO_3 + H_2SO_4 \longrightarrow NaHSO_4 + HNO_3$
　　　　　(e) $4NH_3 + 5O_2 \longrightarrow 4NO + 6H_2O$
　　　問4 $NH_3 + 2O_2 \longrightarrow HNO_3 + H_2O$
　　　問5 1.5kg

解説

問1　窒素は周期表の15族元素であり，K殻に2個，L殻に5個の電子をもつ。また，**オストワルト法**ではアンモニアを白金触媒で酸化して一酸化窒素に変えている。

問2　窒素分子の電子式と構造式は下のようになる。
　　　電子式　:N∷N:
　　　構造式　N≡N

問3 (a) 実験室で窒素を得るには，亜硝酸アンモニウムを熱分解させる。
$$NH_4NO_2 \longrightarrow 2H_2O + N_2$$
(b) 実験室でアンモニアを得るには，塩化アンモニウムと水酸化カルシウムの混合物を加熱する。
$$2NH_4Cl + Ca(OH)_2 \longrightarrow CaCl_2 + 2H_2O + 2NH_3$$
(c) アンモニアと塩化水素が反応すると，固体の微粉末である塩化アンモニウムが白煙となって生成する。
$$NH_3 + HCl \longrightarrow NH_4Cl$$
(d) 硝酸ナトリウムに濃硫酸を加えて加熱すると，硝酸が生じる。この反応は濃硫酸の不揮発性を利用したものである。
$$NaNO_3 + H_2SO_4 \longrightarrow NaHSO_4 + HNO_3$$
(e) アンモニアを白金触媒を用いて酸化すると一酸化窒素が生じる。

§15 非金属元素とその化合物

$$4NH_3 + 5O_2 \longrightarrow 4NO + 6H_2O$$

問4 硝酸は次の①〜③によって，アンモニアから製造される。

$$4NH_3 + 5O_2 \longrightarrow 4NO + 6H_2O \quad \cdots\cdots ①$$
$$2NO + O_2 \longrightarrow 2NO_2 \quad \cdots\cdots ②$$
$$3NO_2 + H_2O \longrightarrow 2HNO_3 + NO \quad \cdots\cdots ③$$

これを一つにまとめると，$\frac{1}{4}(①+②\times 3+③\times 2)$ より

$$NH_3 + 2O_2 \longrightarrow HNO_3 + H_2O$$

問5 x kgのNH_3が必要であるとすると，

$$NH_3 + 2O_2 \longrightarrow HNO_3 + H_2O$$

$$\frac{17\text{g}}{x\text{ kg}} = \frac{63\text{g}}{9.3\times 0.60\text{ kg}}$$

$$x = 1.50\text{ kg}$$

4 【解答】 問1 $CaCO_3 + 2HCl \longrightarrow CaCl_2 + H_2O + CO_2$

問2 二酸化炭素の電子式 :Ö::C::Ö:

CO_2分子の$C=O$結合は $\overset{\delta+}{C}=\overset{\delta-}{O}$ のように分極(結合に極性が生じている)しているが，分子は直線形なので，Oの負電荷の重心とCの正電荷の重心は一致し，CO_2は分子全体で無極性となる。

問3 CO_2は水にわずかに溶け，その一部が水と反応してH^+を出すが，その電離度は小さいので**酸性は弱い**。

$$H_2O + CO_2 \rightleftharpoons H^+ + HCO_3^-$$

問4 容器のふたを開けると減圧されるので，高圧の条件で溶解していたCO_2のうち溶けられなくなったものが泡になって発生する。

【解説】

問1 実験室で二酸化炭素を得るには石灰石に塩酸を加える。
$$CaCO_3 + 2HCl \longrightarrow CaCl_2 + H_2O + CO_2$$

問2〜問4は論述問題なので解説は省略する。解答を参照されたい。

5 【解答】 問1 ア 14　イ 4　ウ ダイヤモンド

問2 半導体

問3 H_2, CH_4, NH_3

問4 $SiO_2 + 2C \longrightarrow Si + 2CO$

【解説】

問1 ケイ素は，14族に属する元素で4個の価電子をもつ。また，ケイ素の結晶は，炭素の同素体の一つのダイヤモンドと同じ構造になっている。

問2 単体のケイ素やゲルマニウムなどは，金属と絶縁体の中間の電気伝導性を示し，半導体と呼ばれる。

問3 下線部(b)は共有結合をさすので，これに該当するものを選べばよい。

問4 ケイ素の単体は自然界に存在せず，酸化物を還元してつくる。

6 解答
問1　D　(ウ)　　F　(イ)
問2　NH_3
問3　O_2
問4　HCl, H_2S, SO_2, NH_3, NO_2 のうち3例
問5　Cl_2, O_2, SO_2, NO_2
問6　$2NO_2 \rightleftarrows N_2O_4$
問7　$[Ag(NH_3)_2]^+$，ジアンミン銀（Ⅰ）イオン
問8　$2H_2S + SO_2 \longrightarrow 2H_2O + 3S$

解説
気体 A～H の製法の化学反応式は次のようになる。
A　$MnO_2 + 4HCl \longrightarrow MnCl_2 + 2H_2O + Cl_2$
B　$NaCl + H_2SO_4 \longrightarrow NaHSO_4 + HCl$
C　$2KClO_3 \longrightarrow 2KCl + 3O_2$
D　$FeS + H_2SO_4 \longrightarrow FeSO_4 + H_2S$
E　$Cu + 2H_2SO_4 \longrightarrow CuSO_4 + 2H_2O + SO_2$
F　$Ca(OH)_2 + 2NH_4Cl \longrightarrow CaCl_2 + 2H_2O + 2NH_3$
G　$Cu + 4HNO_3 \longrightarrow Cu(NO_3)_2 + 2H_2O + 2NO_2$
H　$CaCO_3 + 2HCl \longrightarrow CaCl_2 + H_2O + CO_2$

問1　硫化水素 H_2S の乾燥剤として適切なものは十酸化四リン P_4O_{10}，アンモニア NH_3 の乾燥剤として適切なものはソーダ石灰である。

問2　A～H のうち上方置換で捕集されるものは，水に溶けやすく空気よりも軽い気体のアンモニア NH_3 である。

問3　塩素酸カリウム $KClO_3$ に触媒の酸化マンガン（Ⅳ）MnO_2 を加えて加熱すると酸素 O_2 が発生する。

問4　A～H のうち極性分子であるものは，次の気体である。
　　　HCl, H_2S, SO_2, NH_3, NO_2

問5　A～H のうち酸化還元反応によって生じるものは，次の気体である。
　　　Cl_2, O_2, SO_2, NO_2

問6　赤褐色の NO_2 の一部は会合して無色の N_2O_4 になる。
　　　$2NO_2 \rightleftarrows N_2O_4$

問7　硝酸銀水溶液に HCl を通じると $AgCl$ の白色沈殿が生じる。この沈殿が生じた水溶液に NH_3 を通じると，白色沈殿はジアンミン銀（Ⅰ）イオンを生成し溶解する。
　　　$Ag^+ + Cl^- \longrightarrow AgCl$
　　　$AgCl + 2NH_3 \longrightarrow [Ag(NH_3)_2]^+ + Cl^-$

問8　硫化水素水に二酸化硫黄を通じると，水に溶けない硫黄の単体が遊離し，水溶液は白濁する。
　　　$2H_2S + SO_2 \longrightarrow 2H_2O + 3S$

§16 金属元素とその化合物

1 [解答] 問1 (i) Sn (ii) S (iii) Ag (iv) Fe
(v) Ca (vi) Na (vii) Al
問2 両性元素，元素記号 Al, Zn, Pbのうちから二つ
問3 $CaCO_3 + H_2O + CO_2 \longrightarrow Ca(HCO_3)_2$
問4 $2Al + Fe_2O_3 \longrightarrow 2Fe + Al_2O_3$
問5 アルミニウムは鉄よりもイオン化傾向が大きく，鉄よりも酸素と結合しやすいから。

[解説]
問2 アルミニウム，亜鉛，スズ，鉛は，周期表の金属元素と非金属元素の境界付近に位置し，酸とも塩基とも反応するので両性元素とよばれる。
問3 炭酸カルシウムは水には溶けないが，二酸化炭素を含んだ水には炭酸水素カルシウムとなって溶ける。
問4 アルミニウムは還元力が強く，酸化されると多量の熱が発生する。これを利用して，金属酸化物から金属単体を取り出す方法をテルミット法という。

2 [解答] 問1 自由電子がすべての原子に共有されて結合しているので，原子の配列がずれても原子間の結合が保たれるから。(50字)
問2 (1) 面心立方格子または立方最密構造
(2) 2.8g/cm^3
(3) A Ag, B Cu, C Al
問3 イオン化傾向が亜鉛＞鉄＞スズなので，ブリキでは鉄が，トタンでは亜鉛が先に酸化されるから。(44字)

[解説]
問1 金属はたたくと薄く広がる性質の展性と，引っ張ると長く延びる性質の延性をもつ。金属結晶の変形が可能なのは，原子がずれても自由電子による原子間の結合が保たれるからである。
問2 (2) Al=27, 単位格子中の原子数=4, $1 \text{nm}=1\times 10^{-9}\text{m}=1\times 10^{-7}\text{cm}$

$$密度 = \frac{4 \times \frac{27}{6.0 \times 10^{23}}}{(0.40 \times 10^{-7})^3} = 2.81 \text{ (g/cm}^3\text{)}$$

(3) 白色沈殿AはAgCl，黒色沈殿BはCuS，白色沈殿CはAl(OH)$_3$である。
問3 トタンに傷がついた場合，鉄よりも亜鉛の方がイオン化傾向が大きいため，亜鉛が酸化される。一方，ブリキに傷がついた場合は，鉄よりもスズの方がイオン化傾向が小さいため，鉄が酸化される。

3 解答　問1　〔e〕Fe(OH)$_3$，〔g〕Al(OH)$_3$
問2　AgCl + 2NH$_3$ ⟶ [Ag(NH$_3$)$_2$]Cl
問3　テトラアンミン銅(II)イオン，[Cu(NH$_3$)$_4$]$^{2+}$
問4　K$_4$[Fe(CN)$_6$]
問5　PbCrO$_4$，黄色
問6　2CrO$_4^{2-}$ + 2H$^+$ ⟶ Cr$_2$O$_7^{2-}$ + H$_2$O

解説

操作1～7を図に示すと，次のようになる。

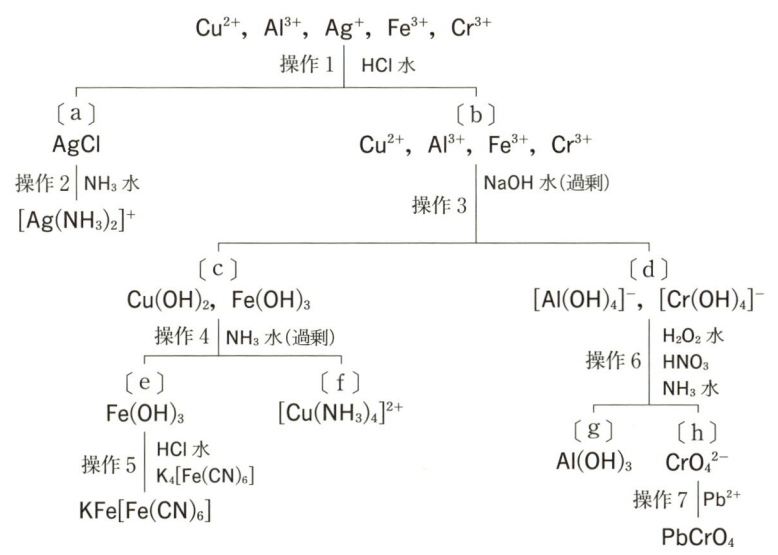

```
                    Cu²⁺, Al³⁺, Ag⁺, Fe³⁺, Cr³⁺
                         │ 操作1 │ HCl水
           ┌─────────────┴─────────────┐
         〔a〕                        〔b〕
         AgCl                    Cu²⁺, Al³⁺, Fe³⁺, Cr³⁺
    操作2│NH₃水                         │NaOH水(過剰)
         │                          操作3│
    [Ag(NH₃)₂]⁺         ┌──────────────┴──────────────┐
                      〔c〕                         〔d〕
                   Cu(OH)₂, Fe(OH)₃          [Al(OH)₄]⁻, [Cr(OH)₄]⁻
              操作4│NH₃水(過剰)                      │ H₂O₂水
                  │                           操作6│ HNO₃
           ┌──────┴──────┐                        │ NH₃水
         〔e〕         〔f〕                 ┌─────┴─────┐
        Fe(OH)₃    [Cu(NH₃)₄]²⁺           〔g〕       〔h〕
     操作5│HCl水                           Al(OH)₃    CrO₄²⁻
          │K₄[Fe(CN)₆]                          操作7│Pb²⁺
     KFe[Fe(CN)₆]                                   PbCrO₄
```

問1　上図参照
問2　塩化銀は水には難溶であるが，アンモニア水にはジアンミン銀(I)イオンを形成し溶解する。

　　　AgCl + 2NH$_3$ ⟶ [Ag(NH$_3$)$_2$]$^+$ + Cl$^-$

問3　水酸化銅(II)の沈殿にアンモニア水を加えると，沈殿は溶解し深青色の溶液となる。

　　　Cu(OH)$_2$ + 4NH$_3$ ⟶ [Cu(NH$_3$)$_4$]$^{2+}$ + 2OH$^-$

　　この深青色はテトラアンミン銅(II)イオン[Cu(NH$_3$)$_4$]$^{2+}$によるものである。

問4　鉄(III)イオンFe^{3+}に対して濃青色の沈殿を生じたので，加えたものはヘキサシアニド鉄(II)酸カリウムK$_4$[Fe(CN)$_6$]である。

問5　クロム酸イオンCrO$_4^{2-}$に鉛(II)イオンPb^{2+}を加えると，黄色のクロム酸鉛(II)PbCrO$_4$が沈殿する。

　　　Pb^{2+} + CrO$_4^{2-}$ ⟶ PbCrO$_4$

問6　クロム酸イオンCrO$_4^{2-}$の水溶液を酸性にすると，二クロム酸イオンCr$_2$O$_7^{2-}$の水溶液に変化するため，水溶液は黄色から赤橙色に変化する。

§16 金属元素とその化合物

$$2CrO_4^{2-} + 2H^+ \longrightarrow Cr_2O_7^{2-} + H_2O$$
（黄色）　　　　　　　　（赤橙色）

これを塩基性にすると，ふたたび CrO_4^{2-} になって，水溶液は黄色になる。
$$Cr_2O_7^{2-} + 2OH^- \longrightarrow 2CrO_4^{2-} + H_2O$$

4 解答 問1　(イ) $ZnCl_2$　　　(ロ) $Ca(OH)_2$　　　(ハ) $CuCl_2$
　　　　　　(ニ) $Pb(CH_3COO)_2$　(ホ) $KMnO_4$　(ヘ) K_2CrO_4
　　　　　　(ト) $NiSO_4$　(チ) $(NH_4)_2SO_4$　(リ) $FeSO_4$
　　　　　　(ヌ) $AlK(SO_4)_2$

問2　A (ホ)　B (ト)　C (ヘ)　D (ハ)
　　　E (リ)　F (イ)　G (ヌ)　H (チ)
　　　I (ニ)　J (ロ)

問3　(あ) ZnS
　　　(い) $PbCrO_4$
　　　(う) Cu
　　　(え) $PbSO_4$
　　　(お) CH_3COOH
　　　(か) NH_3

問4　(1) $Al(OH)_3 + OH^- \longrightarrow [Al(OH)_4]^-$
　　　(2) $CaCO_3 + H_2O + CO_2 \longrightarrow Ca^{2+} + 2HCO_3^-$
　　　(3) $Cu(OH)_2 + 4NH_3 \longrightarrow [Cu(NH_3)_4]^{2+} + 2OH^-$
　　　(4) $2CrO_4^{2-} + 2H^+ \longrightarrow Cr_2O_7^{2-} + H_2O$

解説

問4　(1) アルミニウムイオンを含む水溶液に水酸化ナトリウム水溶液を加えていくと，はじめ水酸化アルミニウム $Al(OH)_3$ の白色の沈殿が生じる。さらに水酸化ナトリウム水溶液を加えると沈殿はテトラヒドロキシドアルミン酸イオン $[Al(OH)_4]^-$ となって溶解する。
$$Al(OH)_3 + OH^- \longrightarrow [Al(OH)_4]^-$$

(2) 石灰水に二酸化炭素を通じると，はじめ炭酸カルシウム $CaCO_3$ の白色の沈殿が生じる。さらに二酸化炭素を通じると沈殿は溶解する。
$$CaCO_3 + H_2O + CO_2 \longrightarrow Ca^{2+} + 2HCO_3^-$$

(3) 銅(Ⅱ)イオンを含む水溶液にアンモニア水を加えると，はじめに水酸化銅(Ⅱ) $Cu(OH)_2$ の青白色の沈殿が生じる。さらにアンモニア水を加えると，沈殿は溶解し深青色の溶液となる。
$$Cu(OH)_2 + 2NH_3 \longrightarrow [Cu(NH_3)_4]^{2+} + 2OH^-$$

(4) クロム酸イオン CrO_4^{2-} を含む水溶液を酸性にすると，二クロム酸イオン $Cr_2O_7^{2-}$ の水溶液に変化する。
$$2CrO_4^{2-} + 2H^+ \longrightarrow Cr_2O_7^{2-} + H_2O$$

§17 脂肪族有機化合物

1 **解答** (1) **A**　(2) **C**　(3) **A**　(4) **B**

解説 エタン，エチレンおよびアセチレンの分子構造を図1に示した。

(1) 炭素原子間の結合距離は次の順で短くなる。

　　　単結合＞二重結合＞三重結合

(2) エタンは，炭素原子を中心とする正四面体を基本単位とした立体構造をとり，エチレンはすべての原子が同一平面に存在する平面分子である。また，アセチレンはすべての原子が同一直線上に存在する直線分子である。

(3) エタンでは単結合を軸として回転できるが，エチレンやアセチレンでは，二重結合や三重結合を軸として回転することはできない。

(4) 二重結合を軸とした回転ができないために，図2の化合物は互いに幾何異性体の関係にある。

知っ得　単結合は回転できるが，二重，三重結合は回転できない。

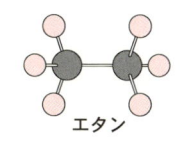

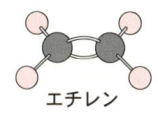

図1　炭化水素の分子構造

図2　幾何異性体

2 **解答** (ア) 白金（ニッケル）　(イ) 2

E　CH$_3$-CH$<$CH$_2$/CH$_2$
F　CH$_2$-CH$_2$/CH$_2$-CH$_2$
G　CH$_3$-CH$_2$-CH$_2$-CH$_3$
H　CH$_3$-CH$_2$-CH-CH$_2$Br / Br

解説 分子式 C$_4$H$_8$ の炭化水素にはアルケンとシクロアルカンとがある。付加反応を受けることから，**A**，**B**，**C**，**D** はアルケンで，**E** と **F** はシクロアルカンである。

アルケンには次の4種類の構造があり，付加反応による生成物とともにまとめると，

＊不斉炭素原子を示す

79

§17 脂肪族有機化合物

　AとBは互いに幾何異性体の関係にあり，水素の付加により同一のアルカンを生じることから，その構造が決まる。また，CとDに臭素を付加した場合，不斉炭素原子をもつ生成物が得られることから，Cの構造が決まる。

　シクロアルカンには，解答に示したようにメチルシクロプロパンとシクロブタンの2種類の化合物があるが，Eがメチル基をもつことから，EとFの構造が決まる。

> アルケンとシクロアルカンは異性体の関係にあるのよ。アルケンは付加反応をするけど！ **POINT**

3 解答　(ア) 石油　(イ) 赤褐　(ウ) 付加反応　(エ) ポリエチレン　(オ) 付加重合

　　A　エタン　　　　　　　B　1,2-ジブロモエタン
　　　CH₃-CH₃　　　　　　　　CH₂-CH₂
　　　　　　　　　　　　　　　 | |
　　　　　　　　　　　　　　　 Br   Br

　　C　ジエチルエーテル　　　D　アセトアルデヒド
　　　CH₃-CH₂-O-CH₂-CH₃　　　CH₃-C-H
　　　　　　　　　　　　　　　　　 ‖
　　　　　　　　　　　　　　　　　 O

解説　エチレンは，エタノールに濃硫酸を加えて160℃に加熱すると発生し，工業的には，石油(ナフサ)の熱分解(クラッキング)によってつくられている。

　エタノールに濃硫酸を加えて130℃に加熱すると，2分子のエタノールから脱水が起こり，ジエチルエーテルが生成する。

　　　　CH₃CH₂OH ⟶ CH₂=CH₂ + H₂O　　　　（分子内脱水）
　　　　2CH₃CH₂OH ⟶ CH₃CH₂OCH₂CH₃ + H₂O　（分子間脱水）

　二重結合や三重結合のような不飽和結合に他の分子が結合する反応を付加反応という。アルケンは分子内に二重結合をもつので付加反応を受けやすい。たとえば，エチレンを臭素の四塩化炭素溶液に通じると，臭素の赤褐色が消える。

　　　　CH₂=CH₂ + Br₂ ⟶ Br-CH₂-CH₂-Br
　　　　　　　　　赤褐色　　　　無色

　エチレン分子に多数のエチレン分子が付加反応を繰り返す(これを付加重合という)とポリエチレンが生成する。

　　　　nCH₂=CH₂ ⟶ [-CH₂-CH₂-]ₙ　　（付加重合）

　エタノールを酸化するとアセトアルデヒドが生成し，さらに酸化すると酢酸になる。

　　　　CH₃CH₂OH　—酸化→　CH₃CHO　—酸化→　CH₃COOH
　　　　エタノール　　　アセトアルデヒド　　　酢酸

> **おぼえよう**
> 第一級アルコール　—酸化→　アルデヒド　—酸化→　カルボン酸

4 解答 問1 A, B アルコール　C エーテル　D アルデヒド　E ケトン
　　　　問2　A　CH₃–CH₂–CH₂–OH　　　　　B　CH₃–CH–CH₃
　　　　　　　　　　　　　　　　　　　　　　　　　　　　　|
　　　　　　　　　　　　　　　　　　　　　　　　　　　　　OH
　　　　　　C　CH₃–O–CH₂–CH₃　　　　　　 D　CH₃–CH₂–C–H
　　　　　　　　　　　　　　　　　　　　　　　　　　　　　　　‖
　　　　　　　　　　　　　　　　　　　　　　　　　　　　　　　O
　　　　　　　　　　　　　　　　　　　O
　　　　　　　　　　　　　　　　　　　‖
　　　　　　E　CH₃–C–CH₃

解説　分子式 C_3H_8O の化合物には次の3種類がある。
　　　CH₃–CH₂–CH₂–OH　　　　CH₃–CH–CH₃　　　　CH₃–O–CH₂–CH₃
　　　　　　　　　　　　　　　　　　　　|
　　　　　　　　　　　　　　　　　　　　OH

AとBは，Naと反応してH_2を発生することから，アルコールであり，Naと反応しないCはエーテルである。アルコールA，Bの示性式をC_3H_7OHとし，Naとの反応を化学反応式で表すと，

　　　　　2C_3H_7OH ＋ 2Na ⟶ 2C_3H_7ONa ＋ H_2

アルコールAおよびBを硫酸酸性の$K_2Cr_2O_7$で酸化すると，

　　　　　　　　　　　　　　　　　　　　　　　　　　　O
　　　　　　　　　　　　　　　　　　　　　　　　　　　‖
　　　　CH₃–CH₂–CH₂–OH ─酸化→ CH₃–CH₂–C–H
　　　　　　　1-プロパノール　　　　　　　　プロピオンアルデヒド

　　　　CH₃–CH–CH₃ ─酸化→ CH₃–C–CH₃
　　　　　　　|　　　　　　　　　　　　　　‖
　　　　　　OH　　　　　　　　　　　　　O
　　　　　2-プロパノール　　　　　　アセトン

酸化生成物のうち，アルデヒドはフェーリング液を還元してCu_2Oの赤色沈殿を生成するが，ケトンはこの反応を示さない。したがって，Aが1-プロパノール，Bが2-プロパノール，Dがプロピオンアルデヒド，Eがアセトンと決まる。

POINT　アルコールを酸化するとき，構造によって生成物が異なるんだ。これを使うとアルコールの構造が絞れるよ。

　第一級アルコール $\xrightarrow{K_2Cr_2O_7}$ アルデヒド $\xrightarrow{K_2Cr_2O_7}$ カルボン酸
　第二級アルコール $\xrightarrow{K_2Cr_2O_7}$ ケトン
　第三級アルコール $\xrightarrow{K_2Cr_2O_7}$ 酸化されない

5 解答　問1　$CH_3COOH + CH_3CH_2OH \longrightarrow CH_3COOCH_2CH_3 + H_2O$　エステル化
　　　　問2　CH_3COOH, CH_3CH_2OH, $CH_3COOCH_2CH_3$, H_2O
　　　　問3　$CH_3COOH + NaHCO_3 \longrightarrow CH_3COONa + H_2O + CO_2$
　　　　　　　　　　　　O
　　　　　　　　　　　　‖
　　　　問4　CH₃–C–O–CH₂–CH₃　酢酸エチル
　　　　問5　$CH_3COOCH_2CH_3 + H_2O \longrightarrow CH_3COOH + CH_3CH_2OH$　加水分解
　　　　問6　$CH_3COOCH_2CH_3 + NaOH \longrightarrow CH_3COONa + CH_3CH_2OH$　けん化

81

§17 脂肪族有機化合物

解説 **問1** エタノールと酢酸とを混合し，触媒として濃硫酸を加えて加熱すると，
$$CH_3COOH + CH_3CH_2OH \longrightarrow CH_3COOCH_2CH_3 + H_2O$$
の反応によって酢酸エチルが生成する。この変化をエステル化とよぶ。エステル化は可逆反応で，平衡状態に達する。

問2 この実験では，あらかじめ加熱した濃硫酸にエタノールと酢酸の混合溶液を少しずつ滴下し，生成した酢酸エチルがただちに蒸留されてくるようにしている。しかし，酢酸エチルとエタノールの沸点はほぼ同じであり，水や酢酸の沸点もわりと近いので，留出液にはこれら4種類の物質が含まれている。

問3 留出液にNaHCO₃水溶液を加えると，酢酸は次の反応によって水に可溶な塩になり，有機層から除かれる。
$$CH_3COOH + NaHCO_3 \longrightarrow CH_3COONa + H_2O + CO_2$$

問4 エタノールは水に溶けるので，有機層から水層に移行する。しかし，エタノールは水にも有機層にも溶けるので，有機層を水で洗っただけでは完全には除けない。エタノールを完全に除くためには，濃い$CaCl_2$水溶液で有機層を洗う必要がある。この問題では，沸点が77℃と明示されているので，エタノールは水層に移行したと考えるべきであろう。

問5 エステルを酸の水溶液とともに加熱すると，加水分解が起こる。エステルの加水分解はエステル化の逆反応である。**問1**と同様に可逆反応である。

問6 エステルをNaOH水溶液とともに加熱すると，けん化されてカルボン酸の塩とアルコールが生じる。なお，エステルのけん化は不可逆反応で，完全に進行する。

> カルボン酸は，NaHCO₃と反応して水に可溶な塩になるんだ。
> これはカルボキシ基の検出反応さ！
> **POINT**

6 **解答** **問1** $C_{57}H_{104}O_6$　**問2** 190　**問3** 7.6 L

解説 油脂はグリセリンと高級脂肪酸のエステルである。油脂をNaOH水溶液とともに加熱すると，グリセリンと脂肪酸のナトリウム塩が生じる。
この油脂をけん化すると，グリセリン，$C_{17}H_{35}COONa$，$C_{17}H_{33}COONa$および$C_{17}H_{31}COONa$が生じることから，油脂の構造の1つとして右の例がある。

$$CH_2OCOC_{17}H_{35}$$
$$CHOCOC_{17}H_{33}$$
$$CH_2OCOC_{17}H_{31}$$

問1 右の構造から，分子式は$C_{57}H_{104}O_6$。

問2 油脂1gをけん化するのに必要なKOHの質量をミリグラムで表した値を油脂のけん化価という。この油脂の分子量は884，けん化価をxとし，油脂のけん化の反応式は，
$$C_3H_5(OCOR)_3 + 3KOH \longrightarrow C_3H_5(OH)_3 + 3RCOOK$$
$$\frac{1}{884} = \frac{x \times 10^{-3}}{3 \times 56} \quad x = 190.0 \text{ [mg]}$$

問3 飽和脂肪酸は $C_nH_{2n+1}COOH$ の示性式で表されるので，
ステアリン酸　$C_{17}H_{35}COOH$　（飽和脂肪酸）
オレイン酸　$C_{17}H_{33}COOH$　（ >C=C< を1個もつ）
リノール酸　$C_{17}H_{31}COOH$　（ >C=C< を2個もつ）

この油脂の1分子中には3個の >C=C< があることになり，1 mol の油脂には 3 mol の H_2 が付加するから，100 g の油脂に付加する H_2 の標準状態での体積を v L とすると，

$$[>C=C<]_3 + 3H_2 \longrightarrow [-\overset{|}{C}H-\overset{|}{C}H-]_3$$

$$\frac{100}{884} = \frac{v}{3 \times 22.4} \qquad \therefore\ v = 7.60\,(L)$$

定義 油脂1gをけん化するために必要な **KOH** の質量をミリグラムで表した値をけん化価という。けん化価は，油脂の平均分子量と反比例する。

7 解答 問1　問2 　問3　脂肪酸イオンとこれらのイオンとが結びついて難溶性の塩を生じ，泡立ちが悪くなる。

解説　高級脂肪酸のナトリウム塩をセッケンという。ここではセッケン分子と書いてある。セッケンは右のように疎水基(親油基)である長い炭化水素基と親水基である $-COONa$ の部分からできている。

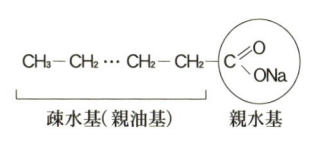

$CH_3-CH_2\cdots CH_2-CH_2-C\overset{O}{\underset{ONa}{<}}$
疎水基(親油基)　　　親水基

問1　セッケンを水に溶かすと，セッケンは，疎水基を内側に，親水基を外側に向けて会合し，ミセルとよばれる会合コロイドをつくる。

問2　セッケン水に油や石油を加えて振り混ぜると，ミセルが油や石油を取り込み，水溶液中に分散する。この現象を乳化という。セッケンのように，水と油の間に配列して2つの相をなじみやすくする作用をもつ物質を界面活性剤とよぶ。

問3　セッケンは優れた洗剤ではあるが，次のような短所がある。
(1) セッケン水は弱アルカリ性を示すので，動物性繊維の洗浄には適さない。これは，脂肪酸塩が加水分解するためである。

$$RCOO^- + H_2O \rightleftharpoons RCOOH + OH^-$$

(2) 硬水(Ca^{2+} や Mg^{2+} などを多く含む水)中では泡立ちが悪い。これは，Ca^{2+} や Mg^{2+} が，次のような反応によって，難溶性の塩をつくるためである。

$$2RCOO^- + Ca^{2+} \longrightarrow (RCOO)_2Ca$$

(3) 酸性の水溶液ではセッケンは使えない。これは，セッケンが次のように反応して，水に溶けない脂肪酸になるためである。

§17 脂肪族有機化合物

$$RCOO^- + H^+ \longrightarrow RCOOH$$

これらの短所は，いずれも，セッケンが弱酸の塩であることに起因している。セッケンの短所を補う洗剤として，アルキルベンゼンスルホン酸ナトリウム（ABS系洗剤）やドデシル硫酸ナトリウム（高級アルコール系洗剤）などの合成洗剤がある。

> セッケンが使えないと困るよね。セッケンの短所とその理由を知っておこう。　POINT

8 [解答] 問1　$C_4H_{10}O$　　問2　C_4H_9OH　　問3　1組
　　　　問4　CHI_3　　ヨードホルム
　　　　問5　A　$CH_3-CH_2-CH-CH_3$
　　　　　　　　　　　　　　　　$\quad\quad\quad OH$
　　　　　　　B　$CH_3-\underset{OH}{\underset{|}{C}}-CH_3$　（中央の炭素に上向きCH₃）

　　　　　　　F　$CH_3-CH_2-\underset{O}{\overset{\|}{C}}-CH_3$

　　　　　　　G, H　$\underset{H}{\overset{CH_3}{>}}C=C\underset{CH_3}{\overset{H}{<}}$　　$\underset{H}{\overset{CH_3}{>}}C=C\underset{H}{\overset{CH_3}{<}}$

　　　　問6　C　$CH_3-CH_2-CH_2-CH_2-OH$
　　　　　　　D　$CH_3-\underset{CH_3}{\underset{|}{CH}}-CH_2-OH$

[解説]　入試では，**$C_4H_{10}O$ の構造決定は非常によく出題される。そのとき，鍵になるのが，アルコールの酸化と脱水**である。

問1　まず，**A**の組成式を決める。**A**の組成式を $C_nH_mO_k$ と仮定すると，
$$n : m : k = \frac{64.81}{12} : \frac{13.60}{1} : \frac{21.59}{16} = 5.400 : 13.60 : 1.349$$
$$= 4 : 10 : 1$$

よって，組成式は $C_4H_{10}O$ と決まる。組成式を整数倍したものが分子式なので，**A**の分子式を $(C_4H_{10}O)_l$ とすると，分子量が80以下であることから，
$74l ≦ 80$　　∴　$l = 1$　　**A**の分子式は $C_4H_{10}O$ となる。

問2　分子式が $C_4H_{10}O$ の化合物にはアルコールとエーテルが考えられる。このうち，Na を加えて H_2 が発生する化合物はアルコールである。よって，**A**〜**D**はいずれもアルコール C_4H_9OH であることがわかる。

　　　　　　　　　　　　　　　　　　不斉炭素原子
　　　　　　　　　　　　$CH_3-\overset{*}{C}H-CH_2-CH_3$
　　　　　　　　　　　　　　　　　$\quad\quad OH$

問3　1つの炭素原子に，4つの異なった原子や原子団（官能基）が結合した炭素原子を不斉炭素原子という。不斉炭素原子をもつ化合物には1組の**光学異性体**が存在する。
　　C_4H_9OH の中で不斉炭素原子をもつものは右図の2-ブタノールのみである。

　　　　　　　　　　　　　　　　　　鏡
　　　　H_3CH_2C　　　　　　　　　　CH_2CH_3
　　　　　　$\overset{*}{C}$　　　　　　　　　　　$\overset{*}{C}$
　　　$H_3C\ \ OH\ \ H$　　　$H\ \ HO\ \ CH_3$

84

問4 右のような部分構造をもつアルコールやカルボニル化合物に，NaOHとI₂を加えて加熱すると，特有のにおいをもつ黄色の結晶（ヨードホルム，CHI₃）が生成する。この反応をヨードホルム反応という。ヨードホルム反応を示すことからアルコール**A**の構造が決まる。

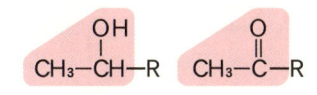

$$CH_3-\underset{OH}{CH}-R \qquad CH_3-\underset{O}{C}-R$$

ただし，Rは水素原子か炭化水素基

問5 C₄H₉OHの構造と，酸化および脱水反応の生成物をまとめると，

アルケン ←(脱水 H₂SO₄)— アルコール —(酸化 K₂Cr₂O₇)→ 酸化生成物

$$CH_3-CH_2\underset{H}{\overset{H}{C}}=\underset{H}{\overset{H}{C}} \leftarrow CH_3-CH_2-CH_2-CH_2-OH \rightarrow CH_3-CH_2-CH_2-\underset{O}{\overset{}{C}}-H$$
C

$$\begin{matrix}CH_3\\H\end{matrix}C=C\begin{matrix}CH_3\\H\end{matrix}$$
$$\begin{matrix}CH_3\\H\end{matrix}C=C\begin{matrix}H\\CH_3\end{matrix}$$
G, H
← CH₃–CH₂–CH(OH)–CH₃ （**A**） → CH₃–CH₂–CO–CH₃ （**F**）

$$\begin{matrix}CH_3\\CH_3\end{matrix}C=C\begin{matrix}H\\H\end{matrix}$$
I
← CH₃–CH(CH₃)–CH₂–OH （**D**） → CH₃–CH(CH₃)–CHO

CH₃–C(CH₃)(OH)–CH₃ （**B**）（酸化されない）

化合物**A**の構造はすでに**問4**で決まっている。アルコール**A**を酸化するとケトン**F**を生じ，ケトンは銀鏡反応を示さない。また，**A**を濃硫酸とともに加熱すると脱水されてアルケン**G**と**H**とが生じる。**G**と**H**は互いに幾何異性体の関係にある。
　アルコール**B**はK₂Cr₂O₇によって酸化されないことから，第三級アルコールであり，**B**の構造が決まる。

問6 酸化生成物が銀鏡反応を示すことから，化合物**C**と**D**はいずれも第一級アルコールである。また，**B**と**D**の脱水生成物が同じアルケン**I**であることから，**D**と**C**の構造が決まる。

> ヨードホルム反応や銀鏡反応などの検出反応は，化合物の構造決定で大きな鍵になるんだ。この鍵をもっていないと問題のドアが開かない。　**POINT**

§17 脂肪族有機化合物

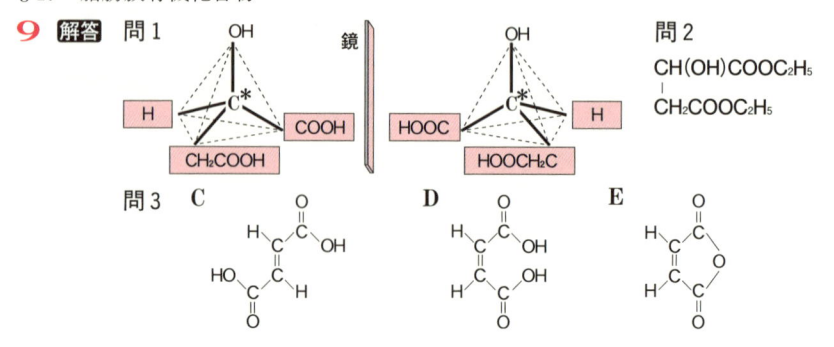

9 [解答] 問1

(立体配置図：鏡像異性体 C*にH, COOH, CH₂COOHが結合した一対の鏡像構造)

問2
CH(OH)COOC₂H₅
CH₂COOC₂H₅

問3 C（フマル酸構造） D（マレイン酸構造） E（無水マレイン酸構造）

[解説] 分子式がC₄H₆O₅のカルボキシ基をもつ化合物Aを、HClを含むエタノール中で加熱すると、分子式がC₈H₁₄O₅のエステルBが得られた。この反応で、HClはエステル化の酸触媒としてはたらいている。炭素数の増加が4であることから、2つのカルボキシ基がエチルエステルに変化したと考えることができる。

$$R(COOH)_2 + 2C_2H_5OH \longrightarrow R(COOC_2H_5)_2 + 2H_2O$$

また、ヒドロキシ基をもつので、Aの示性式はC₂H₃(OH)(COOH)₂と考えられる。さらに、旋光性を示すことから、Aは不斉炭素原子をもつことがわかる。したがって、AとBの構造式は次のように決まる。

A（リンゴ酸構造）　エステル化 2C₂H₅OH　→　B（ジエチルエステル構造）

↓ 加熱 脱水

C（フマル酸）　⇔幾何異性体⇔　D（マレイン酸）　→脱水 加熱→　E（無水マレイン酸）

化合物Aを加熱すると脱水反応が起こり、分子内に二重結合をもつジカルボン酸Cを生じる。ジカルボン酸Cは加熱しても変化しなかったが、その幾何異性体であるDは、加熱により容易に脱水して酸無水物Eに変化する。ジカルボン酸が、加熱により容易に脱水して酸無水物を生じるかどうかでシス-トランスが決まる。

[おぼえよう]
シス形がマレイン酸、トランス形がフマル酸である。マレイン酸は加熱すると容易に脱水して無水マレイン酸に変化するが、フマル酸は加熱しても変化しない。

§18 芳香族有機化合物

1 [解答] 問1 置換反応　問3 (a) $C_6H_6 + Br_2 \longrightarrow C_6H_5Br + HBr$
　　　　問2 付加反応　　　　(b) $C_6H_6 + HNO_3 \longrightarrow C_6H_5NO_2 + H_2O$
　　　　　　　　　　　　　　(c) $C_6H_6 + H_2SO_4 \longrightarrow C_6H_5SO_3H + H_2O$

問4 ベンゼン + 3Cl$_2$ ⟶ ヘキサクロロシクロヘキサン

[解説] ベンゼンは置換反応を受けやすい。しかし，特別な反応条件の下では付加反応を受ける。下線部(a)～(c)の反応は置換反応，(d)および(e)は付加反応である。

下線部(a)は臭素化。このとき，鉄粉は触媒としてはたらく。(b)はニトロ化，濃硫酸は触媒として作用している。また，(c)はスルホン化である。

PtやNiなどの触媒存在下でベンゼンと水素を反応させると，付加反応が起り，シクロヘキサンが生じる。また，ベンゼンとCl$_2$の混合物に紫外線をあてると，付加反応によりヘキサクロロシクロヘキサン(ベンゼンヘキサクロリドとよぶこともある)を生じる。

2 [解答] 問1　A: ニトロベンゼン　B: アニリン　C: アニリン塩酸塩　D: アセトアニリド　E: p-ヒドロキシアゾベンゼン

問2　(1) ニトロ化　(2) アミド　(3) ジアゾ化　(4) (ジアゾ)カップリング　(5) アゾ

問3　2,4,6-トリニトロトルエン

問4 アニリン + 2HCl + NaNO$_2$ ⟶ 塩化ベンゼンジアゾニウム + 2H$_2$O + NaCl

塩化ベンゼンジアゾニウム + ナトリウムフェノキシド ⟶ p-ヒドロキシアゾベンゼン + NaCl

[解説] ベンゼンに濃硫酸と濃硝酸を加えて加熱するとニトロベンゼンが生成する。

ベンゼン + HNO$_3$ ⟶ ニトロベンゼン + H$_2$O

ニトロベンゼンをスズと濃塩酸で還元すると，アニリンが生成し，アニリンは塩基性を示し，塩酸と反応してアニリン塩酸塩(塩化アニリニウム)となる。

2 ニトロベンゼン + 14HCl + 3Sn ⟶ 2 アニリン塩酸塩 + 4H$_2$O + 3SnCl$_4$

§18 芳香族有機化合物

この溶液にNaOHを加えてアルカリ性にするとアニリンが遊離する。

$$\underset{\text{弱い塩基の塩}}{C_6H_5-NH_3Cl} + \underset{\text{強い塩基}}{NaOH} \longrightarrow \underset{\text{弱い塩基}}{C_6H_5-NH_2} + H_2O + \underset{\text{強い塩基の塩}}{NaCl}$$

アニリンに酢酸を加えて加熱すると，アセトアニリドが生成する。このように，アミンとカルボン酸とが縮合してできた結合 $-CONH-$ をアミド結合という。

$$C_6H_5-NH_2 + CH_3-\underset{\underset{O}{\|}}{C}-OH \longrightarrow C_6H_5-NH-\underset{\underset{O}{\|}}{C}-CH_3 + H_2O$$

また，アセトアニリドは，アニリンと無水酢酸に作用させても生成する。

アニリンを希塩酸に溶かし，氷で冷やしながら，亜硝酸ナトリウム$NaNO_2$を加えていくと塩化ベンゼンジアゾニウムが生成する。この反応は，窒素（アゾ）を2つにするという意味でジアゾ化という。塩化ベンゼンジアゾニウムにナトリウムフェノキシドの水溶液を加えると赤橙色のp-フェニルアゾフェノール（p-ヒドロキシアゾベンゼン）が生成する。この反応は，2つの化合物が結合することからカップリング（coupling）とよばれる。芳香族アゾ化合物は鮮やかな色をもつものが多く，染料に用いられる。

ジアゾ化のとき，氷で冷やすのは，塩化ベンゼンジアゾニウムは不安定で，温度が上昇すると，次のように分解（加水分解）するからである。

$$C_6H_5-N_2Cl + H_2O \longrightarrow C_6H_5-OH + N_2 + HCl$$

問3 トルエンを高温でニトロ化すると，次の反応によって，2, 4, 6-トリニトロトルエン（TNTと略称することがある）を生じる。

$$C_6H_5CH_3 + 3HNO_3 \longrightarrow C_6H_2(NO_2)_3CH_3 + 3H_2O$$

> ニトロベンゼンの還元，アニリンのジアゾ化とカップリングがポイントだよ！ **POINT**

3 **[解答]** 問1 (ア) （弱）酸性　(イ) ナトリウムフェノキシド
(ウ) フェノール　(エ) 2, 4, 6-トリニトロフェノール
問2 (d)　問3

o-クレゾール　　*m*-クレゾール　　*p*-クレゾール

[解説] フェノールはヒドロキシ基をもつのでアルコールと似た性質を示す。その一方で，酸性を示したり，置換反応を受けやすいなどフェノール独特の性質も示す。
問1 フェノールは弱酸性を示し，NaOHと中和して水に溶ける。

88

$$\text{C}_6\text{H}_5\text{-OH} + \text{NaOH} \longrightarrow \text{C}_6\text{H}_5\text{-ONa} + \text{H}_2\text{O}$$

この水溶液に CO_2 を通じると，次の反応によって，弱酸であるフェノールが遊離する。

$$\underset{\text{弱い酸の塩}}{\text{C}_6\text{H}_5\text{-ONa}} + \text{H}_2\text{O} + \underset{\text{強い酸}}{\text{CO}_2} \longrightarrow \underset{\text{弱い酸}}{\text{C}_6\text{H}_5\text{-OH}} + \underset{\text{強い酸の塩}}{\text{NaHCO}_3}$$

フェノールは置換反応を受けやすく，濃硫酸と濃硝酸を加えて加熱すると，ニトロ化されて，2,4,6-トリニトロフェノール(ピクリン酸ともよばれる)に変化する。

$$\text{C}_6\text{H}_5\text{OH} + 3\text{HNO}_3 \longrightarrow \text{C}_6\text{H}_2(\text{NO}_2)_3\text{OH} + 3\text{H}_2\text{O}$$

2,4,6-トリニトロフェノールや2,4,6-トリニトロトルエンなどニトロ基を多くもつ化合物は，爆発性があるので，火薬として用いられる。

問2 フェノールに $FeCl_3$ 水溶液を加えると，フェノキシドイオンが Fe^{3+} に配位結合して青紫色を呈する。フェノールだけでなく，フェノール性ヒドロキシ基をもつ化合物はこの呈色反応(青紫～赤紫色に呈色)を示す。(a)～(e)では，フェノール性ヒドロキシ基をもつ化合物は右に示したサリチル酸のみである。

サリチル酸

問3 クレゾールには，オルト，メタ，パラの3つの位置異性体がある。これらの混合物はコールタールから得られ，殺菌力があるので，クレゾールセッケン液などの消毒薬として用いられている。

> **おぼえよう**
> 弱い酸の塩＋強い酸 ⟶ 弱い酸＋強い酸の塩　　公式だぞ！
> 弱い塩基の塩＋強い塩基 ⟶ 弱い塩基＋強い塩基の塩　　覚えておこうね。

4 **解答** 問1 (a) (位置)異性体　　(b) 脱水　　(c) エステル

問2　A　　B　　C　　D　　E　　G

(構造式: o-キシレン, p-キシレン, エチルベンゼン, フタル酸, 無水フタル酸, スチレン)

問3　F　ポリエチレンテレフタラート　　H　ポリスチレン

解説 分子式が C_8H_{10} で，ベンゼン環をもつ化合物には次の4種類がある。これらの異性体を考える場合，ベンゼンの一置換体，二置換体というように場合分けをしていくと書き落としがない。

問1, 2 芳香族炭化水素を硫酸酸性の $KMnO_4$ 水溶液に加えて加熱すると，ベンゼン環の側鎖が酸化されて芳香族カルボン酸が生成する。次の図にそれぞれの炭化水素とその酸化生成物をまとめる。

§18 芳香族有機化合物

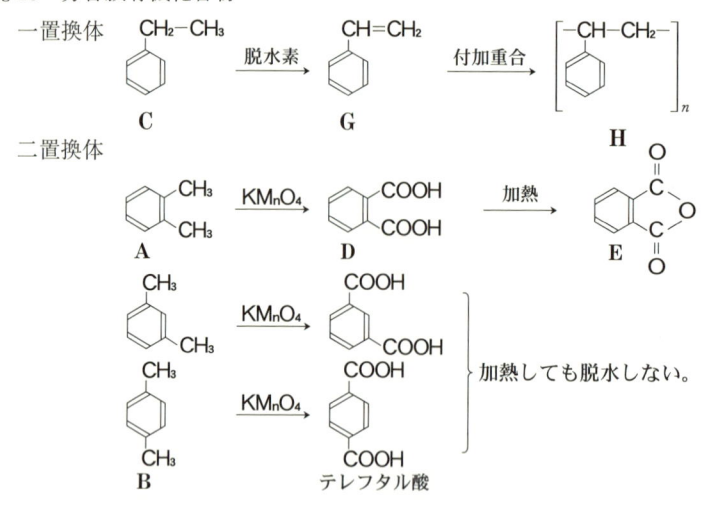

一置換体

C (エチルベンゼン) $\xrightarrow{脱水素}$ G (スチレン) $\xrightarrow{付加重合}$ H ($[-CH_2-CH_2-]_n$ 部分、実際はポリスチレン)

二置換体

A (o-キシレン) $\xrightarrow{KMnO_4}$ D (フタル酸) $\xrightarrow{加熱}$ E (無水フタル酸)

(m-キシレン) $\xrightarrow{KMnO_4}$ イソフタル酸

B (p-キシレン) $\xrightarrow{KMnO_4}$ テレフタル酸

（イソフタル酸、テレフタル酸は加熱しても脱水しない。）

次に，構造を推定するときの手順をまとめてみよう。

位置異性体の関係にあることから，A と B はキシレンである。キシレンを酸化するとベンゼン環に 2 つのカルボキシ基が置換したベンゼンジカルボン酸が生じる。このうち，加熱により酸無水物を与えることから，A→D→E の系列が決まる。

一方，B の酸化によってテレフタル酸を生じることから，B が p-キシレンであることがわかる。また，化合物 C は，脱水素して G となり，G が付加重合して高分子化合物 H となることから，C→G→H の系列が決まる。

問 3 スチレンは二重結合をもち，付加重合するとポリスチレンを生じる。ポリスチレンは包装用の発泡スチロールとして日常的に使用されている。また，下に示した反応のようにテレフタル酸とエチレングリコールを縮合重合させるとポリエチレンテレフタラート（略称 PET）が生じ，これはペットボトルや合成繊維（通称：ポリエステル）に用いられている。

$$nHO-\underset{O}{\overset{O}{C}}-\underset{}{\bigcirc}-\underset{O}{\overset{O}{C}}-OH + nHO-CH_2-CH_2-OH \rightarrow \left[\underset{O}{\overset{O}{C}}-\underset{}{\bigcirc}-\underset{O}{\overset{O}{C}}-O-CH_2-CH_2-O\right]_n + 2nH_2O$$

> 加熱するとフタル酸は容易に無水フタル酸になるがテレフタル酸は脱水しない。

POINT

5 **解答** 問 1 (ア) (4) (イ) (2) (ウ) (3) (エ) (5)
問 2 (a) (1) (b) (2) (c) (5)
問 3 クメンヒドロペルオキシド構造（$C_6H_5-C(CH_3)_2-O-OH$）　問 4 $C_6H_5-N=N-C_6H_4-OH$　p-フェニルアゾフェノール　問 5 L

90

問6

$$\text{サリチル酸} + (\text{CH}_3\text{CO})_2\text{O} \longrightarrow \text{アセチルサリチル酸} + \text{CH}_3\text{COOH}$$

解説 ベンゼンから始まる芳香族化合物の相互関係を系統図としてまとめた問題であり，これまでの問題の総整理になる。これら一つひとつを解説していくと，繰り返しになるので，化合物間の関係のみを記しておくことにする。

(1) フェノールの製法

ベンゼン $\xrightarrow[\text{アルキル化}]{\text{CH}_3-\text{CH}=\text{CH}_2}$ J(クメン) $\xrightarrow[\text{空気酸化}]{\text{O}_2}$ K(クメンヒドロペルオキシド) $\xrightarrow[\text{分解}]{\text{H}_2\text{SO}_4}$ L(フェノール)

ベンゼン $\xrightarrow[\text{スルホン化}]{\text{H}_2\text{SO}_4}$ A(ベンゼンスルホン酸) $\xrightarrow[\text{アルカリ融解}]{\text{NaOH(固)}}$ B(ナトリウムフェノキシド) $\xrightarrow{\text{H}^+}$ フェノール

(2) アニリンの製法と反応

F(ニトロベンゼン) $\xrightarrow[\text{還元}]{\text{Sn, HCl}}$ G(アニリン塩酸塩) $\xrightarrow{\text{NaOH}}$ H(アニリン) $\xrightarrow[\text{ジアゾ化}]{\text{HCl, NaNO}_2}$ I(塩化ベンゼンジアゾニウム) $\xrightarrow[\text{カップリング}]{\text{フェノール, NaOH}}$ p-フェニルアゾフェノール

p-フェニルアゾフェノールのように極性の大きい-OHをもつと繊維と水素結合で結合する染料になる。

(3) サリチル酸の製法と反応

B(ナトリウムフェノキシド) $\xrightarrow[\text{加圧・加熱}]{\text{CO}_2}$ C(サリチル酸ナトリウム) $\xrightarrow{\text{H}^+}$ D(サリチル酸) $\xrightarrow[\text{アセチル化}]{(\text{CH}_3\text{CO})_2\text{O}}$ E(アセチルサリチル酸)

6 解答

問1 A アニリン　　B アセトアニリド

問2 4.5 g　　**問3** 無水酢酸

問4 水があるとアセチル化の反応が進みにくいため。

問5 活性炭に不純物を吸着させて除くため。

解説 アニリンと酢酸からアセトアニリドを合成する実験に関する問題である。
乾いた丸底フラスコにアニリンと酢酸とを入れ，加熱すると，次の反応によりアセトアニリドが生成する。

$$\text{C}_6\text{H}_5-\text{NH}_2 + \text{CH}_3\text{COOH} \longrightarrow \text{C}_6\text{H}_5-\text{NHCOCH}_3 + \text{H}_2\text{O}$$

反応混合物を冷水に注ぎ，しばらく放置するとアセトアニリドの結晶が析出してくる。これをろ過し，少量の冷水で洗う。得られた結晶を熱水に溶かし，活性炭を加えて不純物を吸着させ，活性炭をろ別する。ろ液を冷却すると白色のアセトアニリドの結晶が得られる。

§18 芳香族有機化合物

問1 アニリンにさらし粉溶液を加えると，赤紫色を呈する。

問2 反応が反応式に従って完全に進むと仮定したとき，生成する目的物質の生成量を理論収量という。この反応でのアセトアニリドの理論収量を w 〔g〕とすると，1 mol のアニリンから 1 mol のアセトアニリドが生成することから，

$$\frac{3.1}{93} = \frac{w}{135} \quad \therefore \quad w = 4.50 \text{〔g〕}$$

問3 $CH_3-\underset{\underset{O}{\|}}{C}-$ をアセチル基とよび，アセチル基を導入する反応をアセチル化という。

無水酢酸は酢酸より反応性が大きいので，アセチル化には，通常無水酢酸が用いられる。アニリンに無水酢酸を加えて加熱すると次のような反応が起こる。

$$\text{C}_6\text{H}_5-\text{NH}_2 + (\text{CH}_3\text{CO})_2\text{O} \longrightarrow \text{C}_6\text{H}_5-\text{NH}-\text{CO}-\text{CH}_3 + \text{CH}_3-\text{CO}-\text{OH}$$

問4 アセトアニリドの生成は水が取れる反応なので，あらかじめ水があると反応が進みにくい。

問5 活性炭は表面にたくさんの微細な穴をもち，極性が大きい分子を吸着する性質がある。この性質を利用して，アニリンの酸化などで生成した不純物を除くのに使われる。

> **POINT** 活性炭は着色物質や匂いが強い物質をよく吸着する性質がある。だから，冷蔵庫の脱臭剤や靴の中じきにヤシがら活性炭をいれるのね！

---

7 解答 **問1** $C_8H_8O_2$　　**問2** ギ酸　H–COOH

問3 分子量　60　　**問4** 安息香酸　C$_6$H$_5$–COOH
　　　　酢酸　CH$_3$–COOH

問5
A　H–CO–O–CH$_2$–C$_6$H$_5$
B　CH$_3$–CO–O–C$_6$H$_5$
C　C$_6$H$_5$–CO–O–CH$_3$

解説 加水分解によって生じるカルボン酸とアルコール（フェノール類）からエステルの構造を決定する問題で，入試でよく出題される形式である。

エステルに希硫酸を加えて加熱すると，エステルは加水分解されてカルボン酸とアルコールあるいはフェノール類を生成する。

$$\text{RCOOR}' + \text{H}_2\text{O} \longrightarrow \text{RCOOH} + \text{R'OH}$$

問1 組成式を求め，次に，分子式を求める方法（§17 p.136）もあるが，分子量がすでにわかっている場合には次のように求めるのが賢いやり方である。

Aの分子量が136より，その 1 mol（136 g）中に含まれる各原子の物質量を求めれ

92

ば，それがただちに分子式になる。

Aの分子式を$C_nH_mO_l$とすると，

$$n = \frac{136 \times \frac{70.58}{100}}{12} = 7.999 \qquad m = \frac{136 \times \frac{5.88}{100}}{1} = 7.996$$

$$l = \frac{136 \times \frac{23.54}{100}}{16} = 2.000$$

よって，Aの分子式は$C_8H_8O_2$

問2 (2)から，銀鏡反応を示すカルボン酸としては，ギ酸が考えられる。ギ酸は右に示すようにカルボキシ基と同時にアルデヒド基をもつので還元性を示す。

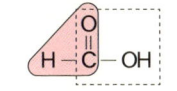

アルデヒド基　カルボキシ基

問3 カルボン酸Eの分子量をMとすると，(3)の滴定から，

$$\frac{1.21}{M} \times \frac{25.0}{250} = 0.100 \times \frac{20.1}{1000} \qquad \therefore \quad M = 60.1$$

カルボン酸EをRCOOHとすると，その分子量が60であることから，炭化水素基Rの式量xは，

$$x + 45 = 60 \qquad \therefore \quad x = 15$$

すなわちRはCH_3となる。カルボン酸Eは酢酸CH_3COOHと決まる。

問4 トルエンを$KMnO_4$で酸化すると安息香酸を生成する。

問5 以上の各問から，加水分解で生じるカルボン酸が決まった。これらをもとに，エステルA，B，Cの構造が次のようにして決まる。

分子式が$C_8H_8O_2$でベンゼン環をもつエステルとしては次の6種類が考えられる。

オルト，メタ，パラの3種類

まず，Aはギ酸エステルで，加水分解で生じるアルコールは$FeCl_3$で呈色しないことから，クレゾールのエステルは除外され，構造が決まる。次に，BとCは，それぞれ，加水分解により，酢酸，安息香酸を与えることから構造が決まる。

銀鏡反応など還元性を示すカルボン酸といえば，まず，ギ酸HCOOHを考えよう！

POINT

§18 芳香族有機化合物

さまざまな医薬品

人類は古くから，天然の物質から薬理作用のあるものを発見，抽出して利用してきた。(生薬)

近代になってからはさまざまな医薬品を合成してきた。

医薬品の薬理作用には，病気の原因を取り除く原因療法薬，細菌の増殖を阻害する抗生物質，病気の症状をおさえる対症療法薬などがある。近年抗生物質を多用したため，医薬品に対する抵抗力を持つ耐性菌が出現している。

また医薬品の中には副作用が強いものがあり，それをおさえるために開発されたものもある。

昔からヤナギの樹皮には解熱鎮痛作用をもつ物質(サリシン)が含まれていることが知られていた。サリシンが体内で変化して生成するサリチル酸は防腐作用や解熱作用をもつが胃を荒らすような副作用があるため，アセチル化されたアセチルサリチル酸が開発された。

またメチルエステル化されたサリチル酸メチルも消炎鎮痛作用があり湿布などに使われている。(実戦演習5参照)

アニリンをアセチル化したアセトアニリドも同様で，解熱鎮痛作用があるが副作用が強いため，その誘導体であるアセトアミノフェンが開発された。またp-アミノベンゼンスルホンアミドなどのサルファ剤は，細菌の発育を阻害する抗菌剤として用いられる。

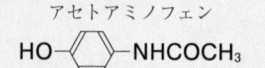

アセトアミノフェン
HO—◯—NHCOCH$_3$

p-アミノベンゼンスルホンアミド
H$_2$N—◯—SO$_3$NH$_2$

以下にさまざまな医薬品をあげておく。

・消毒薬　過酸化水素，次亜塩素酸ナトリウム，エタノール，クレゾール
・胃腸薬　炭酸水素ナトリウム(胃酸過多の薬)，アミラーゼ(ジアスターゼともいう)，リパーゼ
・虫さされ　アンモニア水
・貧血　硫酸鉄(Ⅲ)
・下剤　酸化マグネシウムなど
・甲状腺治療薬　ヨウ素
・狭心症　ニトログリセリン
・抗生物質　ペニシリン(青カビから抽出される)，ストレプトマイシン(結核の薬)

§19 有機化合物総合問題

1 **解答** (1) (オ) 無水フタル酸 (2) (ウ) 1,2-ジブロモエタン
(3) (カ) プロピオン酸メチル (4) (イ) アニリン(塩酸塩)
(5) (ア) 安息香酸 (6) (キ) アセトアニリド

解説 (1) フタル酸はベンゼンのオルト位に2つのカルボキシ基をもち，加熱すると脱水されて無水フタル酸を生成する。

フタル酸 → 無水フタル酸（$-H_2O$ 加熱）

(2) エチレンは二重結合をもち，Br_2 が付加して1,2-ジブロモエタンを生じる。
(3) エステル化が起こり，プロピオン酸メチルが生じる。

$$CH_3CH_2COOH + CH_3OH \longrightarrow CH_3CH_2COOCH_3 + H_2O$$

(4) ニトロベンゼンは還元されてアニリンが生じ，塩酸と反応して塩酸塩になる。
(5) メチル基が酸化されて安息香酸を生じる。
(6) アセチル化が起こり，アセトアニリドが生成する。

〈ベンゼン環〉$-NH_2$ + $(CH_3CO)_2O$ ⟶ 〈ベンゼン環〉$-NHCOCH_3$ + CH_3COOH

2 **解答**

	(1)	(2)	(3)	(4)	(5)	(6)	(7)
A群							
B群	(エ)	(ア)	(ウ)	(イ)	(ア)	(キ)	(ウ)
C群	(E)	(B)	(D)	(B)	(B)	(F)	(D)
化合物	(a)	(b)	(a)	(a)	(b)	(b)	(a)

解説 (1) スチレンは側鎖に二重結合をもち，臭素が付加する。一方，トルエンは臭素の四塩化炭素溶液とは反応しない。
(2) フェノール類は塩化鉄(Ⅲ)水溶液によって紫色を呈するが，アルコールは呈色しない。
(3) いずれもカルボン酸。ギ酸はアルデヒド基をもち，アンモニア性硝酸銀水溶液を還元する(銀鏡反応)。
(4) アニリンにさらし粉水溶液を加えると赤紫色を示す。一方，アセトアニリドはアミノ基がアセチル化されているため，この呈色反応は示さない。
(5) いずれも芳香族カルボン酸であるが，サリチル酸はフェノール性のヒドロキシ基をもつので塩化鉄(Ⅲ)水溶液により赤紫色を呈する。
(6) いずれもアルコールなので，B群から(オ)は選べない。しかし，エタノールがヨードホルム反応を示す点に着目するとよい。
(7) アセトアルデヒドは銀鏡反応を示すが，アセトンは還元性を示さない。

95

§19 有機化合物総合問題

> やっぱり，検出反応はおぼえるしかないんだー。 POINT

3 解答 (a) C (b) A (c) E (d) D (e) B

解説 (a) アニリンは塩基性を示し，塩酸と反応して塩となる。
(b) カルボン酸は $NaHCO_3$ と反応して水溶性の塩を生じる。
(c) フェノール類は $NaHCO_3$ とは反応せず，$NaOH$ とは反応して塩をつくる。
(d) Dは第一級アルコールで，酸化するとアルデヒドを経て，カルボン酸を生じる。

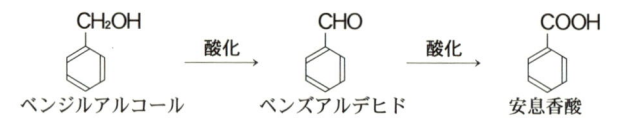

$$\text{ベンジルアルコール (CH}_2\text{OH)} \xrightarrow{酸化} \text{ベンズアルデヒド (CHO)} \xrightarrow{酸化} \text{安息香酸 (COOH)}$$

(e) Bには不斉炭素原子があるので，光学異性体が存在する。

4 解答 問1 ◯-OH 問2 ◯-COO⁻ 問3 ◯-NH₂
問4 温めてエーテルを蒸発させる。

解説 アニリンは塩基性，安息香酸とフェノールは酸性，トルエンは中性の化合物である。この分離操作を要約すると次の図のようになる。なお，エーテルは水より軽いのでエーテル層が上層に，水層が下層になる。

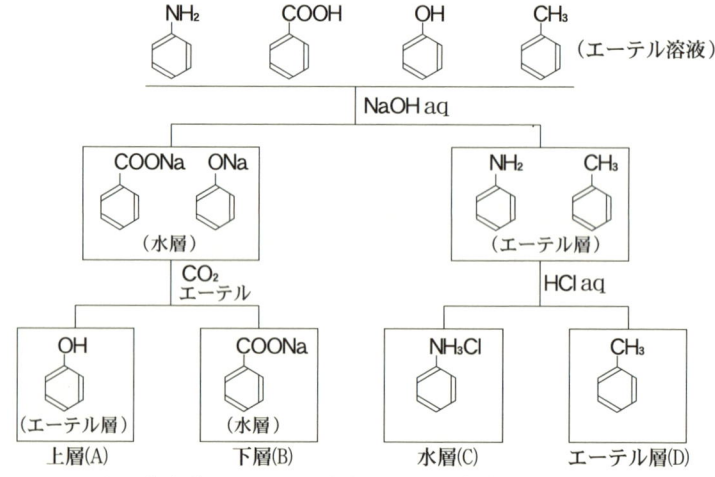

```
        NH₂    COOH    OH    CH₃
         ◯     ◯      ◯     ◯    （エーテル溶液）
                   │
                NaOH aq
          ┌────────┴────────┐
       COONa ONa           NH₂  CH₃
        ◯    ◯              ◯    ◯
         （水層）           （エーテル層）
          │                   │
         CO₂                HCl aq
        エーテル               │
      ┌───┴───┐          ┌───┴───┐
      OH    COONa       NH₃Cl    CH₃
      ◯      ◯            ◯      ◯
    （エーテル層）（水層）   水層(C) エーテル層(D)
      上層(A)   下層(B)
```

問1，2 これらの化合物のエーテル溶液に $NaOH$ 水溶液を加えて振り混ぜると，酸性を示す安息香酸とフェノールは塩になって水層に移動し，塩基性のアニリンと中性のトルエンはエーテル層に残る。

　水層に CO_2 を通じてエーテルと振り混ぜると，フェノールはエーテル層（上層A）に移る。しかし，安息香酸は炭酸よりも強い酸なので，安息香酸の塩は CO_2 とは反応せず，水層（下層B）に留まる。

96

上のエーテル層に HCl を加えて振り混ぜると，アニリンは塩となって水層(C)に移り，トルエンは反応せず，エーテル層(D)に残る。

問3 水層(C)に NaOH を加えてアルカリ性にすると，アニリンが遊離する。

$$\text{C}_6\text{H}_5\text{-NH}_3\text{Cl} + \text{NaOH} \longrightarrow \text{C}_6\text{H}_5\text{-NH}_2 + \text{H}_2\text{O} + \text{NaCl}$$

問4 トルエンとエーテルとを分離するには，それらの沸点の違いを利用した分別蒸留が最適である。

水に溶けない有機化合物でも塩になると水に溶けるんだよ！ POINT

5 [解答] ナイロン66

A: $(CH_3)_2C=CH(CH_3)$
B: $CH_3\text{-CHO}$
C: $CH_3\text{-CO-CH}_3$
D: $CH_3\text{-COOH}$
E: $CH_3\text{-CH(OH)-CH}_3$
F: $CH_3\text{-CO-O-CH(CH}_3\text{)}_2$ の類（酢酸イソプロピル）
G: $(CH_3)_2C(Br)\text{-CH(Br)-CH}_3$
H: $OHC\text{-CH}_2\text{-CH}_2\text{-CH}_2\text{-CH}_2\text{-CHO}$
I: $HOOC\text{-CH}_2\text{-CH}_2\text{-CH}_2\text{-CH}_2\text{-COOH}$

[解説] アルケンのオゾン分解（オゾン酸化ともいう）は本問のように例を与えて出題される。また，オレフィンと聞きなれない用語が出てきても，文章を読めばエチレンの H 原子をアルキル基で置換したものとわかる。難しく感じるかもしれないが例に従って考えていけば意外と易しいものが多い。知らないからと諦めず挑戦してみよう。

炭素数 5 の三置換オレフィンということから，**A** の構造はただちに決まる。また，**A** をオゾン分解するとアルデヒドとケトンが得られることによっても決まる。**A** 以下の反応をまとめると，

（反応スキーム：A をオゾン分解 → C と B，B を酸化 → D，A に Br₂ → G，C を還元 → E，D と E のエステル化 → F）

シクロヘキセンをオゾン分解すると，分子の両端にアルデヒド基をもつ **H** が得られ，これを酸化するとアジピン酸になる。アジピン酸とヘキサメチレンジアミンを縮合重合させると，ナイロン 66 が得られる。

§19 有機化合物総合問題

シクロヘキセン —オゾン分解→ H —酸化→ I

$nHO-\overset{O}{\overset{\|}{C}}-(CH_2)_4-\overset{O}{\overset{\|}{C}}-OH$ + $nH_2N-(CH_2)_6-NH_2$ —縮合重合→ $\left[\overset{O}{\overset{\|}{C}}-(CH_2)_4-\overset{O}{\overset{\|}{C}}-NH-(CH_2)_6-NH\right]_n$ + $2nH_2O$

アジピン酸   ヘキサメチレンジアミン   ナイロン66

6 [解答] 問1 $C_4H_8O_2$

問2 B: $CH_3-\overset{CH_3}{\overset{|}{C}H}-\overset{O}{\overset{\|}{C}}-OH$ C: $H-\overset{O}{\overset{\|}{C}}-O-CH_2-CH_2-CH_3$ D: $\overset{O}{\overset{\|}{C}H_3-C}-O-\overset{CH_3}{\overset{|}{C}H}-CH_3$

E: $CH_3-\overset{O}{\overset{\|}{C}}-O-CH_2-CH_3$ G アセトン   H ヨードホルム
                                                    I 酢酸

問3 $CH_3CH_2COOCH_3 + NaOH \longrightarrow CH_3CH_2COONa + CH_3OH$

[解説] 同じ分子式をもつカルボン酸とエステルの構造決定。ポイントを逃さず，思考のプロセスを身につけよう。

問1 Aの0.1molの燃焼で，必要なO_2と生成するCO_2とH_2Oの物質量は，

O_2 $\frac{11.2}{22.4}=0.500$〔mol〕 CO_2 $\frac{17.6}{44}=0.400$〔mol〕 H_2O $\frac{7.2}{18}=0.40$〔mol〕

化合物Aの分子式を$C_nH_mO_k$とすると，その燃焼の化学反応式は，

$$C_nH_mO_k + \frac{4n+m-2k}{4}O_2 \longrightarrow nCO_2 + \frac{m}{2}H_2O$$

$\frac{4n+m-2k}{4}=5$ $n=4$ $\frac{m}{2}=4$

これを解くと，$n=4$，$m=8$，$k=2$ Aの分子式は$C_4H_8O_2$

問2 AとBは酸性を示すのでカルボン酸。

第一級アルコールを$KMnO_4$で強く酸化するとカルボン酸を生じる。Aは直鎖状のアルコール，Bは分枝したアルコールの酸化によって得られることから，

$CH_3-CH_2-CH_2-CH_2-OH$ —酸化→ $CH_3-CH_2-CH_2-\overset{O}{\overset{\|}{C}}-OH$
                                            A

$CH_3-\overset{CH_3}{\overset{|}{C}H}-CH_2-OH$ —酸化→ $CH_3-\overset{CH_3}{\overset{|}{C}H}-\overset{O}{\overset{\|}{C}}-OH$
                                            B

一方，C〜Fはエステル。分子式$C_4H_8O_2$のエステルには次の4種類がある。

$H-\overset{O}{\overset{\|}{C}}-O-CH_2-CH_2-CH_3$ $H-\overset{O}{\overset{\|}{C}}-O-\overset{CH_3}{\overset{|}{C}H}-CH_3$ $CH_3-\overset{O}{\overset{\|}{C}}-O-CH_2-CH_3$

98

$$CH_3-CH_2-\underset{\underset{O}{\|}}{C}-O-CH_3$$

Cと**D**は還元性を示すことからギ酸エステル。ギ酸エステルには2種類ある。これらのけん化と生成したアルコールの酸化をまとめると，

$$H-\underset{\underset{O}{\|}}{C}-O-CH_2-CH_2-CH_3 + NaOH \longrightarrow CH_3-CH_2-CH_2-OH + H-\underset{\underset{O}{\|}}{C}-ONa$$
C

↓酸化

$$CH_3-CH_2-\underset{\underset{O}{\|}}{C}-H$$ （アルデヒドは酸化されやすい）

$$H-\underset{\underset{O}{\|}}{C}-O-\underset{\underset{CH_3}{|}}{CH}-CH_3 + NaOH \longrightarrow CH_3-\underset{\underset{OH}{|}}{CH}-CH_3 + H-\underset{\underset{O}{\|}}{C}-ONa$$
D

↓酸化

$$CH_3-\underset{\underset{O}{\|}}{C}-CH_3 \xrightarrow{\text{ヨードホルム反応}} CHI_3, CH_3COONa$$
　　　G　　　　　　　　　　　　　**H**　　**I**の塩

ケトン**G**（アセトン）に**NaOH**と**I₂**を加えて加熱するとヨードホルム反応を示し，**CHI₃**（ヨードホルム）と**CH₃COONa**を生じる。

エステル**E**は1種類のアルコールを原料にしてつくられ，**F**は2種類のアルコールからつくられる。これをヒントに考えていくと，エステル**E**と**F**の構造が決まる。

$$CH_3-CH_2-OH$$
↓酸化
$$CH_3-\underset{\underset{O}{\|}}{C}-OH \longrightarrow CH_3-\underset{\underset{O}{\|}}{C}-O-CH_2-CH_3$$
E

$$CH_3-CH_2-CH_2-OH$$
↓酸化
$$CH_3-CH_2-\underset{\underset{O}{\|}}{C}-OH \xrightarrow{CH_3OH} CH_3-CH_2-\underset{\underset{O}{\|}}{C}-O-CH_3$$
F

問3　エステルを**NaOH**水溶液とともに加熱するとけん化される。

> ギ酸，ギ酸のエステルは還元性を示すんだ。覚えておこう!!

99

§19 有機化合物総合問題

7 **解答** 問1　
- B: CH₃-C₆H₄-OH (p-クレゾール構造)
- E: CH₃-CH₂-O-CH₂-CH₃
- F: CH₂=C(CH₃)-CH=CH₂

問2　
サリチル酸アセチル(OCOCH₃, COOH) + H₂O → サリチル酸(OH, COOH) + CH₃COOH

問3　CとDの分子量に大きな差はないが，Cにはヒドロキシ基が1つ，Dには2つある。ヒドロキシ基が多いほど，水素結合による分子どうしの結びつきは強くなる。その結果，Dの沸点はCより高くなる。(91字)

問4　少量のGにさらし粉の水溶液を加えると赤紫色を呈する。(26字)

解説　参考のために各化合物の構造式(25℃で固体はs，液体はl)をあげておく。

- アセチルサリチル酸(s)
- アニリン(l)
- イソプレン(l)
- エチレングリコール(l)
- エタノール(l)
- p-キシレン(l)
- p-クレゾール(s)
- ジエチルエーテル(l)
- スチレン(l)

化合物を推定する上で，実験1から順に検討していくのはかえって煩雑になる。とりあえず上から読んでいき，キーポイントを逃さずキャッチする。そこから問題をほぐしていくのが得策。以下にその推理の順序をあげてみよう。

① 実験2　Bは水に溶けないが，希NaOH水溶液によく溶ける。
　　　　⇨ カルボン酸，フェノール類；アセチルサリチル酸，p-クレゾール
　実験6　BはFeCl₃で青色になる。⇨ p-クレゾール

② 実験4　Aに希硫酸を加えて加熱すると酢酸の臭いがする。
　　　　⇨ 酢酸エステル；酢酸エステルはアセチルサリチル酸しかない。

③ 実験5　臭素が付加するFは，イソプレン(分子量 68)とスチレン(分子量 104)のどちらかである。FはC=Cをn個もち，その分子量をMとすると

$$\text{C=C}_n + n\text{Br}_2 \longrightarrow (-\overset{|}{\underset{\text{Br}}{\text{C}}}-\overset{|}{\underset{\text{Br}}{\text{C}}}-)_n$$

$$\frac{1.0n}{M} = \frac{4.7}{160} \quad \therefore\ M = 34.0 \times n$$

（ムズイ）

Fが二重結合を1つもつと仮定すれば，対応する物質がない。しかし，イソプレンは二重結合を2つもつので，分子量は34×2で一致する。

④ 実験3　C，DはNaと反応してH₂を発生する。
　　　　⇨ -OHをもつ；エチレングリコール，エタノール
　　　　（もちろん，アセチルサリチル酸やp-クレゾールもNaと反応する。）
　実験7　Cはヨードホルム反応を示すが，Dは示さない。

実験3と実験7から，**C**はエタノール，**D**はエチレングリコールと決まってくる。あと残っている化合物は**E**と**G**である。**問4**で**G**はアニリンとあるので，**E**を決めればよいことになる。

Eに関する情報は，
① 実験1で沸点が低い液体である。
② 実験2から水に溶けにくい。
の2つである。

常温で液体である化合物のうち残っているものは，*p*-キシレン，ジエチルエーテル，スチレンの3種類である。このうち，沸点が最も低い化合物はジエチルエーテルである。

植物達の生き残り戦略（植物達の化学戦略）

セイダカアワダチソウ，皆さんもきっと見たことがあると思いますが，川原や鉄道沿線に大きな群落をつくっている雑草です。この草は北米原産の帰化植物で日本中に広がり，非常に旺盛な繁殖力を示しています。なぜ，これだけ蔓延できたのでしょう。その繁殖力の秘密は，この草の根から分泌される化学物質にあります。この物質は下の構造をもち，他の植物の生育を阻害します。この物質を分泌して他の競合植物の生育を抑えて自身とその子孫の繁殖を図るのです。

$$CH_3-C\equiv C-C\equiv C-C\equiv C-CH=CH-\overset{\overset{O}{\|}}{C}-O-CH_3$$

（名古屋工業大で出題されている。）

森林浴はたいへん気持ちのよいものです。植物から放散されるフィトンチッドを浴びていますと，心身ともにリフレッシュされます。杉や桧(ひのき)などの針葉樹の香りはとくにすばらしいものがあります。ところで，杉や桧の林の中でシイタケの栽培が盛んに行われていることをご存知ですか。なぜ，この林の中で栽培するのでしょうか。針葉樹が放散する揮発性成分の中にはカビや雑菌の繁殖を抑える物質がたいへん多く含まれています。これによって松柏の類は細菌感染から自身を守っています。これをシイタケの栽培に利用させてもらっている訳です。

花や果実はよい香りを放散します。この香りにはアルデヒドやアルコール，エステルなどが多く含まれています。この香りは昆虫や動物を引きつけ，花粉や種子を運んでもらい，優れた遺伝子の獲得や繁殖に利用しています。

また，植物毒の多くも昆虫や動物の補食を免れるために彼らがあみだした自己保身のための化学戦略なのです。植物は逃げたり，移動したりできません。そこで，種々の有機化合物を合成して，生存や繁殖に役立てているのです。

§20 天然高分子化合物

§20 天然高分子化合物

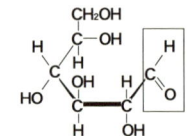

1 **解答** 問1 （構造式図）　問2　不斉炭素原子の数　5
　　　　　　　　　　　　　　　　　　　　光学異性体の種類　32

解説 問1　グルコースの水溶液中では、図1の3種類の構造が存在し、それらの構造の間で平衡状態になっている。

　　α-グルコース　　　アルデヒド形　　　β-グルコース
　　　　　　　　　　　　図1　　　　　　　　　　　　　　図2

問2　図2中の＊で示したように、環状のグルコース分子には5個の不斉炭素原子が存在する。一般に、n個の不斉炭素原子があると、光学異性体は2^n個あるといってよい。したがって、$2^5=32$種類。

> ともあれ、グルコースの3つの構造が書けるかどうかが問題だ！
> **POINT**

2 **解答** 問1　(a) 多糖　(b) エーテル　(c) 縮合　(d) アミロース
　　　　　　　(e) アミロペクチン　(f) コロイド　(g) アミラーゼ
　　　　　　　(h) デキストリン　(i) マルトース　(j) マルターゼ　(k) 還元
　　　　問2　グルコースとフルクトースが還元性を示す部分で縮合しているため（30字）

解説 問1　デンプンは、α-グルコースが1位と4位のヒドロキシ基で縮合重合（1,4-グリコシド結合）してできた直鎖状のアミロースと、1,6-グリコシド結合により多数の枝分かれをもつアミロペクチンからなる。デンプンは冷水には溶解しないが、熱水には溶けてコロイド溶液になる。

　デンプンにアミラーゼを作用させるとデキストリンを経てマルトースが得られ、さらに、マルターゼを作用させるとグルコースが生成する。

　デンプンは還元性を示さないが、マルトースやグルコースは還元性を示し、フェーリング液を還元し、酸化銅（I）の赤色沈殿を生じる。

問2　マルトースの異性体であるスクロースは還元性を示さない。これは、グルコースとフルクトースが還元性を示す部分で縮合しているために開環できないからである。

3 **解答** 問1　A (イ)　B (エ)　C (ア)　D (ウ)　問2　アルデヒド基の還元性
問3　セルロースを希硫酸とともに煮沸すると，加水分解されてグルコースを生じるために還元性を示すようになる。
問4　ヨウ素デンプン反応
問5　$C_{12}H_{22}O_{11} + H_2O \longrightarrow C_6H_{12}O_6 + C_6H_{12}O_6$
　　　　　　　　　　　　　　　　　　グルコース　　フルクトース

解説　代表的な糖の性質をまず整理しておこう。
問1　単糖類，二糖類は水によく溶ける。デンプンは冷水には溶けないが，熱水には溶ける。一方，セルロースは水には溶けない。実験1から，**C**がデンプン，**D**がセルロースと推定できる。また，**A**，**B**はグルコース，スクロースのいずれかである。
　実験4からも**D**がデンプンであることが確認できる。ヨウ素溶液を加えると青紫色(ヨウ素デンプン反応)を示すのはデンプンだけである。
　実験2で，**A**がアンモニア性硝酸銀水溶液を還元する(銀鏡反応)ことから，**A**がグルコースと決まり，残った**B**がスクロースになる。
問2　鎖状構造のグルコース(**A**)はアルデヒド基をもつので還元性を示す。
問3　実験3：希硫酸を加えて加熱すると多糖類や二糖類は加水分解されて単糖類を生じる。そのために，銀鏡反応を示す。
問4　ヨウ素デンプン反応という。→p.162参照
問5　スクロースにインベルターゼ(スクラーゼともいう)を作用させると，加水分解されて，グルコースとフルクトースの等量混合物(**転化糖**)を生じる。

> 糖の検出では，フェーリング液の還元，銀鏡反応が大切なのね。多糖類，スクロースには還元性がないよ！　**POINT**

4 **解答**　問1　1　α-アミノ酸　　2, 3　アミノ基，カルボキシ基
4　ペプチド結合　　5　変性　　6　酵素
問2　温度，水素イオン濃度(あるいはpH)のうち1つ

解説　タンパク質はα-アミノ酸が縮合重合したポリペプチドの構造をもつ。タンパク質を塩酸や希硫酸と加熱すると，加水分解されてα-アミノ酸を生じる。
　α-アミノ酸は，同じ炭素原子にアミノ基とカルボキシ基が結合した構造をもつ。
　タンパク質を加熱したり，アルコールや酸，重金属のイオンなどを加えると，タンパク質は凝固する。これは，水素結合などで保たれていた固有の立体構造が崩壊するために起る。これをタンパク質の変性という。
　酵素は，生体内で触媒のはたらきを示す物質で，一種のタンパク質である。酵素のはたらきは温度や水素イオン濃度の影響を受けやすく，最も有効にはたらく温度や水素イオン濃度がある。これを最適温度，最適pHという。

5 **解答**　(a)　NH_3　　(b)　PbS
(c)　キサントプロテイン反応，ベンゼン環をもつアミノ酸を含む。
(d)　ビウレット反応，2個以上のペプチド結合がある。

解説　(a)　タンパク質を**NaOH**とともに加熱すると，NH_3が発生する。

§20 天然高分子化合物

(b) タンパク質にはSを含むアミノ酸(システインやメチオニン)が含まれており，これが分解されて**PbS**の黒色沈殿になる。この性質を利用したタンパク質の検出反応である。
(c) キサントプロテイン反応はベンゼン環がニトロ化されて起こる呈色反応でタンパク質やベンゼン環をもつアミノ酸(チロシンやフェニルアラニン)の検出に使われる。
(d) ビウレット反応は，Cu^{2+}にペプチド結合が配位結合して起こる呈色反応で，ペプチド結合を2つ以上もつペプチドやタンパク質の検出に使われる。

6 **解答** 問1　　酸性溶液中　　　　塩基性溶液中

$$H_3N^+-\underset{\underset{CH_3}{|}}{CH}-COOH \qquad H_2N-\underset{\underset{CH_3}{|}}{CH}-COO^-$$

問2　(a)　グリシン　　(b)　キサントプロテイン反応

(c)
$$\text{C}_6\text{H}_5-CH_2-\underset{\underset{NH_2}{|}}{CH}-\underset{\underset{}{\overset{O}{\|}}}{C}-OH$$

解説 問1　α-アミノ酸を水に溶かすと，酸性では陽イオン，中性付近では双性イオン，塩基性では陰イオンになる。

酸性　　　　　　　中性付近　　　　　　塩基性
$$R-\underset{\underset{NH_3^+}{|}}{CH}-COOH \rightleftarrows R-\underset{\underset{NH_3^+}{|}}{CH}-COO^- \rightleftarrows R-\underset{\underset{NH_2}{|}}{CH}-COO^-$$
陽イオン　　　　　　双性イオン　　　　　　陰イオン

問2　(a)　通常，α-アミノ酸は不斉炭素原子をもつので光学活性を示す。しかし，グリシンのみは例外で，不斉炭素原子をもたず，光学活性を示さない。
(b)，(c)　このポリペプチドがキサントプロテイン反応を示すことから，アミノ酸**Y**はベンゼン環をもつ。分子式が$C_9H_{11}NO_2$でベンゼン環をもつという条件から，アミノ酸**Y**には次の構造が考えられる。しかし，前者はメチル基をもたないという条件に合わないので否定され，アミノ酸**Y**は後者と決まる。

$$CH_3-\text{C}_6\text{H}_4-\underset{\underset{NH_2}{|}}{CH}-COOH \qquad \text{C}_6\text{H}_5-CH_2-\underset{\underset{NH_2}{|}}{CH}-COOH$$
(オルト体，メタ体もある)

> 光学異性体をもたないアミノ酸はグリシンだけ。これキーワードだよ！

7 **解答** 問1　(ア)　双性　　(イ)　陰
問2　　A　　　　　　　　　B　　　　　　　　C

$$H_3N^+-CH_2-\overset{\overset{O}{\|}}{C}-O^- \quad H_3N^+-CH_2-\overset{\overset{O}{\|}}{C}-OH \quad H_2N-CH_2-\overset{\overset{O}{\|}}{C}-O^-$$

問3　(a)　$\dfrac{[A][H^+]}{[B]}$　　(b)　$\dfrac{[C][H^+]}{[A]}$　　問4　(c)　1000　　(d)　6

解説 グリシンの陽イオンを二価の弱酸と考えて，その電離平衡を扱った問題である。一見，難しそうだが，急所を押えてしまえば解けてしまう。投げ出さず，チャレンジしてみよう。

問1，2 グリシンは結晶やその水溶液中では双性イオン(**A**)として存在している。しかし，強酸性にすると，H^+(プロトン)を受けとって陽イオン(**B**)に，強塩基性では，H^+(プロトン)を失って陰イオン(**C**)になる。

問3，4 グリシンの陽イオンは二価の弱酸で，次のように二段階で電離する。

$$\underset{\textbf{B}}{H_3N^+-CH_2-COOH} \rightleftharpoons \underset{\textbf{A}}{H_3N^+-CH_2-COO^-} + H^+$$

$$K_1 = \frac{[\textbf{A}][H^+]}{[\textbf{B}]} = 5 \times 10^{-3} \text{[mol/L]}$$

$$\underset{\textbf{A}}{H_3N^+-CH_2-COO^-} \rightleftharpoons \underset{\textbf{C}}{H_2N-CH_2-COO^-} + H^+$$

$$K_2 = \frac{[\textbf{C}][H^+]}{[\textbf{A}]} = 2 \times 10^{-10} \text{[mol/L]}$$

グリシンが，**A**，**B**および**C**のどの形で存在するかは，溶液の水素イオン濃度(pH)で決まる。すなわち，**A**と**B**の濃度比はK_1の式を，**A**と**C**の濃度比はK_2の式を変形すれば求まる。

$$\frac{[\textbf{A}]}{[\textbf{B}]} = \frac{K_1}{[H^+]} \qquad \frac{[\textbf{C}]}{[\textbf{A}]} = \frac{K_2}{[H^+]}$$

また，陽イオン(**B**)と陰イオン(**C**)の濃度比は，上の式を辺々かけて，

$$\frac{[\textbf{A}]}{[\textbf{B}]} \times \frac{[\textbf{C}]}{[\textbf{A}]} = \frac{K_1}{[H^+]} \times \frac{K_2}{[H^+]} \qquad \therefore \quad \frac{[\textbf{C}]}{[\textbf{B}]} = \frac{K_1 K_2}{[H^+]^2}$$

pH4.5$[H^+] = 1.0 \times 10^{-4.5}$[mol/L]の水溶液中での陽イオン(**B**)と陰イオン(**C**)の濃度比は，

$$\frac{[\textbf{B}]}{[\textbf{C}]} = \frac{(1.0 \times 10^{-4.5})^2}{5 \times 10^{-3} \times 2 \times 10^{-10}} = \frac{1.0 \times 10^{-9}}{1.0 \times 10^{-12}} = 1000$$

pH4.5の水溶液中では，陰イオンより陽イオンの濃度が大きいので，電気泳動により，グリシンは陰極に向かって移動する。一方，pH8.0では，同様に，

$$\frac{[\textbf{B}]}{[\textbf{C}]} = \frac{(1.0 \times 10^{-8.0})^2}{5 \times 10^{-3} \times 2 \times 10^{-10}} = \frac{1.0 \times 10^{-16}}{1.0 \times 10^{-12}} = \frac{1}{10000}$$

陽イオンより陰イオンの濃度が大きいので，グリシンは陽極に向かって移動する。

溶液のpHを調節すると，陽イオンと陰イオンの濃度が等しく，かつ，双性イオンの濃度が最大になり，グリシンのもつ電荷が全体として0となるpHが存在する。このpHを**等電点**という。等電点では，グリシンは電気泳動しなくなる。

等電点の水素イオン濃度を$[H^+]$と表すと，

$$\frac{[\textbf{B}]}{[\textbf{C}]} = \frac{[H^+]^2}{5 \times 10^{-3} \times 2 \times 10^{-10}} = 1 \qquad \therefore \quad [H^+] = 1.0 \times 10^{-6} \text{[mol/L]}$$

すなわち，グリシンの等電点はpH6.0となる。

> 中性アミノ酸の等電点での$[H^+]$は$\sqrt{K_1 \times K_2}$だよ！ **POINT**

§20 天然高分子化合物

8 **解答** (1) (b), マルトース
(2) デンプンは還元性を示さないが，マルトースは還元性を示し，フェーリング液を還元して赤色沈殿を生じるから。
(3) デンプンは冷水には溶解しないので，(a)ではデンプンはわずかしか加水分解されない。一方，(b)ではデンプンが溶解するので加水分解が進み，マルトースが多く生成するから。
(4) アミラーゼにはもっと強く作用するpHがあること。
(5) (a), (d)
(6) アミラーゼはタンパク質であり，トリプシンによって加水分解され，また，加熱によって変性する性質をもつ。

解説 実験を通して，酵素のはたらきと性質を考える問題で，思考力を要する。ポイントは，アミラーゼがタンパク質からできている酵素で，最適温度と最適pHをもつこと。この知識と実験の意味が結びつくかどうかにある。

(1), (2) アミラーゼはデンプンをマルトースに加水分解する酵素である。デンプンは還元性をもたないが，マルトースは還元性を示し，フェーリング液を還元する。
(3) デンプンは冷水には溶解しないので，(a)では固体の表面がわずかに加水分解されるにとどまる。しかし，(b)では，加熱してデンプンを溶かしたのち，アミラーゼを作用させているので加水分解が速く進行する。
(4) 酵素にはそれが最もよくはたらく最適の温度とpHがある。(最適温度, 最適pH)。
(5), (6) トリプシンはタンパク質の加水分解酵素，リパーゼは脂肪の加水分解酵素，マルターゼはマルトースの加水分解酵素である。酵素は特定の分子の特定の反応だけを進めるはたらきがある(**基質特異性**)。そのため，トリプシンはアミラーゼを加水分解するが，リパーゼやマルターゼはアミラーゼには作用しない。
　だ液を沸騰水に入れると，アミラーゼは熱によって変性してその機能を失ってしまう(失活)。したがって，(a)と(d)では，アミラーゼがはたらかず，マルトースが生成しないのでフェーリング液を還元しない。

> 酵素は決まったことしかしない(基質特異性)。酵素って律儀なのネ！
> でも，勝手なことをし始めたら身体がメチャクチャになるよ。
> ヒエー！　それって恐いよね。律儀でよかった。
> **POINT**

9 **解答** 問1　デオキシリボース
問2　イ (2)　ウ (8)　エ (7)　オ (1)　カ (10)
問3　(3)
問4　ウ　20%　シトシン　20%　チミン　30%
問5　1.2×10^9

解説 問1～3　基本演習 **6.** 核酸の解説(p.163～165)参照

106

問4　DNA 2本鎖の1本に含まれるアデニン(**A**)は，必ずもう1本鎖のチミン(**T**)と水素結合している。したがって，DNA 2本鎖が含まれる**A**と**T**の物質量は同じ30%。よって，グアニン(**G**)とシトシン(**C**)の物質量も同じ $\dfrac{100-30\times 2}{2}=20$ 〔%〕

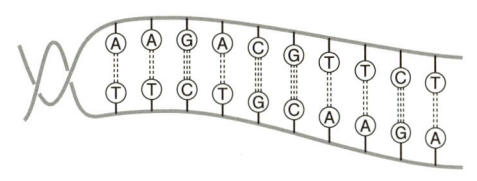

> DNA 2本鎖中の塩基中でアデニンの割合が a %だと，チミンも a %，グアニン，シトシンはそれぞれ $(50-a)$ %なんだ。
> **POINT**

問5　1 molのDNA 2本鎖中に，塩基対が 2.0×10^6 あったので，全塩基数は $2\times 2.0\times 10^6$ mol。それぞれの塩基を含むヌクレオチドの分子量は，以下のようになる。

A:　$4.0\times 10^6 \times \dfrac{30}{100} \times 300 = 3.60\times 10^8$　　G:　$4.0\times 10^6 \times \dfrac{20}{100} \times 320 = 2.56\times 10^8$

C:　$4.0\times 10^6 \times \dfrac{20}{100} \times 280 = 2.24\times 10^8$　　T:　$4.0\times 10^6 \times \dfrac{30}{100} \times 290 = 3.48\times 10^8$

2本鎖DNAの分子量は $(3.60+2.56+2.24+3.48)\times 10^8 = 1.18\times 10^9 \fallingdotseq 1.2\times 10^9$

10 解答
問1　ア(2)　イ(20)　ウ(7)　エ(3)　オ(9)　カ(8)　キ(11)　ク(12)　ケ(18)　コ(14)　サ(17)
問2　$[C_6H_7O_2(OCOCH_3)_3]_n + 3nCH_3COOH$
問3　ビスコースレーヨン，銅アンモニアレーヨン(キュプラ)
問4　トリニトロセルロース，3.24×10 g
問5　60%

解説　問1～3　セルロースは，β - グルコースが縮合重合した直鎖性の多糖類である。酵素により以下のように加水分解される。

セルロース $\xrightarrow[\text{加水分解}]{[セルラーゼ]}$ セロビオース $\xrightarrow[\text{加水分解}]{[セロビアーゼ]}$ グルコース

セルロースを完全にアセチル化したトリアセチルセルロースは吸湿性がないため，エステル結合の一部を加水分解してヒドロキシ基に戻し，それを繊維状にしたものがアセテートである。再生繊維には，以下の2種類がある。

セルロース(木材チップなど) $\xrightarrow{\text{濃NaOH水溶液}}$ アルカリセルロース $\xrightarrow{\text{二硫化炭素(}CS_2\text{)}}$ セルロースキサントゲン酸ナトリウム $\xrightarrow{\text{NaOH水溶液}}$ ビスコース(コロイド溶液) $\xrightarrow{\text{希硫酸中におし出す}}$ ビスコースレーヨン

なお，膜状に再生したものはセロハンという。

セルロース(木材チップなど) $\xrightarrow{\text{シュバイツァー試薬}}$ $\xrightarrow{\text{NaOH水溶液}}$ セルロースのコロイド溶液 $\xrightarrow{\text{希硫酸中におし出す}}$ 銅アンモニアレーヨン

(注)シュバイツァー試薬…水酸化銅(Ⅱ)を濃アンモニア水に溶かした深青色の溶液。

セルロースに濃硝酸と濃硫酸を作用させてエステル化(ニトロ化ではない)すると，

§20 天然高分子化合物

綿火薬に用いるトリニトロセルロースが生成する。

$$[C_6H_7O_2(OH)_3]_n + 3nHNO_3 \xrightarrow[エステル化]{濃H_2SO_4} [C_6H_7O_2(ONO_2)_3]_n + 3nH_2O$$
セルロース   トリニトロセルロース

(補足) 硝酸のエステル化　R-O[H + HO]-NO_2 ⟶ R-O-NO_2 + [H_2O]
アルコール　硝酸　　　　　硝酸エステル　水

グリセリンを硝酸エステル化したニトログリセリンは、狭心症の特効薬に用いられる薬品である。

$$C_3H_5(OH)_3 + 3HNO_3 \xrightarrow[エステル化]{濃H_2SO_4} C_3H_5(ONO_2)_3 + 3H_2O$$
グリセリン　　　　　　　　　ニトログリセリン

可視光線を吸収して色を示す分子(色素)のうち、繊維と結合する性質をもつものを染料という。染料には、アイの葉からとれるインジゴ(青色)、アカネの根からとれるアリザリン(赤色)などの天然染料や、アゾ基をもつアゾ染料などの合成染料がある。

染色は、染料分子と繊維分子が結合する(染着)ことによっておこる。たとえば、タンパク質中の$-COO^-$は染料の$-NH_3^+$と、$-NH_3^+$は染料の$-SO_3^-$やCOO^-とイオン結合する。また、セルロース中の$-OH$は、染料中の$-NH_2$などを水素結合して染着する。

問4 前述の反応式のとおり、セルロース1 molからトリニトロセルロース1 molが生成する。$[C_6H_7O_2(OH)_3]_n = 162n$,　$[C_6H_7O_2(ONO_2)_3]_n = 297n$

求めるセルロースの質量は、$\dfrac{59.4}{297n} \times 162n = 32.4 = 3.24 \times 10$ 〔g〕

問5 セルロースのくり返し単位中の3個のヒドロキシ基のうち、x個が酢酸エステル化したとする。$[C_6H_7O_2(OCOCH_3)_x(OH)_{3-x}]_n = (162+42x)n$

$[C_6H_7O_2(OH)_3]_n \longrightarrow [C_6H_7O_2(OCOCH_3)_x(OH)_{3-x}]_n$

$\dfrac{45}{162n} = \dfrac{66}{(162+42x)n}$ より $x = 1.8$　∴ $\dfrac{1.8}{3} \times 100 = 60$〔%〕

11 解答　2-Lys,　7-Phe,　10-Leu

[解説] 図3、表1より、②、④〜⑦、⑨、⑩はそれぞれ1個のGlu, Tyr, Leu, Phe, 3個のLysのいずれかである。

(b)より、N末端から2, 6, 9番目は、塩基性アミノ酸Lysになる。

$H_2N-Met-\underline{Lys}-Leu-④-⑤-\underline{Lys}-⑦-Ala-\underline{Lys}-⑩-Leu-COOH$

(c)より、N末端から4, 5番目は、酸性アミノ酸Gluか、フェノール性ヒドロキシ基をもつTyrのいずれかである。

$H_2N-Met-Lys-Leu-④-⑤-Lys-⑦-Ala-Lys-⑩-Leu-COOH$
　　　　　　　　　　　GluかTyr

(a)より、

H_2N⋯-N-CH-C-N-CH-C-OH　+　H_2O ⟶
　　　　H　R　O　H　R　O
　　　（ベンゼン環をもつ）　切断

　　　　　H_2N⋯-N-CH-C-OH　+　H_2N-CH⋯-C-OH
　　　　　　　　　H　R　O　　　　　　R　O
　　　　　　　（ベンゼン環をもつ）

得られたのは、テトラペプチド2個、トリペプチド1個。そのうち2個のペプチドのC末端に芳香族アミノ酸(Tyr, Phe)が存在することになる。

N末端からトリペプチドが生成するとすれば，N末端から3番目は芳香族アミノ酸でなければならないので，不適。また，C末端の方からトリペプチドが生成したとすると，N末端から8番目が芳香族アミノ酸でなければならないので，不適。したがって，
　　Met－Lys－Leu－④，⑤－Lys－⑦，Ala－Lys－⑩－Leu
のように切断されたとしか考えられず④と⑦はTyrかPhe。
　したがって，④はTyr，⑦はPhe，⑤がGluとなり，残った⑩は，Leuとわかる。
H₂N－Met－Lys－Leu－Tyr－Glu－Lys－Phe－Ala－Lys－Leu－Leu－COOH
　　　　②　　　　　④　⑤　⑥　⑦　　　　⑨　⑩

§21 合成高分子化合物

1 [解答] 問1 (1) 熱可塑性　(2) 熱硬化性　(3) 付加　(4) 縮合
(5) 付加縮合

問2 (a) 塩化ビニル　CH₂=CH-Cl
(b), (c) アジピン酸　HO-C(=O)-(CH₂)₄-C(=O)-OH
ヘキサメチレンジアミン　H₂N-(CH₂)₆-NH₂
(d), (e) テレフタル酸　HO-C(=O)-C₆H₄-C(=O)-OH
エチレングリコール　HO-CH₂-CH₂-OH
(f) フェノール　C₆H₅-OH
(g) ホルムアルデヒド　H-CH=O
(h) 尿素　H₂N-C(=O)-NH₂

問3 ナイロン66　問4 ナイロン6

[解説] 高分子化合物には，熱可塑性樹脂と熱硬化性樹脂とがある。

熱可塑性樹脂……加熱すると軟らかくなり，冷却すると硬くなる性質を示す。鎖状構造をもつ高分子に多い。

熱硬化性樹脂……加熱すると重合が進み，さらに硬くなる。いったん硬化すると熱しても軟化しない樹脂で，立体網目構造をもつ。

熱可塑性か熱硬化性かを判断する場合，覚えてもよいが，鎖状構造なのか，立体網目構造なのかで判断するのが賢いやり方である。なお，個々の高分子については**基本まとめ**(p.174)あるいは**基本演習の解説**(p.176, 177)を参照されたい。

> なるほど，鎖状構造が熱可塑性，網目構造が熱硬化性なんだ！
> **POINT**

2 [解答] (1) d　(2) c　(3) f

[解説] ナイロン66(a)やポリエチレンテレフタラート(PET)(b)は繊維として，(b)は飲料水などのペットボトル(PET bottle)としても利用されている。また，ポリ酢酸ビニル(c)は合成繊維(ビニロン)の原料として重要である。

ポリイソプレン(d)は，ポリクロロプレンなどとともに合成ゴムとして用いられる。

また，ポリメタクリル酸メチル(e)は有機ガラスともよばれ，ものさしや定規，さらに，ガラスの代わりに用いられている。

熱硬化性のフェノール樹脂(f)は加熱しても軟化しないために，電気ポットや加熱器具の部品として利用されている。

> いろいろなところに高分子化合物が使われているのね！
> 覚えておかなきゃ！
> **POINT**

3 解答 問1 加硫 問2 $\left[\begin{array}{c}CH_2\\CH_3\end{array}C=C\begin{array}{c}CH_2\\H\end{array}\right]_n$ 問3 2.5×10^3

解説 問1 天然ゴムはゴムノキの樹液から取られる。天然ゴムは高温では軟らかく，低温では硬くなり，そのままではゴムとしては使えない。天然ゴムに数％の硫黄を加えて加熱すると適度の硬さと弾力をもつようになる。この操作を加硫という。これは，加硫によってポリイソプレンの鎖と鎖の間に適度の架橋構造が形成されて弾力性が増すためである。しかし，30％〜40％の硫黄を加えると，架橋構造が多数形成されて硬くなり，かえって弾力性を失う。このようにして生成した樹脂状の物質をエボナイトとよぶ。

問2 天然ゴムを乾留するとイソプレン C_5H_8 が得られる。このことが端緒になって天然ゴムの構造が調べられ，右のようなポリイソプレンの構造をもつことがわかった。

$\left[\begin{array}{c}CH_2\\CH_3\end{array}C=C\begin{array}{c}CH_2\\H\end{array}\right]_n$
ポリイソプレンの構造

天然ゴムが弾力性をもつ秘密は，その鎖状構造中にたくさんのシス形二重結合をもつことにある。そこで，これと同様の構造をもつ化合物を合成すれば，ゴム弾性を示すとの予想のもとに，合成ゴムが創り出された。合成ゴムには，イソプレンゴム，ブタジエンゴム，クロロプレンゴムがあり，また，スチレンとブタジエン，あるいは，アクリロニトリルとブタジエンを共重合させて製造されるスチレンブタジエンゴム(SBR)やアクリロニトリルブタジエンゴム(NBR)などがある。

問3 イソプレンの分子量は68，その重合度をnとすると，
$$n=\frac{1.7\times10^5}{68}=2.50\times10^3$$

> ゴムの弾力性の秘密はシス二重結合にあるんだ！
> **POINT**

4 解答 問1 $\begin{array}{c}CH_2=CH\\C\equiv N\end{array}$ アクリロニトリル $\begin{array}{c}CH_2=CH\\Cl\end{array}$ 塩化ビニル 問2 5.1モルパーセント 問3 25％

解説 問1 アクリル繊維は羊毛と似た肌触りを示す繊維で，アクリロニトリルと塩化ビニルとを共重合させて製造される。

問2 このポリマーは，x [mol]のアクリロニトリルとy [mol]の塩化ビニルとを共重合させて作られることを考えると，ポリマー中のClの質量パーセントから，
$$\frac{35.5y}{53x+62.5y}=\frac{3.4}{100} \quad \therefore \quad x=18.5y$$

111

§21 合成高分子化合物

したがって，塩化ビニルのモルパーセントは，これを代入して，

$$\frac{y}{x+y}\times 100 = \frac{y}{18.5y+y}\times 100 = 5.12 [\%]$$

問3 窒素の質量パーセントは，

$$\frac{14x}{53x+62.5y}\times 100 = \frac{14\times 18.5y}{53\times 18.5y+62.5y}\times 100 = 24.8 [\%]$$

> このポリマー 1 mol は塩化ビニル x mol とアクリロニトリル y mol とが重合していると考えると，計算しやすいよ！ **POINT**

5 解答 問1 ① $CH\equiv CH + CH_3COOH \longrightarrow CH_2=CH\ OCOCH_3$

② $n\ CH_2=CH\ |\ OCOCH_3 \longrightarrow [CH_2-CH\ |\ OCOCH_3]_n$

③ $[CH_2-CH\ |\ OCOCH_3]_n + n\ NaOH \longrightarrow [CH_2-CH\ |\ OH]_n + n\ CH_3COONa$

問2 4.5%

解説 ビニロンは綿の代わりに開発された吸湿性のある繊維で，アセチレンから次のようにして製造される。

$CH\equiv CH \xrightarrow{CH_3COOH\ 付加} CH_2=CH\ |\ OCOCH_3 \xrightarrow{付加重合} [CH_2-CH\ |\ OCOCH_3]_n$
　　　　　　　　　　　　　酢酸ビニル　　　　　　　ポリ酢酸ビニル

$\xrightarrow{NaOH\ けん化} [CH_2-CH\ |\ OH]_n \xrightarrow{HCHO\ アセタール化} \cdots -CH-CH_2-CH-CH_2-CH-\cdots\ |\qquad\qquad\qquad |\ O\qquad\qquad\qquad O\ \ \ \ \searrow CH_2 \nearrow$
　　ポリビニルアルコール　　　　　　　　　　　　　　ビニロン

ヒドロキシ基をたくさんもつポリビニルアルコールは，水分子と水素結合により結びつき水和するために，水溶性である。そこで，ヒドロキシ基の幾分かをホルムアルデヒドと反応させてエーテル結合に変えて難溶性にしたものがビニロンである。ビニロンはヒドロキシ基を適当にもっているので，水分子と結びつく性質があり，吸湿性の繊維となる。

問1 各段階の反応式は解答を参照されたい。
問2 反応④では，次のように，2個のヒドロキシ基が1分子のホルムアルデヒドと反応する。すなわち，2個のヒドロキシ基が反応すると正味として炭素原子1個分の質量が増加することになる。

$$\text{—CH}_2\text{—CH—CH}_2\text{—CH—} \xrightarrow{\text{HCHO}} \text{—CH}_2\text{—CH—CH}_2\text{—CH—}$$
$$\qquad\quad |\qquad\quad\ |\qquad\qquad\qquad\qquad |\qquad\quad\ |$$
$$\qquad\quad \text{OH}\quad\ \text{HO}\qquad\qquad\qquad\ \text{O—CH}_2\text{—O}$$

ポリビニルアルコールの重合度を n とすると，n 個のヒドロキシ基をもつので，その $\dfrac{1}{3}$ のヒドロキシ基が反応することから，ポリビニルアルコール 1 mol について考えると，

　　ポリビニルアルコールの質量　　$44n$〔g〕

　　　　質量の増加量　　　$\dfrac{1}{3} \times n \times \dfrac{1}{2} \times 12$〔g〕

以上より，反応④による質量増加は，

$$\dfrac{\dfrac{1}{3} \times n \times \dfrac{1}{2} \times 12}{44n} \times 100 = 4.54\,〔\%〕$$

> ビニロンは日本で開発されたのよ。だからよく出題されるのね。　POINT

6　解答　問1　7.5×10^2個　　問2　56 mL

解説　スチレンと少量の p-ジビニルベンゼンとを共重合させると，所々が架橋された構造をもつ高分子化合物 I が得られる。高分子化合物 I を濃硫酸と反応させてスルホン化すると陽イオン交換樹脂 II が生成する。

スチレン　　　p-ジビニルベンゼン　　共重合　→　高分子化合物 I　　スルホン化　→　高分子化合物 II（陽イオン交換樹脂）

問1　高分子化合物 I が，n 個のスチレンと m 個の p-ジビニルベンゼンとが共重合してできているとすると，

　　スチレンと p-ジビニルベンゼンのモル比が $8.0 : 1.0$ より，$n = 8m$

　　高分子化合物 I の平均分子量より，$104n + 130m = 8.0 \times 10^4$

　　これを解いて，$n = 665$，$m = 83.1$

　　したがって，ベンゼン環の数は，$665 + 83.1 = 748$〔個〕

問2　高分子化合物 II（陽イオン交換樹脂）は次のように反応し，陽イオンを吸着して H^+ を放出する。

$$\text{R—SO}_3\text{H} + \text{Na}^+ \longrightarrow \text{R—SO}_3\text{Na} + \text{H}^+$$

§21 合成高分子化合物

$$2R-SO_3H + Ca^{2+} \longrightarrow (R-SO_3)_2Ca + 2H^+$$

　高分子化合物Ⅰは，**問1**の結果から，1分子中に748個のベンゼン環をもっており，このベンゼン環1個につき平均して0.20個がスルホ基をもつことから，高分子化合物Ⅱの1分子中に存在するスルホ基の数は，

$$748 \times 0.20 ≒ 150 〔個〕$$

　これは，高分子化合物Ⅱの1 molが交換し得るNa^+の物質量が150 molであることを意味する。

　3.0 gのⅠから合成されたⅡが処理できる塩化ナトリウム水溶液の体積をV〔mL〕とすると，

$$\frac{3.0}{8.0 \times 10^4} \times 150 = 0.10 \times \frac{V}{1000} \quad \therefore \quad V = 56.2 \text{ または } 56.1 \text{〔mL〕}$$

　合成高分子は当初は天然材料の代用品として開発が始まり，現在では，代用品の域を越え，なくてはならない材料となっている。高分子化合物の長所は石油から安価にかつ大量に生産が可能であること，加えて，加熱成形が容易であることがあげられる。最近では，特殊な機能をもつ高分子（機能性材料）や他の材料と組合せることにより非常に優れた性質をもつもの（複合材料）がつくられている。その一方で短所もある。安価にできるので使い捨てが多く，石油が多量に消費されること，自然条件のもとでは分解されないので焼却処分が必要になるが，高温になるので焼却炉の劣化が速く，二酸化炭素の大量放出につながること，などである。

　高分子化合物は優れた材料ではあるが，使い捨てをやめてリサイクルを深刻に考える時期にきている。